软件开发 人才培养系列丛书

Java 基础案例教程

（微课版）

叶安新 袁利永 曹振新◎编著

人民邮电出版社
北京

图书在版编目（CIP）数据

Java基础案例教程 ： 微课版 / 叶安新，袁利永，曹振新编著. -- 北京 ： 人民邮电出版社，2024.6
（软件开发人才培养系列丛书）
ISBN 978-7-115-63419-1

Ⅰ. ①J… Ⅱ. ①叶… ②袁… ③曹… Ⅲ. ①JAVA语言—程序设计—教材 Ⅳ. ①TP312.8

中国国家版本馆CIP数据核字(2024)第000007号

内容提要

Java 具有面向对象、跨平台、安全稳定等优点，是目前软件设计开发中应用极为广泛的编程语言，也是“互联网时代”最重要的编程语言之一。

本书从初学者角度出发，通过通俗易懂的语言，循序渐进地向读者介绍 Java 编程的基础知识，针对书中较难理解的知识点，注重知识的前后递进关系，用通俗易懂的例子逐一展开说明。本书分为 15 章，包括 Java 程序设计概述，Java 基础，流程控制，类、对象和方法，数组，子类和继承，接口和内部类，常用实用类，异常处理，输入/输出流，泛型和集合，图形界面设计，事件处理，多线程，数据库应用。

本书注重理论与实践相结合，注重基础知识的讲解与基本技能的培养，配备丰富的案例，通过案例来激发读者的学习兴趣，提高读者的动手实践能力。本书内容丰富，结构合理，层次分明，内容的深度和广度符合本科计算机相关专业培养目标的要求。

本书可作为高等院校计算机相关专业本科生“Java 程序设计”的课程教材，也可作为从事 Java 程序设计人员的参考书。

◆ 编　　著　叶安新　袁利永　曹振新
　责任编辑　刘　博
　责任印制　陈　犇
◆ 人民邮电出版社出版发行　　北京市丰台区成寿寺路 11 号
　邮编　100164　　电子邮件　315@ptpress.com.cn
　网址　https://www.ptpress.com.cn
　三河市祥达印刷包装有限公司印刷
◆ 开本：787×1092　1/16
　印张：19.5　　　　　　　2024 年 6 月第 1 版
　字数：468 千字　　　　　2024 年 6 月河北第 1 次印刷

定价：69.80 元

读者服务热线：(010)81055256　印装质量热线：(010)81055316
反盗版热线：(010)81055315
广告经营许可证：京东市监广登字 20170147 号

前言

Preface

Java 作为一门卓越的编程语言，具有面向对象、跨平台、多线程、安全高效等特点以及强大的网络编程能力，在面向对象和网络编程中占主导地位。尤其在“互联网时代”，Java 成为常用的编程语言之一，因此学习 Java 非常有必要。

本书借鉴美国斯坦福大学“编程方法学”的思想，由项目案例驱动学习 Java 编程，配合习题和案例实战，并辅以全套知识点讲解视频，方便读者学习、提升。

本书主要内容

本书共 15 章，各章的主要内容如下。

第一部分为基础篇，包括第 1 ~ 8 章。

第 1 章为 Java 程序设计概述，介绍 Java 的基本概念和开发环境，并且通过简单的案例介绍 Java 程序的基本结构和特点等。

第 2 章为 Java 基础，介绍 Java 的基本语法，包括标识符、数据类型、变量与赋值、字面值与数据类型转换以及各种运算符的使用等。

第 3 章为流程控制，介绍 Java 的流程控制语句，包括条件语句和循环语句等。

第 4 章为类、对象和方法，介绍类和对象的概念、类的定义和对象的创建、构造方法、方法的重载、方法的调用和参数的传递、实例成员和类成员、访问权限等。

第 5 章为数组，介绍数组的定义、使用，以及数组的常用操作等。

第 6 章为子类和继承，介绍继承的概念、派生类（子类）的创建与使用、方法重写、多态与动态绑定、抽象类的定义和使用以及 Object 类等。

第 7 章为接口和内部类，介绍接口的功能和实现、接口的方法以及内部类的概念和应用等。

第 8 章为常用实用类，介绍 Java 中常用的字符串类、日期时间类、数学运算类等的使用方法等。

第二部分为提高篇，包括第 9 ~ 15 章。

第 9 章为异常处理，介绍 Java 的异常处理机制，包括异常的分类、异常的使用、自定义异常类等。

第 10 章为输入/输出流，介绍 Java 中的 File 类，多种输入/输出流，包括字节流、字符流、缓冲流、数据流、对象流，以及序列化和反序列化等。

第 11 章为泛型和集合，介绍 Java 的泛型和集合，包括泛型方法、泛型类和泛型接口的使用，以及集合框架（Collection、List、Set、Map）的使用等。

第 12 章为图形界面设计，介绍 Java 图形界面编程，简单介绍使用 Swing 开发图形界面程序，包括常用组件和容器以及容器的布局等。

第 13 章为事件处理，介绍 Java 事件处理模型、常用事件的应用等。

第 14 章为多线程，介绍进程与线程的区别，线程的创建、生命周期、调度方式以及线程同步等。

第 15 章为数据库应用，介绍 JDBC 的基本概念，包括数据库访问步骤，以及如何使用 JDBC 对数据库进行操作等。

本书特色

（1）以面向对象的思维思考问题和解决问题。本书内容由浅入深逐步引入面向对象的设计理念，示例程序体现面向对象的“封装”“继承”“多态”三大特性，让读者逐步学会使用面向对象的思维设计程序，提高程序的复用性和可扩展性。

（2）大部分章都根据章内容提供典型实用案例，这一点对于读者理解抽象概念、技术，体会知识应用有很大帮助，也体现“新工科”理论联系实践“做中学，学中做”的理念。

（3）语言简洁、案例实用、体例清晰、配套资源丰富，对初学者友好。本书语言通俗易懂、简洁明了；案例实用性强，符合企业用人实际需求；结构层次分明，各章相互关联、逐步递进，便于读者自学或高校选作教材使用。

配套资源

为了便于教与学，本书配有微课视频（超过 300 分钟）、源代码、教学课件、教学大纲、教案、题库。读者可扫描书中二维码观看微课视频，其他资源可登录人邮教育社区（www.ryjiaoyu.com）下载。

读者对象

本书既可作为高等院校“Java 程序设计”课程的教材，也可作为编程爱好者的自学辅导书。读者对象包括零基础的初学者，具有一定基础、想从事 Java 软件开发相关工作的读者。

本书的第 2 章由曹振新老师编写，第 5 章由袁利永老师编写，其余章由叶安新老师编写。另外，本书的出版和相关教学视频的制作获浙江师范大学行知学院教材项目资助。

希望本书对读者学习 Java 程序设计有所帮助，若书中存在不妥与疏漏之处，敬请读者朋友批评指正。编者邮箱为 yax@zjnu.cn。

编　者

2023 年 3 月

第一部分 基础篇

第1章 Java 程序设计概述

第2章 Java 基础

第 3 章 流程控制

第 4 章 类、对象和方法

第 5 章 数组

第 6 章 子类和继承

第 7 章 接口和内部类

第 8 章 常用实用类

第二部分 提高篇

第 9 章 异常处理

第 10 章 输入/输出流

第11章 泛型和集合

第 12 章 图形界面设计

第 13 章 事件处理

第 14 章 多线程

第一部分　基础篇

第1章　Java程序设计概述

主要内容

- Java 的起源
- Java 的特性
- Java 的运行机制
- 搭建 Java 开发环境
- 开发一个简单的 Java 程序
- Java 程序的基本结构
- 使用集成开发工具 Eclipse 开发

本章先介绍 Java 及其特性，然后介绍 Java 开发环境的搭建，最后介绍集成开发工具 Eclipse 的使用等。

Java 语言及课程介绍

1.1 Java 的起源

Java 是由 Sun 公司（现已被 Oracle 公司收购）于 1991 年开发的编程语言。其初衷是为各种消费类电子产品编写代码，实现软件在各种操作系统和各种中央处理器（Central Processing Unit，CPU）上跨平台运行。

目前 Java 有 3 个版本：Java SE（Java Platform Standard Edition）、Java EE（Java Platform Enterprise Edition）、Java ME（Java Platform Micro Edition)。

1. Java SE

Java SE 是 Java 的标准版，是各应用平台的基础，主要用于桌面应用软件的开发，包含构成 Java 核心的类。Java SE 有 4 个主要部分：Java 虚拟机（Java Virtual Machine，JVM）、Java 运行环境（Java Runtime Environment，JRE）、Java 开发工具包（Java Development Kit，JDK）、Java。

2. Java EE

Java EE 是 Java 的企业版，Java EE 以 Java SE 为基础，增加了一系列的服务，包括企业级软件开发的许多组件，如 Java 服务器页面（Java Server Pages，JSP）、Java Servlet、JavaBean、EJB、JavaMail 等。

3. Java ME

Java ME 是 Java 的微缩版，主要用于移动设备和嵌入式设备上的应用程序开发。Java ME 包括灵活的用户界面、健壮的安全模型、内置的网络协议等。

1.2 Java 的特性

Java 拥有跨平台的特性，并以开源的方式得到众多开发者的支持。Java 具有简单的（Simple）、面向对象的（Object-oriented）、网络的（Networked）、健壮的（Robust）、安全的（Secure）、可移植的（Portable）、解释型的（Interpreted）、高性能的（High-performance）、多线程的（Multithreading）、动态的（Dynamic）等特性。部分特性说明如下。

1. 简单性

Java 像是 C++去掉了复杂性之后的简化版，它取消了多重继承，从语法的角度屏蔽了指针的概念，保留了指针的原理。即使读者没有编程经验，也会发现 Java 并不难掌握，如果读者有 C 语言或是 C++基础，则会觉得 Java 更简单，因为 Java 继承了 C 语言和 C++的大部分特性。

Java 是一门非常容易入门的语言，但是需要注意的是，入门容易不代表精通容易。想要掌握 Java，要多理解、多实践。

2. 面向对象

Java 是一门纯粹的面向对象语言，从一开始就是按照面向对象设计的。面向对象是一个非常抽象的思想，后面会单独进行介绍。

3. 健壮性

学过 C 语言或者 C++的人应该都知道，对内存进行操作时，必须手动分配并且手动释放内存。内存没有释放，在短期内是不容易被发现的，而且不影响程序运行，但是长时间就会造成内存的大量浪费，甚至造成系统崩溃。

一门语言的健壮性就体现在它对常见错误的预防能力方面。Java 就很好地体现了这一点，它采用的是自动内存管理机制（自动完成内存分配和释放的工作）。

4. 安全性

Java 在安全性上的考虑和设计，首先表现在 Java 是一门强类型语言，其中定义的每一个数据都有一个严格固定的数据类型；并且当传递数据时，要进行数据类型匹配，不匹配时会报错。

指针一直是黑客入侵内存的重要工具，但 Java 对指针进行了屏蔽，从而不能直接对内存进行操作，进而大大提高了内存的安全性。Java 的安全机制还有很多，在后面的学习中，将会进一步介绍。

5. 可移植性

Java 的与平台无关性，使得 Java 程序可以在配备了 Java 解释器和运行环境的任何计算机系统上运行，跨平台运行时，也不需要对程序本身进行任何修改，真正做到“一次编译，随处运行”。

6. 动态性

Java 的动态性是其面向对象设计的扩展。它提供运行时刻的扩展性，即在后期才建立各模块间的互连。各个库可以自由地增加新的方法和实例（Instance）变量。这意味着现有的应用程序可以增加功能，只需链接的新类封装有所需的方法。

1.3 Java 程序的运行机制

Java 与其他语言相比最大的优势在于跨平台执行，因为 Java 可以在计算机的操作系统之上再提供一个 Java 运行环境，该运行环境由 JVM、类库以及一些核心文件组成。JVM 可以理解成一个以字节码为机器指令的 CPU；对于不同的运行平台，有不同的 JVM；JVM 机制屏蔽了底层运行平台的差别，真正实现了“一次编译，随处运行”的目的。

Java 提供的编译器不针对特定的操作系统和 CPU 芯片进行编译，而是针对 JVM 把 Java 源程序编译为称作字节码的一种“中间代码”，字节码是可以被 JVM 识别、执行的代码，即 JVM 负责解释执行字节码，其运行原理是：JVM 负责将字节码翻译成虚拟机所在平台的机器码，并让当前平台运行该机器码。Java 程序的运行机制如图 1-1 所示。

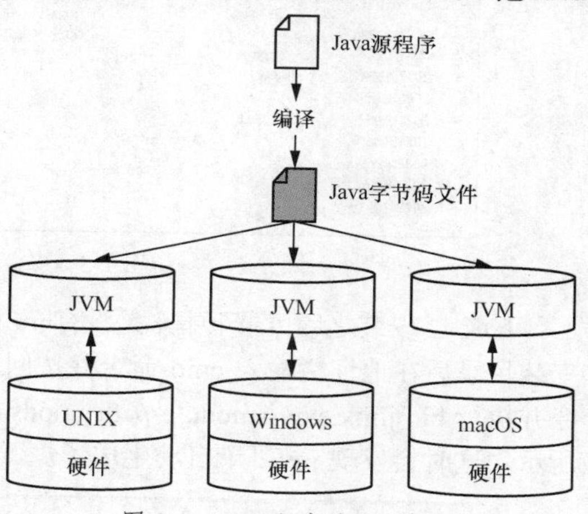

图 1-1 Java 程序的运行机制

因此 Java 程序的开发分为 3 个步骤。

（1）通过编辑软件编写 Java 源程序（.java 文件）。

（2）用 Java 编译器将 Java 源程序编译成与平台无关的字节码文件（.class 文件）。

（3）由 JVM 对字节码文件解释执行。

1.4 搭建 Java 开发环境

搭建 Java 开发环境

Java 的开发环境主要有两种：一种是使用 JDK 的命令行，另一种是集成开发环境。

1.4.1 下载和安装 JDK

通过 Oracle 官网可以免费下载适合不同计算机操作系统的 JDK。

虽然 JDK 版本众多，但从软件的实用性、企业开发所用的 JDK 版本及 Oracle 对新版本的一些政策因素综合考虑，建议使用较为成熟的 Java SE 11。选择 JDK 应用平台要注意操作系统和字长，目前大多数 Windows 10 用户应该选择 64 位的安装包，如图 1-2 所示。

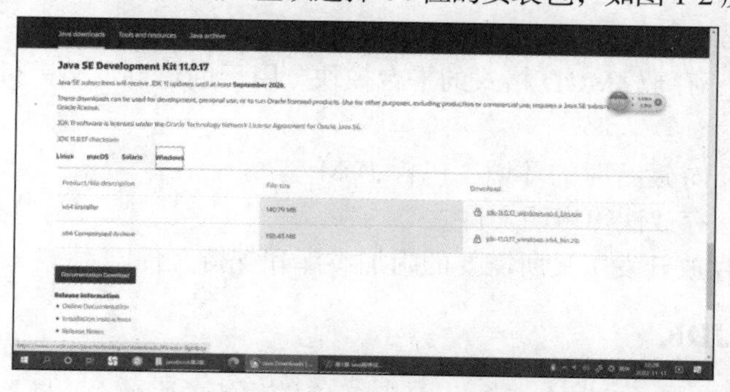

图 1-2 JDK 官网下载页面

按照向导提示安装即可。安装完毕后的目录结构如图 1-3 所示。

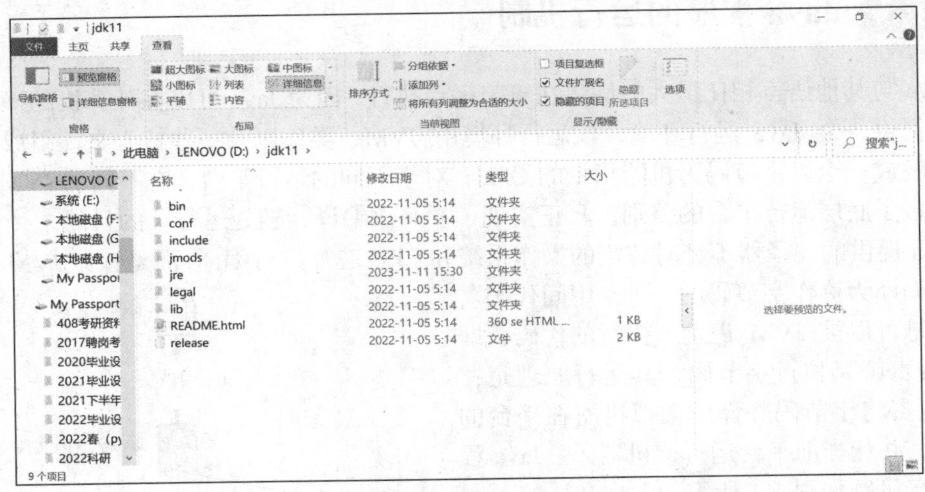

图 1-3　安装完毕后的目录结构

JDK 11 安装之后目录下本来是没有 jre 目录的，需要单独生成。方法是：直接打开 JDK 11 安装目录后在地址栏输入 cmd 命令并按回车键转到 JDK 11 的安装目录，然后输入以下命令并执行 bin\jlink.exe --module-path jmods --add-modules java.desktop --output jre，如图 1-4 所示。这时会发现 jre 目录自动生成了。

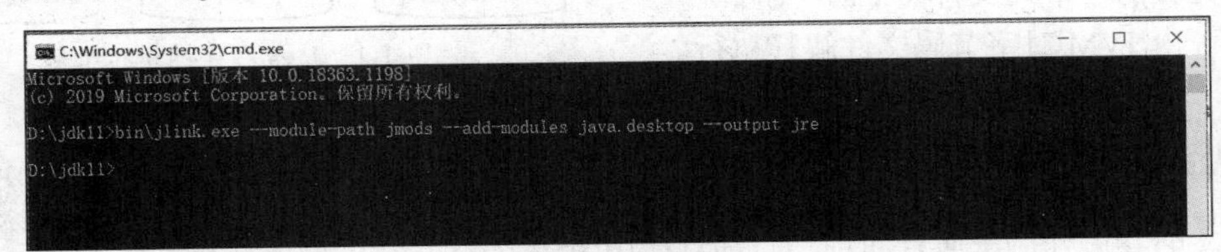

图 1-4　生成 jre 目录

这样安装程序在安装目录中就建立了以下几个子目录。

- bin 目录：存放编译、执行和调试 Java 程序的工具。例如 Java 编译器（javac.exe）、Java 解释器（java.exe），以及将.class 文件打包成 JAR 文件的工具（jar.exe）等。
- conf 目录：存放用户可编辑的配置文件。例如 security 目录下的 java.policy 安全策略文件等。
- include 目录：里面包含 C 语言的头文件，支持 Java 本地接口和 JVM 调试程序接口的本地代码编程。
- jmods 目录：存放 JMOD 格式的平台模块，用于创建自定义运行时映像，只存放于 JDK 中。
- jre 目录：Java 运行时的环境，包含 JVM。
- leagl 目录：存放法律声明文件。
- lib 目录：存放开发工具所需要的附加类库和支持文件。

1.4.2　配置 JDK

下载和安装 JDK 后，只完成了 Java 开发环境搭建的前半部分，最关键的部分还是配置

JDK。配置 JDK 的目的是能够在命令提示符窗口中运行 JDK 中的命令，例如编译和运行。配置 JDK 的操作步骤如下。

（1）在“我的电脑”图标上右击，在弹出菜单中选择“属性”→“高级系统设置”→“环境变量”，弹出“环境变量”对话框，在该对话框中选中 Path 系统变量，如图 1-5 所示。

（2）单击“系统变量”选项组中的“编辑”按钮，弹出图 1-6 所示的“编辑环境变量”对话框。

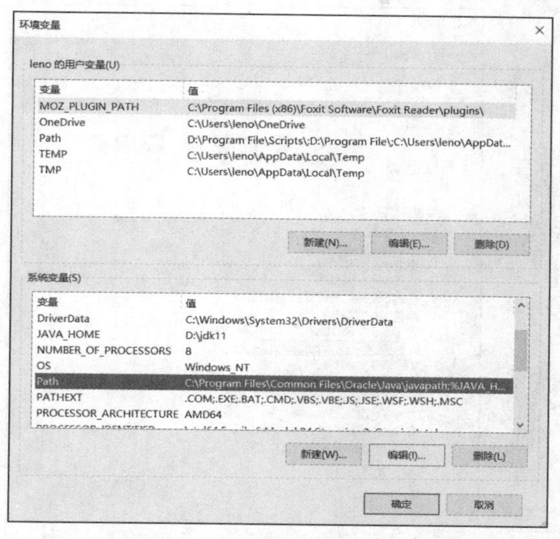

图 1-5　“环境变量”对话框

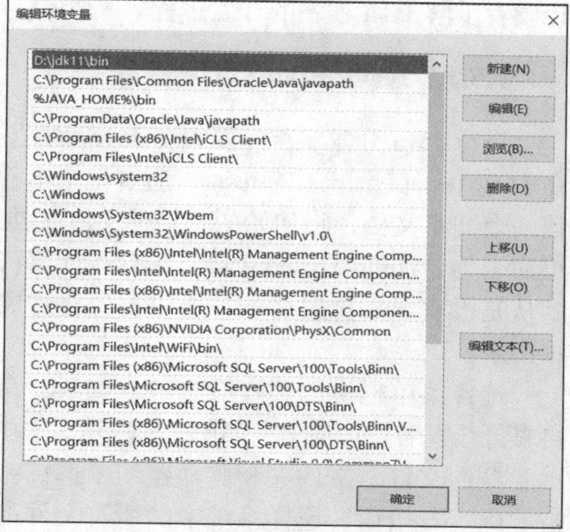

图 1-6　“编辑环境变量”对话框

（3）单击“新建”按钮，在文本框中输入 JDK 的安装路径，如 D:\jdk11\bin，并将其移动到最上面。

（4）配置完 JDK 之后，就可以测试一下是否配置正确。在 Windows 10 中按组合键 Win+R，出现图 1-7 所示的“运行”对话框。

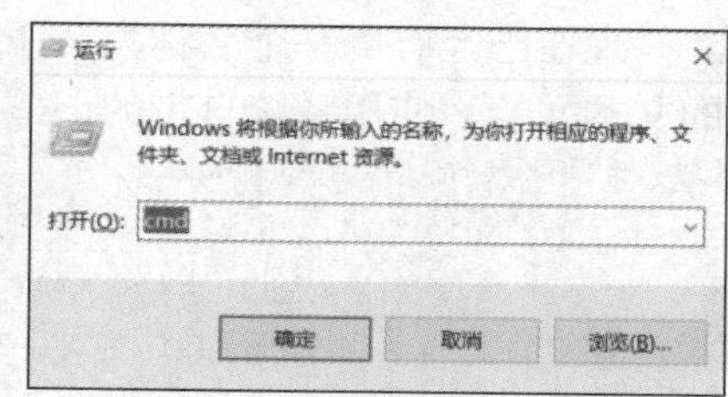

图 1-7　“运行”对话框

（5）在文本框中输入 cmd，单击“确定”按钮，进入命令提示符窗口。在该窗口中执行 javac 命令，如果出现图 1-8 所示的结果，表示 JDK 配置成功；如果提示错误，则表示配置失败，需要重新配置。

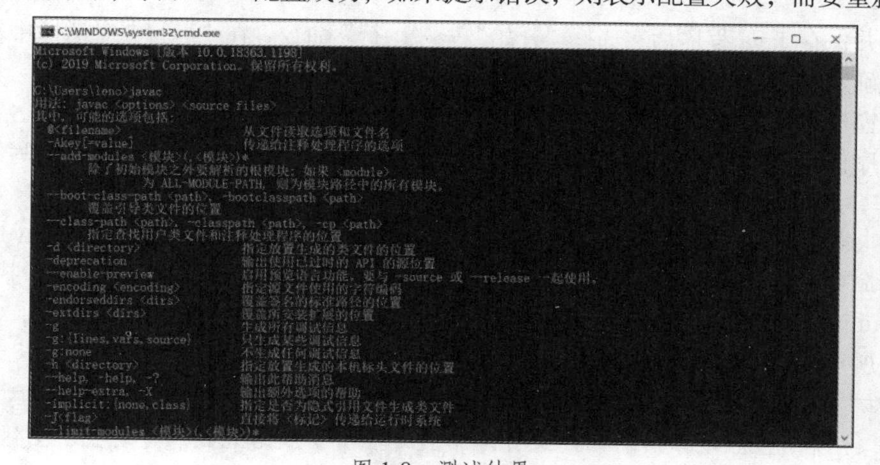

图 1-8　测试结果

1.5 开发一个简单的 Java 程序

Java 程序的
编写与运行

搭建 Java 开发环境后，就可以进行 Java 程序的开发了。下面开发一个非常简单的输出“Hello World!”内容的程序（即 HelloWorld 程序），通过该程序来演示 Java 程序的编写、编译和运行，让读者了解 Java 程序的开发过程。

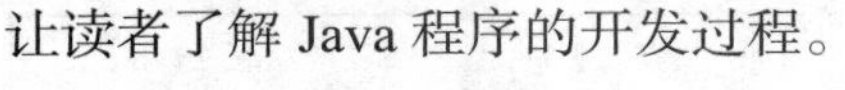

1.5.1 编写 Java 程序

进行 Java 开发，首先要编写 Java 程序。例如在 D 盘 test 目录下（D:\test），通过记事本程序新建一个文本文档，将初始的“新建文本文档.txt”重命名为“HelloWorld.java”。在有些计算机中，默认是没有显示扩展名的，所以要先将扩展名显示出来。

选择菜单栏中的“查看”→“选项”命令，再打开“查看”选项卡，如图 1-9 所示，选中“显示隐藏的文件、文件夹和驱动器”单选按钮，单击“确定”按钮，这样系统中的所有文件都会显示扩展名。

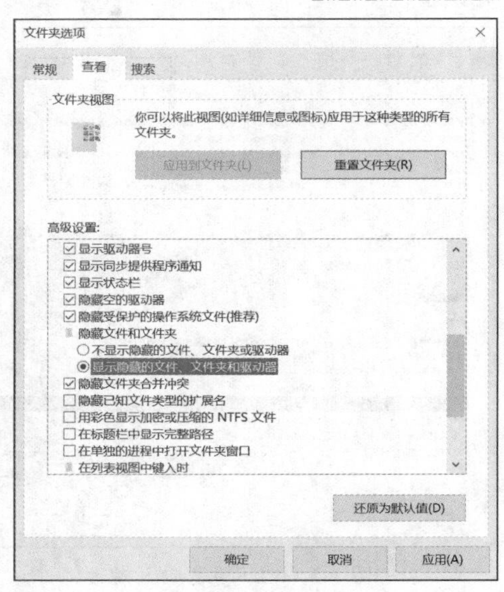

图 1-9　扩展名设置

现在已经有了一个名称为“HelloWorld.java”的文本文档，使用系统自带的记事本程序将其打开，在其中输入如下代码。

```
public class HelloWorld{
    public static void main(String args[]){
        System.out.println("HelloWorld!");
    }
}
```

输入代码后，不要忘记保存 HelloWorld.java。

1.5.2 编译 Java 程序

编写并保存 Java 程序后，选择“开始”→“运行”命令，在“运行”对话框中输入 cmd 并单击“确定”，弹出命令提示符窗口。

在该窗口中，输入“D:”后按回车键，这样就切换到 D 盘下，这是因为 1.5.1 小节中编写的程序保存在 D 盘中，然后通过 cd test 命令转到 test 目录下。如果读者编写的程序不在 D 盘中，这里就输入所编写程序所在的位置。

进入 test 目录后，执行 javac HelloWorld.java 命令，如图 1-10 所示，其中 javac 是 JDK 中的编译命令，而 HelloWorld.java 是 1.5.1 小节中编写的 Java 程序的文件名。执行 javac HelloWorld.java 命令后，会在同一目录下产生一个名为 HelloWorld.class 的文件，它是执行编译命令所产生的字节码文件。

在 javac 命令后输入的文件名中一定要有扩展名.java，否则会发生错误。

图 1-10　编译 Java 程序

1.5.3　运行 Java 程序

编译 Java 程序后，产生一个以.class 为扩展名的文件，运行 Java 程序就是运行该文件。在图 1-10 所示窗口中继续执行 java HelloWorld 命令，运行字节码文件，如图 1-11 所示。

图 1-11　运行 Java 程序

从运行结果中可以看到程序输出了“HelloWorld!”。运行 Java 程序是通过 java 命令来完成的。

在 java 命令后输入的文件名没有扩展名，如果有，则会发生错误。

1.5.4　HelloWorld 程序的组成

1.5.1 ~ 1.5.3 小节对开发 Java 程序的流程进行了讲解，本小节将简单讲解一下前面开发的 HelloWorld 程序的组成，让大家对 Java 程序的结构有初步了解。

HelloWorld 程序中的第一行为 public class HelloWorld{，其中 HelloWorld 是类名，class 是判断 HelloWorld 为类名的关键字，而 public 是用来修饰类的修饰符。每一个基础类都有一个类体，使用花括号括起来。

HelloWorld 程序中的第二行为 public static void main(String args[]){，这是一个特殊方法（函数），主体是 main，其他的都是修饰内容。该行语句是 Java 类固定的内容，其中 main 定义一个 Java 程序的入口。和类体一样，方法体也要使用花括号括起来。

HelloWorld 程序中的第三行为 System.out.println("Hello World!");，该行语句的功能是向控制台输出内容。在该程序中输出的是“Hello World!”，从而有了图 1-11 所示的运行结果。

1.6 Java 程序的基本结构

Java 程序以类为基本单位，一个 Java 程序可以由若干个类组成，这些类可以在一个源文件中，也可以分布在不同的源文件中，如图 1-12 所示。

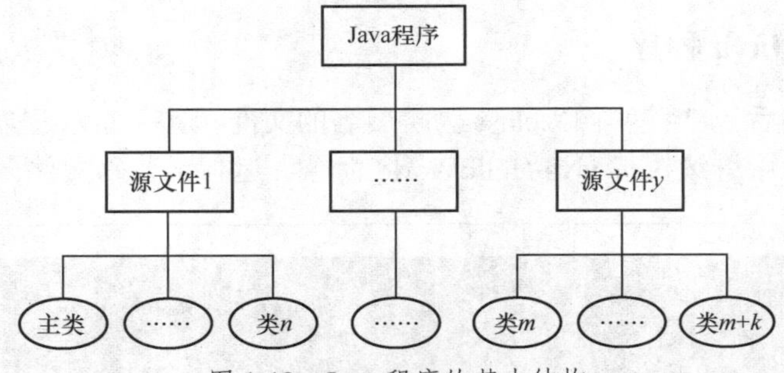

图 1-12 Java 程序的基本结构

一个源文件最多只有一个类使用 public 修饰，也可以所有类都不使用 public 修饰，这样源文件名只要与其中任意一个类名相同即可，若有一个类使用 public 修饰，则源文件名要与这个类名相同。

一个 Java 程序应该包含一个主类，即含有 main()方法的类，Java 程序从主类的 main()方法开始执行。

下面的例子是由 4 个类组成的一个 Java 程序，其内容分布在 3 个源文件中，程序运行结果如图 1-13 所示。

Cat.java：

```
public class Cat {
    String name = "xiaomao";
    void cry() {
        System.out.println("喵喵...");
    }
}
```

Dog.java：

```
class Dog {
    String name = "xiaogou";
    void cry() {
        System.out.println("汪汪...");
    }
}
class Mouse {
```

```
    String name = "xiaoglaoshu";
    void cry() {
        System.out.println("吱吱...");
    }
}
```

TestAminal.java：

```
public class TestAminal {
    public static void main(String[] args) {
        Cat cat= new Cat();
        Dog dog = new Dog();
        Mouse mouse = newMouse();
        cat.cry();
        dog.cry();
        mouse.cry();
    }
}
```

上面的程序涉及 Cat.java、Dog.java 和 TestAminal.java 这 3 个源文件，共有 4 个类，分别是 Cat 类、Dog 类、Mouse 类和 TestAminal 类。

图 1-13　示例 Java 程序的运行结果

1.7 使用集成开发工具 Eclipse 开发

前文讲解了使用记事本程序来开发 Java 程序，因为要调用命令提示符窗口，所以显得有些麻烦。而 Java 的一些集成开发工具可以解决这一问题。目前 Java 的集成开发工具有很多，如 Eclipse、IntelliJ IDEA、NetBeans 等，这里采用开发中常用的 Eclipse 来进行讲解。

使用 Eclipse 开发 Java 程序

1.7.1　下载和安装 Eclipse

通过 Eclipse 官网可以下载 Eclipse。Eclipse 是绿色软件，解压后就可以直接使用，解压完成也就完成了安装。通常将解压后的 eclipse 文件夹直接复制到某一磁盘中即可，例如复制到 D 盘中。Eclipse 的文档结构如图 1-14 所示。

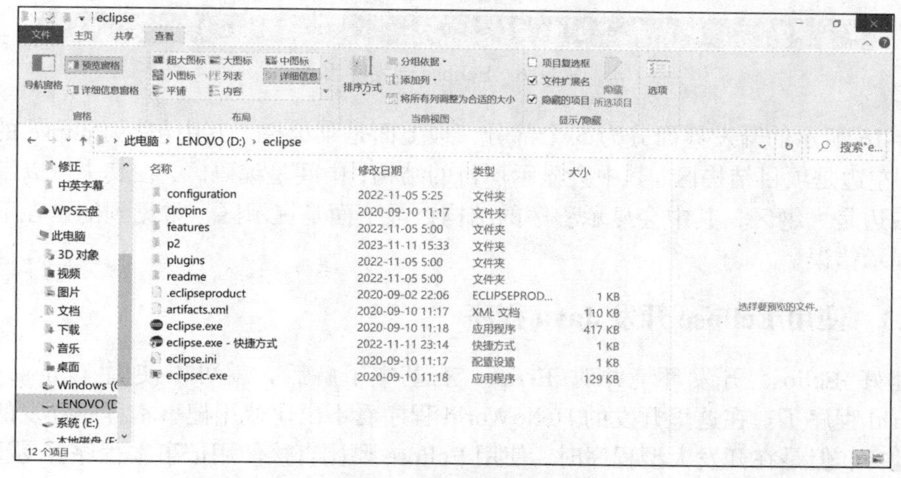

图 1-14　Eclipse 的文档结构

1.7.2 启动 Eclipse

下载并解压 Eclipse 后，在 eclipse 文件夹下，有一个 eclipse.exe 文件，双击该文件，就可以启动 Eclipse。第一次启动 Eclipse 时，会出现图 1-15 所示的对话框。

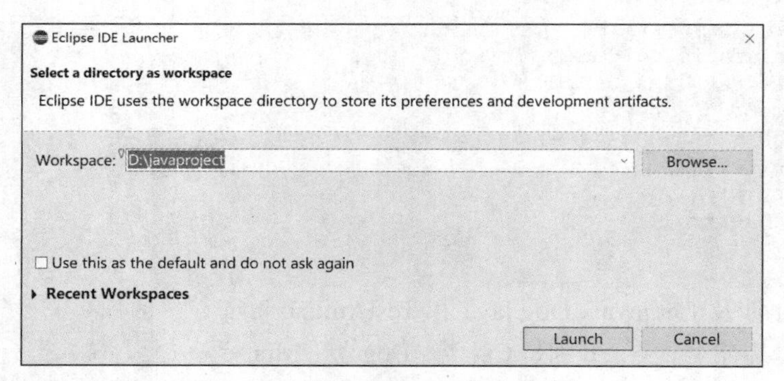

图 1-15 选择 Eclipse 程序存放路径

在该对话框中选择 Eclipse 开发的项目和程序保存的位置。单击 Launch 按钮后，进入 Eclipse 开发界面，如图 1-16 所示。

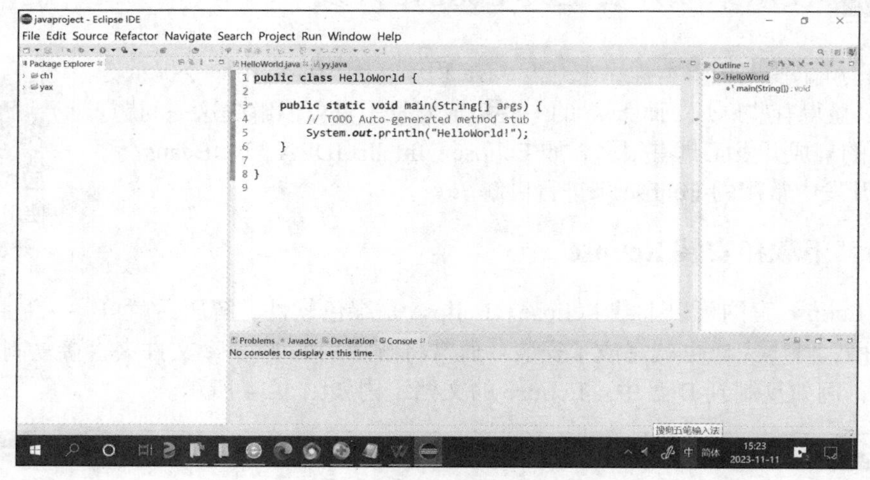

图 1-16 Eclipse 开发界面

图 1-16 所示的开发界面分为 5 个部分，最上面是菜单栏，其中包括 Eclipse 的所有开发工具；左边是项目结构区，其中会显示项目的结构；中间是编码区，在其中可以编写 Java 程序；右边是大纲区，其中会显示程序的结构；最下面是提示区，常见到的是在下面输出结果和提示错误。

1.7.3 使用 Eclipse 开发 Java 程序

搭建好 Eclipse 开发环境并对 Eclipse 有基本了解后，就可以使用 Eclipse 来开发 HelloWorld 程序了。在这里开发的 HelloWorld 程序看不出比使用记事本程序开发的有什么优越的地方，但是在开发大型程序时，使用 Eclipse 要比直接使用记事本程序容易得多。现在就来看一下使用 Eclipse 开发 HelloWorld 程序的步骤。

（1）在 Eclipse 开发界面的菜单栏中选择 File→New→Java Project 命令，弹出图 1-17 所示的 New Java Project 窗口。

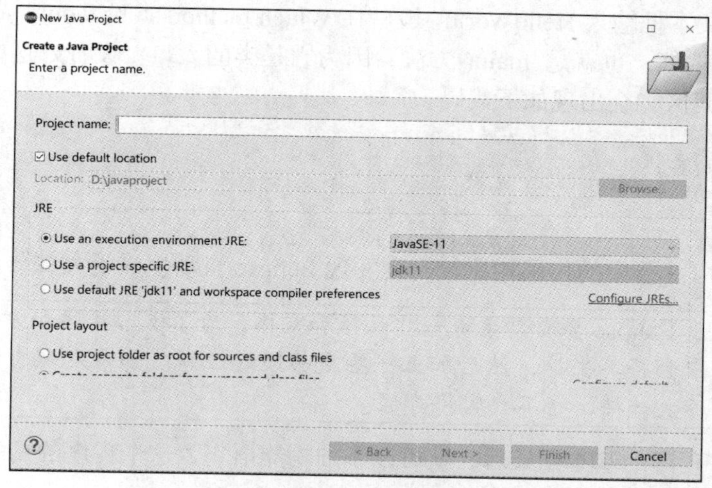

图 1-17　New Java Project 窗口

（2）在 New Java Project 窗口的 Project name 文本框中输入自己要创建的项目名。由于这里是本书的第 1 章，就设置项目名为 ch1，单击 Finish 按钮，弹出 New module-info.java 窗口，如图 1-18 所示。Java 中增加了模块的概念，限于篇幅，本书不介绍模块，因此这里单击 Don't Create 按钮即可。

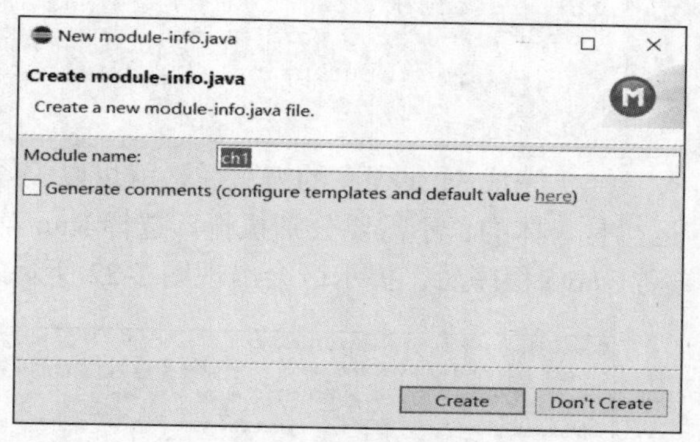

图 1-18　New module-info.java 窗口

项目创建成功后，项目结构区中将显示 ch1 项目结构，如图 1-19 所示。

（3）在 ch1 上右击，在弹出的菜单中选择"新建"→"类"命令，弹出图 1-20 所示的 New Java Class 窗口。

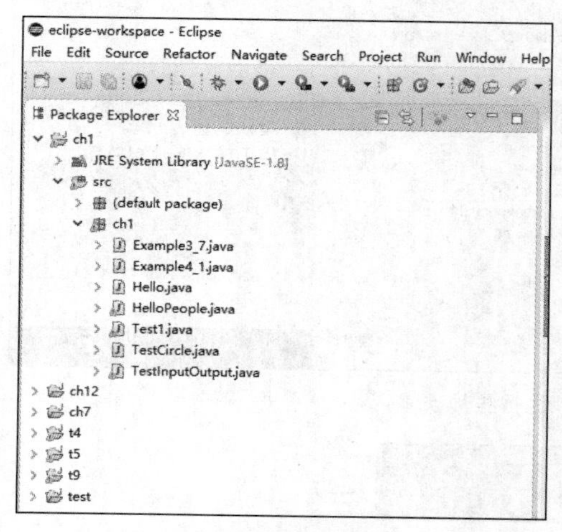

图 1-19　项目结构

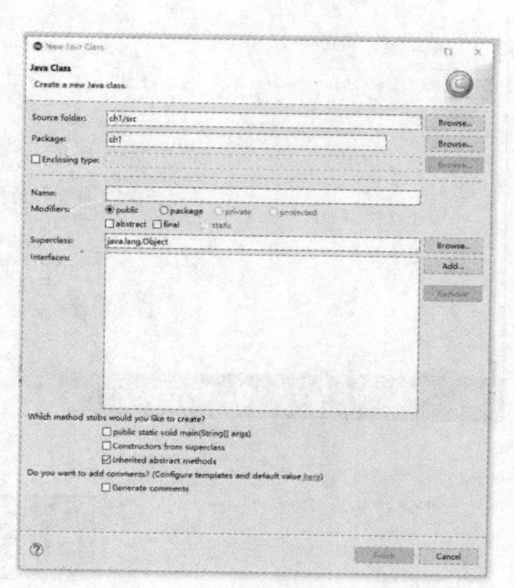

图 1-20　New Java Class 窗口

在 New Java Class 窗口中有很多需要填写的选项。首先需要填写包名，包的概念会在后文进行讲解，如果这里不填，则采用默认值，也就是不使用包。接着需要填写 Java 类的名称，在 Name 文本框输入 HelloWorld。最后在 Which method stubs would you like to create?下勾选第一个复选框，也就是 main()方法，因为它是类的入口。设置好这些选项后，单击 Finish 按钮，编码区将会出现如下代码。

```
public class HelloWorld {
    public static void main(String[ ] args) {
    //TODO Auto-generated method stub
    }
}
```

将该代码和 1.5 节中的代码相比较，会发现 Eclipse 自动生成了大部分代码。

由于 Eclipse 会自动生成一些注释和空格，为了少占篇幅和方便学习，在后面的代码中会将其去掉，然后加上一些更易懂的注释。如果发现自己开发的代码和书中的不太一样，也不要觉得奇怪。

（4）创建好程序的基本框架后，就可以添加功能语句。这个程序的功能是输出“Hello World!”，添加功能语句后的代码如下。

```
public class HelloWorld {
    public static void main(String[ ] args) {
        System.out.println("Hello World!");    //功能语句
    }
}
```

（5）完成 Java 程序的编写后，就可以编译和运行该 Java 程序。在 Eclipse 中，编译和运行是一体的，不需要分别执行。选择 Run 菜单的 Run 命令，运行程序，如图 1-21 所示。运行 Java 程序后，提示区会出现图 1-22 所示的运行结果。

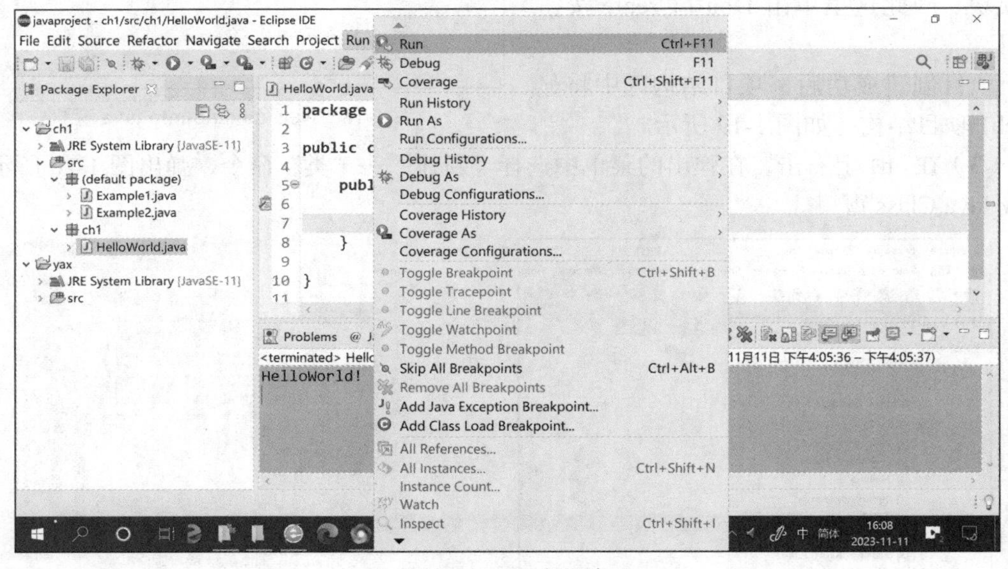

图 1-21　运行程序

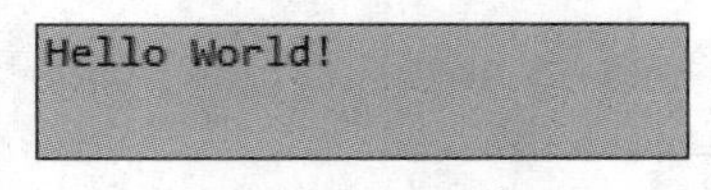

图 1-22　运行结果

从运行结果可以看到程序输出了“Hello World!”。如果没有出现图 1-22 所示的运行结果，就需要认真检查是什么地方出了问题。

1.8 小结

（1）Java 是一种面向对象的语言，编写的程序通过 JVM 能实现跨平台运行。

（2）Java 运行环境由 JVM、类库以及一些核心文件组成。JVM 可以理解成一个以字节码为机器指令的 CPU；对于不同的运行平台，有不同的 JVM；JVM 机制屏蔽了底层运行平台的差别，真正实现了“一次编译，随处运行”的目的。

（3）Java 开发环境的搭建包括 JDK 的下载、安装和配置，开发一个 Java 程序需要经过 3 个步骤：编写源文件、编译源文件生成字节码文件和运行字节码文件。

（4）Java 程序以类为基本单位，一个 Java 程序由若干个类组成，这些类可以在一个源文件中，也可以分布在不同的源文件中。

（5）Eclipse 作为一种较为流行的集成开发工具，能很大程度提高 Java 程序的开发效率。

1.9 习题

（1）Java 的特性有哪些？

（2）Java 程序源文件编译后会生成什么文件？程序的运行机制是怎样的？

（3）Java 程序的基本结构是怎样的？

（4）JDK 提供的编译器是（　　）。

A. java.exe　　B. javac.exe　　C. javaw.exe　　D. javap.exe

（5）请编写一个 Java 程序，输出“I love Java!”。

第2章 Java 基础

主要内容

- 标识符与关键字
- Java 的数据类型
- 数据类型转换
- 运算符和表达式
- 输入/输出数据

本章介绍 Java 的基本语法，包括标识符、数据类型、变量与赋值、字面值与数据类型转换以及各种运算符的使用。

2.1 标识符与关键字

标识符与关键字

本节先介绍标识符和关键字，然后讲解程序中的注释。

2.1.1 标识符

在编程语言中，标识符（Identifier）就是程序员自己规定的具有特定含义的字符序列，Java 中的标识符即类、接口、变量、方法、包等的名字。以下是 Java 中标识符的命名规则。

- 由大小写字母、数字、下画线（_）和美元符号（$）组成，但是不能以数字开头，长度不受限制。
- 标识符不能是关键字（关键字详见 2.1.2 小节）
- 标识符不能是 true、false 和 null（尽管 true、false 和 null 不是关键字）。

例如，以下标识符是合法的。

HelloWorld、Hello_World3、$HelloWorld、My_name。

以下标识符是非法的。

555HelloWorld（以数字开头）、￥HelloWorld（具有非法字符￥）、if。

在 Java 中，标识符严格区分大小写，Hello 和 hello 是完全不同的标识符。

Java 中对标识符命名通常遵守如下的约定。

- 包名：使用小写字母。
- 类名和接口名：通常由具有一定含义的单词组成，所有单词的首字母大写。
- 方法名：通常也是由具有一定含义的单词组成，第一个单词首字母小写，其他单词的首字母都大写。

- 变量名：通常也是由具有一定含义的单词组成，第一个单词首字母小写，其他单词的首字母都大写。
- 常量名：全部使用大写，最好使用下画线分隔单词。

在本书中，由于前面的程序大部分都是非常简单的，所以命名以简洁为主。但是读者一定要从开始就养成好的命名习惯，这样才能在以后的团队开发中适应工作要求。

2.1.2 关键字

在 Java 中关键字（Key word）是被赋予有特殊含义的一些单词。以下是 Java 中的关键词。

数据类型：byte、short、int、long、char、float、double、boolean。

包引入和包声明：import、package。

类和接口的声明：class、extends、implements、interface。

流程控制：if、else、switch、case、break、default、for、while、do、continue、return。

异常处理：try、catch、finally、throw、throws。

修饰符：abstract、final、private、protected、public、static、synchronized。

其他：new、instance、this、super、void、enum。

true、false、null 虽然不是关键字但是是保留字，用户也不要使用这些词。

2.1.3 注释

Java 提供了完善的注释机制，具有 3 种注释方式，如下所示。

（1）单行注释，以双斜杠（//）开头，在该行的末尾结束，例如：

```
x=x+y  // 两数相加
```

（2）多行注释，以/*开始，以*/结尾的一行或多行文字，例如：

```
/*
定义一个父类 Person
*/
```

（3）文档注释，以/**开始，以 */结尾。文档注释是 Java 特有的，主要用来生成类定义的 API（Application Programming Interface，应用程序接口）文档。具体方法为使用 JDK 的 javadoc 命令将文档注释提取到 HTML 文件中。

2.2 Java 的数据类型

在程序设计中，数据是程序的必要组成部分，也是程序处理的对象。不同的数据有不同的类型，不同的数据类型有不同的数据结构、不同的存储方式，并且参与的运算也是不同的。

Java 中的数据类型可以分为两类：基本数据类型和引用数据类型，如图 2-1 所示。基本数据类型是由程序设计语言系统所定义的、不可再分的数据类型。引用数据类型在内存中存放的是指向该数据的地址，不是数据本

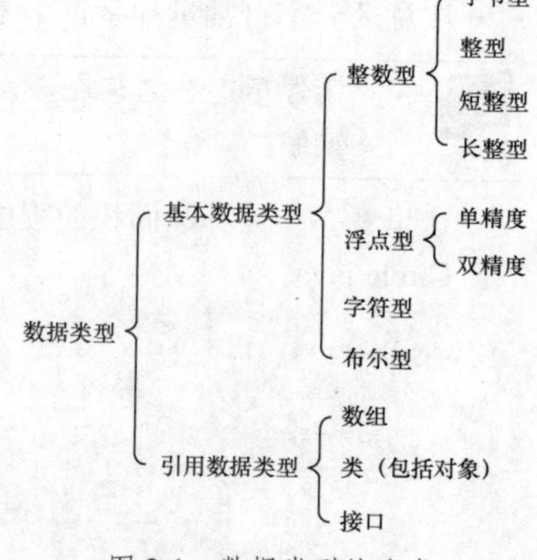

图 2-1 数据类型的分类

身，它往往由多个基本数据类型的数据组成。

Java 定义了 8 种基本数据类型：byte、short、int、long、float、double、char、boolean。这 8 种基本数据类型的名称、在内存中占用的位数及取值范围如表 2-1 所示。

表 2-1　基本数据类型

数据类型	关键字	在内存中占用的位数	取值范围	成员默认值
字节型	byte	8	–128 ~ 127	(byte)0
短整型	short	16	–32768 ~ 32767	(short)0
整型	int	32	$-2^{31} \sim 2^{31}-1$	0
长整型	long	64	$-2^{63} \sim 2^{63}-1$	0L
字符型	char	16	0 ~ 65535	'\u0000'
单精度浮点型	float	32	1 位符号，8 位指数，23 位尾数	0.0F
双精度浮点型	double	64	1 位符号，11 位指数，52 位尾数	0.0D
布尔型	boolean	1	true，false	false

2.2.1　常量和变量

常量和变量

在正式学习 Java 中的基本数据类型前，先来学习一下数据类型的载体——常量和变量。从名称上就可以看出常量和变量的不同，常量表示不能改变的数值，而变量表示能够改变的数值。

字面值（Literals）是某种类型值的表示形式，如 100 是 int 型的字面值。字面值有 3 种类型：基本数据类型的字面值、字符串字面值以及 null 字面值。基本数据类型的字面值有 4 种类型：整数型、浮点型、布尔型、字符型。例如，123、–789 为 int 型字面值；3.456、2e3 为 double 型字面值；true、false 为 boolean 型字面值；'a'和'我'为 char 型字面值；字符串字面值是用双引号定界的字符序列，如"Hello"是一个字符串字面值

Java 的常量值用字面值表示，以区分不同的数据类型。

整数型常量：123。

浮点型常量：3.14。

字符型常量：'a'。

布尔型常量：true、false。

字符串常量："helloworld"。

注意区分字符常量和字符串常量表示的不同，一个用单引号，一个用双引号。

常量这个名词还会在其他语境中表示值不可变的变量。具体参见后面的 final 关键字。

这里看一个计算圆面积的程序。

Circle.java：

```
public class Circle {
  public static void main(String[ ] args) {
    final double PI=3.14;                  //定义一个表示 PI 的常量
     int radius=5;                         //定义一个表示半径的变量
     double area=PI* radius * radius;      //计算圆的面积
      System.out.println("圆的面积等于"+area);
   }
}
```

运行该程序，运行结果如图 2-2 所示。

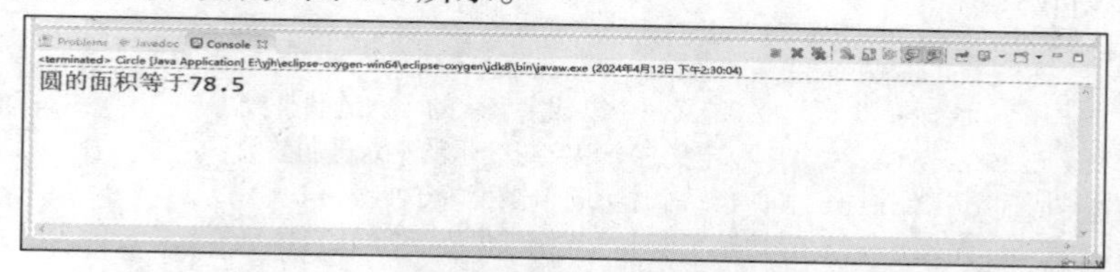

图 2-2 计算圆的面积

在求圆面积时需要两个值，分别是 PI 和半径。其中，PI 是一个固定的值，可以使用常量来表示，也就是该程序的第 3 行代码，从而知道定义常量需要 final 这个关键字。圆的半径是变化的，所以需要使用一个变量来表示。前面代码中的常量和变量前都有一个关键字 double 和 int，它们就是这一节要讲的数据类型。

基本数据类型与类型转换运算

2.2.2 整数型

整数就是不带小数的数字，在 Java 中用户存放整数的数据类型称为整数型。整数型根据占用的内存空间位数不同可以分为 4 种，分别是 byte、short、int 和 long，定义数据时默认定义为 int 型。内存空间位数决定了数据类型的取值范围，前面的表 2-1 中给出了整数型的位数和取值范围的关系。

在 Java 中可以通过 3 种方法来表示整数，分别是十进制、八进制和十六进制。其中，读者对十进制都已经非常熟悉了。八进制是使用 0 ~ 7 来进行表示的，在 Java 中，使用八进制表示整数必须在该数的前面放置一个“0”。看下面将十进制数和八进制数进行比较的程序。

TestInt.java：

```
public class TestInt {
    public static void main(String[ ] args){
        int a10=12;     //定义一个十进制数
        int a8=012;     //定义一个八进制数
        System.out.println("十进制 12 等于"+a10);
        System.out.println("八进制 12 等于"+a8);
    }
}
```

运行该程序，运行结果如图 2-3 所示。

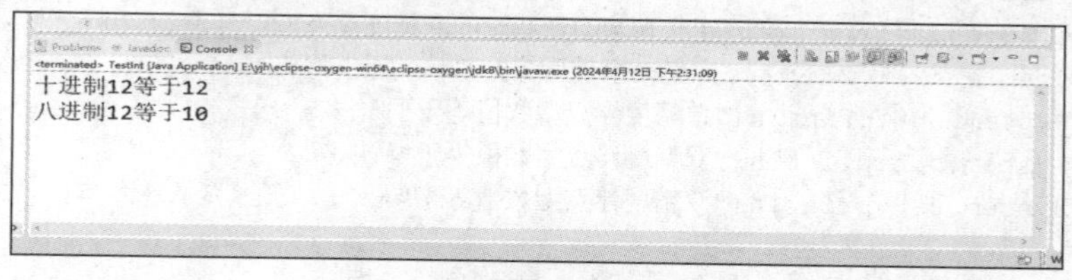

图 2-3 十进制数和八进制数对比

该程序定义了两个 int 型的变量，值分别是“12”和“012”，如果认为这两个数值相同，那就错了。当一个数值以“0”开头，则表示该数值是一个八进制数值，从运行结果中也可以看到该值为十进制的 10。

除了十进制和八进制外，整数的表示方法还有十六进制。表示十六进制数除了使用 0 ~ 9 外，还使用 a ~ f 分别表示从 10 到 15 的数。表示十六进制数时，字母是不区分大小写的，也就是 a 表示 10，A 也表示 10。十六进制同八进制一样，也有一个特殊的表示方式，那就是以“0X”或者“0x”开头。看下面这个使用十六进制表示整数的程序。

TestIntHex.java：

```
public class TestIntHex {
    public static void main(String[ ] args) {
        int a1=0X12;          //定义一个以数字表示的十六进制整数
        int a2=0xcafe;        //定义一个以字母表示的十六进制整数
        System.out.println("第一个十六进制数值等于"+a1);
        System.out.println("第二个十六进制数值等于"+a2);
    }
}
```

运行该程序，运行结果如图 2-4 所示。

```
第一个十六进制数值等于18
第二个十六进制数值等于51966
```

图 2-4　十六进制数

在使用前面的 3 种方法表示整数时，都被定义为 int 型。这里完全可以定义为其他几种整数型。但需要注意的是如果定义为 long 型，则需要在数值后面加上 L 或者 l，例如定义 long 型的数值 12，则应该写为 12L（或 12l）。

2.2.3　浮点型

浮点型用于表示有小数的数值，浮点型数值的存储遵循 IEEE 754 标准。Java 中的浮点型分为 float 和 double 两种类型，分别是单精度浮点型和双精度浮点型。

前面在学习计算圆面积的程序时，已经使用到了双精度浮点型，Java 中默认的浮点型也是双精度浮点型。当使用单精度浮点型时，必须在数值后面跟上 F 或者 f。在双精度浮点型中，也可以使用 D 或者 d 为后缀，但是它不是必需的，因为双精度浮点型是默认形式。观察下面定义浮点型的程序。

TestFloat.java：

```
public class TestFloat {
    public static void main(String[ ] args) {
        float f=1.23f;      //定义一个单精度浮点型
        double d1=1.23;     //定义一个不带后缀的双精度浮点型
        double d2=1.23D;    //定义一个带后缀的双精度浮点型
        System.out.println("单精度浮点型数值等于"+f);
        System.out.println("双精度浮点型数值等于"+d1);
        System.out.println("双精度浮点型数值等于"+d2);
    }
}
```

运行该程序，运行结果如图 2-5 所示。

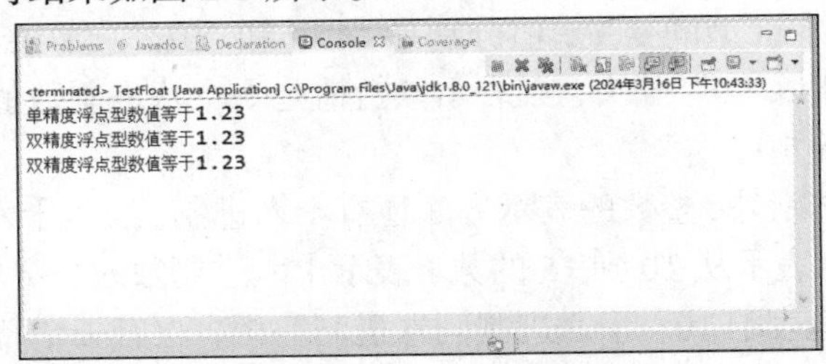

图 2-5　浮点型数据

2.2.4 字符型

在开发中，经常要定义一些字符，例如'A'，这时候就要用到字符型，用关键字 char 声明字符型数据。在 Java 中，字符型就是用于存储字符的数据类型。在 Java 中，使用 Unicode 码来表示字符，Unicode 码是通过'\uxxxx'来表示的，x 表示是十六进制数。Unicode 编码字符是用 16 位无符号整数表示的，即有 65536 个可能值，也就是 0 ~ 65535。看下面定义字符型的程序。

TestChar.java：

```
public class TestChar {
    public static void main(String[ ] args) {
        char a='A';
        char b='\u003a';//:的 Unicode 编码
        System.out.println("第一个字符型的值等于"+a);
        System.out.println("第二个字符型的值等于"+b);
    }
}
```

运行该程序，运行结果如图 2-6 所示。

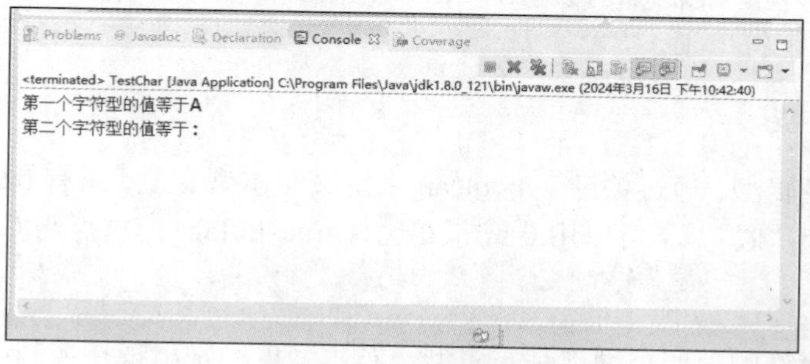

图 2-6 字符型数据

从程序中可以看到，定义字符型数据时，可以直接定义一个字符，也可以使用 Unicode 码来进行定义。由于 Unicode 码是国际通行的字符编码，所以在各种计算机中都能识别显示。有一些受操作系统的影响不能显示的字符，通常会显示为一个问号，所以当显示问号时，可能是该 Unicode 码表示问号，但更大可能是该 Unicode 码所表示的字符不能正确显示。

在运行结果的显示中，会有一些内容不能显示，例如回车、换行等效果。在 Java 中为了解决这个问题，定义了转义字符。转义字符通常使用“\”开头，表 2-2 中列出了 Java 中的部分转义字符。

表 2-2 转义字符

转　义	说　明	转　义	说　明
\'	单引号	\n	换行
\"	双引号	\f	换页
\\	斜杠	\t	跳格
\r	回车	\b	退格

在 Java 中，单引号和双引号都具有特定的作用，所以如果想表示这两个符号，就需要使用转义字符。由于转义字符使用的符号是斜杠，所以如果想输出斜杠，就需要使用双斜杠。看下面使用转义字符的程序。

Testchar1.java：

```
public class Testchar1 {
    public static void main(String[ ] args) {
        System.out.println("Hello \n World");
        System.out.println("Hello \\n World");
    }
}
```

运行该程序，运行结果如图 2-7 所示。

```
Hello
 World
Hello \n World
```

图 2-7　转义字符

从运行结果中可以看到，当把“\n”放到一起输出时，并不是作为字符串输出，而是起到换行的作用。但是如果想直接输出“\n”，先输出一个“\”，然后后面跟上“\n”，这样就输出“\n”这个字符串了。

2.2.5　布尔型

布尔型又称逻辑型，通过关键字 boolean 来定义布尔型变量，只有 true 和 false 两个值，分别代表“真”和“假”，不可以用 0 或非 0 代替 true 和 false，这点与 C 语言不同。例如：

```
boolean a;           //定义布尔型变量 a
boolean b = true     //定义布尔型变量 b，并给 b 赋初始值 true
```

所有的关系运算的返回类型都是布尔型。布尔型也经常出现在控制语句中。

2.3　数据类型转换

讲完基本数据类型后，本节讲解另一个重要的知识点，那就是数据类型转换。在前面的学习中，已经知道 Java 是一门强数据类型语言，所以当遇到用不同数据类型进行运算操作时，就需要进行数据类型转换。数据类型转换要满足一个最基础的要求，那就是数据类型要兼容。例如将布尔型转换成整数型是不能成功的。在 Java 中，有两种数据类型转换方式，分别是自动数据类型转换和强制数据类型转换。

2.3.1　自动类型转换（低→高）

在前面学习计算圆面积的程序时已经看到，程序中定义了半径为 int 型，而计算的面积为 double 型，这里就用到了自动类型转换，如图 2-8 所示。

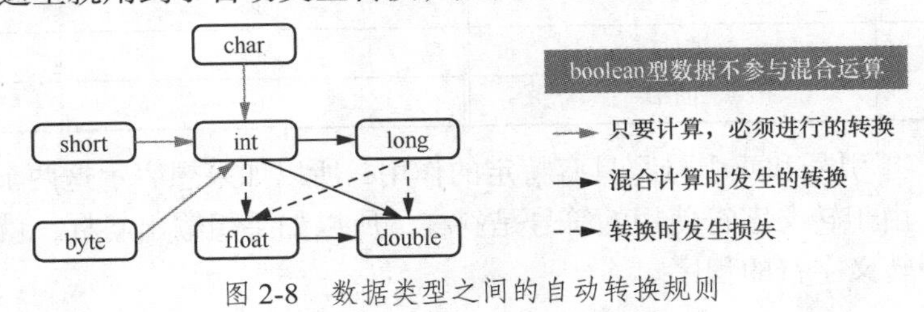

图 2-8　数据类型之间的自动转换规则

先来看下面的程序。

TestChange.java：

```
public class TestChange {
    public static void main(String[ ] args) {
        short s=3;          //定义一个 short 型变量
        int i=s;            //short 型自动转换为 int 型
        float f=1.0f;       //定义一个 float 型变量
        double d1=f;        //float 型自动转换为 double 型
        long l=234L;        //定义一个 long 型变量
        double d2=l;        //long 型自动转换为 double 型
        System.out.println("short 型自动转换为 int 型后的值等于"+i);
        System.out.println("float 型自动转换为 double 型后的值等于"+d1);
        System.out.println("long 型自动转换为 double 型后的值等于"+d2);
    }
}
```

运行该程序，运行结果如图 2-9 所示。

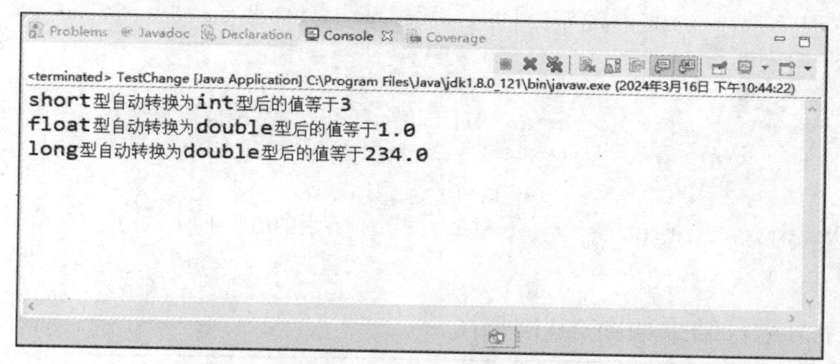

图 2-9　自动类型转换

从该程序中可以看出位数低的类型数据可以自动转换成位数高的类型数据。例如，short 型数据的位数为 16，可以自动转换为位数为 32 的 int 型数据。同样，float 型数据的位数为 32，可以自动转换位数为 64 的 double 型数据。

由于整数型和浮点型的数据都是数值，则它们之间也是可以互相转换的，从而 long 型可自动转换为 double 型，但是需要注意的是，转换后的值相同，但是表示上一定要在后面加上小数位，这样才能表示为 double 型。

需要注意的是，整数型转换成浮点型，值可能会发生变化，这是由浮点型的本身定义决定的。计算机内部是没有浮点数的，浮点数是靠整数模拟计算出来的，如 0.5 其实就是 1/2，所以这样的换算过程难免存在误差。下面看一个整数型数据自动转换为浮点型数据的程序。

TestChange1.java：

```
public class TestChange1 {
    public static void main(String[ ] args) {
        long l=234234234;      //定义一个 long 型变量
        float d=l;             //long 型自动转换为 double 型
        System.out.println("int 型自动转换为 float 型后的值等于"+d);
    }
}
```

运行程序，运行结果如图 2-10 所示。

从程序和运行结果中可以看到，程序定义的 long 型值为 234234234，而自动转换后的 float 型值为 2.3423424E8。

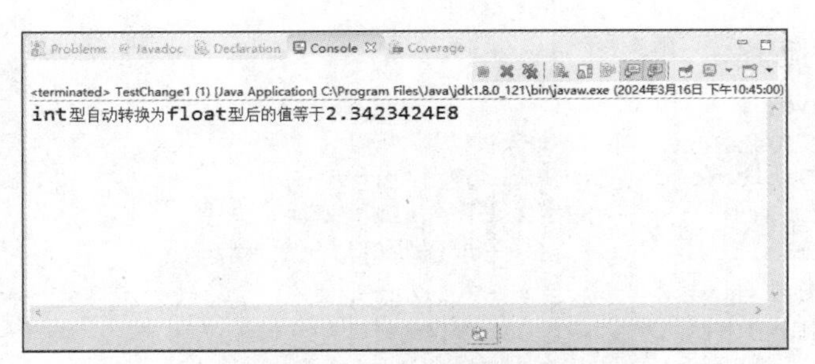

图 2-10　整数转换为浮点数

前面在学习字符型时，已经知道字符型占 16 个二进制位，并且也可以使用 Unicode 码来表示，因此字符型也可以自动转换为 int 型，从而还可以自动转换为更高位的 long 型，以及浮点型。看下面字符型自动类型转换为 int 型的程序。

TestChange2.java：

```
public class TestChange 2 {
    public static void main(String[ ] args) {
        char c1='a';        //定义一个 char 型变量
        int i1=c1;          //char 型自动转换为 int 型
        System.out.println("char 型自动转换为 int 型后的值等于"+i1);
        char c2='A';        //定义一个 char 型变量
        int i2=c2+1;        //char 型和 int 型计算
        System.out.println("char 型和 int 型计算后的值等于"+i2);
    }
}
```

运行该程序，运行结果如图 2-11 所示。

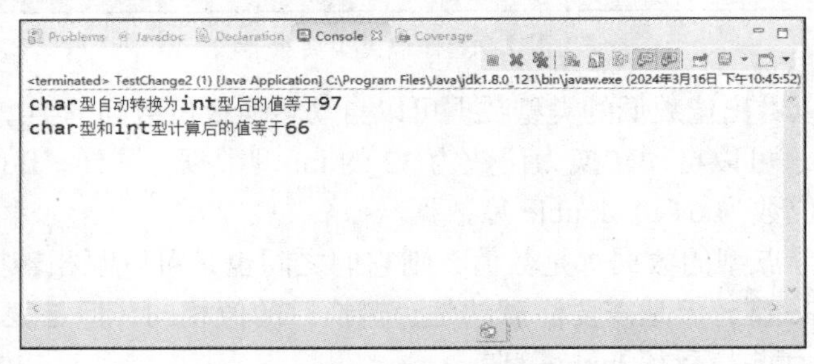

图 2-11　字符型自动转换为 int 类型

2.3.2　强制类型转换（高→低）

从前文的程序运行结果中可以看到，定义的字符型数据显示出来后为 97 这个数值，这里就是进行了自动类型转换。而且字符型还可以作为数值进行计算，例如，对计算后的数值 98 进行强制类型转换后，会发现输出的结果是 B 这个字符。

在 2.3.1 小节中已经学习了自动类型转换，自动类型转换是将低位数转换为高位数。有些读者就会有疑问，高位数是否能转换为低位数，这是可以的，这里就要用到强制类型转换。强制类型转换的前提条件也是转换的数据类型必须兼容。强制类型转换是有固定语法格式的，格式如下。

```
(数据类型) 表达式
```

例如：

```
int a=(int)3.14;
```

下面为进行强制类型转换的程序。

QiangZhiZhuanHuan1.java：

```
public class QiangZhiZhuanHuan1 {
    public static void main(String[ ] args) {
        int i1=123;              //定义一个 int 型变量
        byte b=(byte)i1;         //int 型强制转换为 byte 型
        System.out.println("int 型强制转换为 byte 型后值等于"+b);
    }
}
```

运行该程序，运行结果如图 2-12 所示。

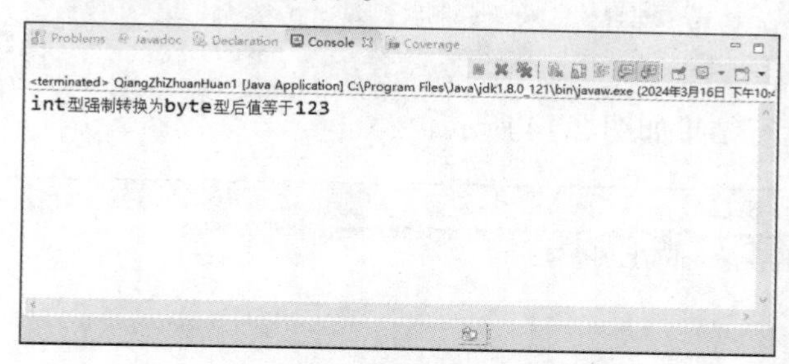

图 2-12　强制类型转换

这是一个简单的强制类型转换的程序，在其中将一个 int 型的数据强制转换为一个比它位数低的 byte 型的数据。由于是高位数转换为低位数，也就是大范围转换为小范围，当数值很大的时候，转换就可能造成数据精度的丢失。例如已经知道 byte 型范围的最大值为 127，而其中定义的 int 型为 128，这时候强制进行数据类型转换就会发生问题，看下面的程序。

TestChange3.java：

```
public class TestChange3 {
    public static void main(String[ ] args) {
        int i1=128;              //定义一个 int 型变量
        byte b=(byte)i1;         //int 型强制转换为 byte 型
        System.out.println("int 型强制转换为 byte 型后值等于"+b);
        double d=123.456;        //定义一个 double 型变量
        int i2=(int)d;           //double 型强制转换为 int 型
        System.out.println("double 型强制转换为 int 型后值等于"+i2);
    }
}
```

运行该程序，运行结果如图 2-13 所示。

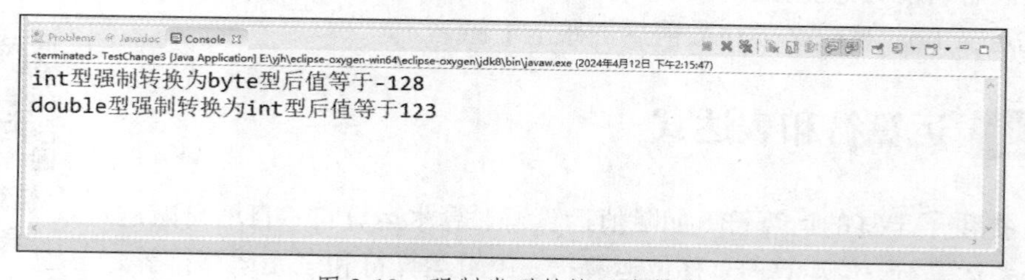

图 2-13　强制类型转换丢失精度

该程序中发生了两种数据丢失而导致出错的现象。第一种是 int 类型强制转换为 byte 类型，由于是整数型，所以采用截取的方式进行转换，这是由计算机的二进制表示方法决定的，有兴趣的读者可以自己研究，对于 Java 初学者只要知道这样会丢失精度就可以了。第二种是浮点型强制转换为整数型，这种情况下会丢失小数部分。

在学习自动类型转换时，已经知道字符型可以自动转换为数值类型，同理，数值类型也可以强制转换为字符型。请看下面自动类型转换的程序。

TestChange4.java

```
public class TestChange4 {
    public static void main(String[ ] args) {
        char c1='A';            //定义一个 char 型变量
        int i=c1+1;             //char 型和 int 型计算
        char c2=(char)i;        //进行强制类型转换
        System.out.println("int 型强制转换为 char 型后的值等于"+c2);
    }
}
```

运行该程序，运行结果如图 2-14 所示。

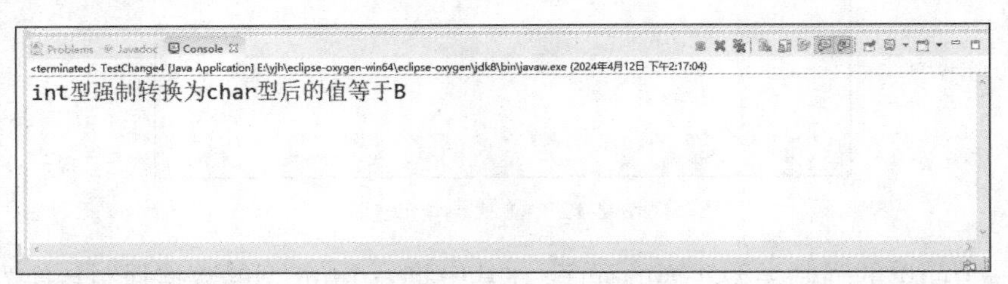

图 2-14　字符和数值转换

在该程序中，将计算后所得到的 int 型强制转换为 char 型，从而得到结果 B 字符。从这里也可以看出，在 Unicode 码中所有的字母都是依次排列的。大写字母和小写字母是不同的，都有自己对应的 Unicode 码。

2.3.3　隐含强制类型转换

Java 中有一个特殊的机制，那就是隐含强制类型转换机制。前面在学习整数型时，已经知道整数的默认类型是 int，而程序中经常会出现如下代码。

```
byte b=123;
```

在这个代码中，123 这个数据的类型是 int，而定义的 b 这个变量是 byte 型的。按照前面的理论，这种是需要进行强制类型转换的。因此 Java 提供隐含强制类型转换机制，让这个工作不再由程序来完成，而是由 Java 系统自动完成。

有些读者可能会想整数型如此，浮点型是不是应该也这样。浮点型是不存在这种情况的，因此定义 float 型时必须在数值后面跟上 F 或者 f。

2.4　运算符和表达式

运算符和表达式

Java 提供了丰富的运算符，如赋值运算符、算术运算符、自增自减运算符、关系运算符、位运算符、移位运算符、逻辑运算符和三元运算符等。表达式可以简单地认为是数据和运算符的结合。

2.4.1　赋值运算符

赋值运算符以符号“=”表示，它是一个二元运算符，其功能是将运算符右边的操作数赋给左边的操作数。例如：

```
int x=100;
```

该表达式是将 100 赋值给 int 型变量 x。该运算符左边的操作数必须是一个变量，而右边的操作数可以是任何表达式。

2.4.2 算术运算符

算术运算符就是用于算术计算的运算符，包括加（+）、减（-）、乘（*）、除（/）、求余（%）等。算术运算符的使用是非常简单的，看下面使用算术运算符的程序。

TestMath.java：

```
public class TestMath {
    public static void main(String[ ] args) {
        int i1=7;                //定义两个变量
        int i2=3;
        int jia=i1+i2;           //进行加运算
        int jian=i1-i2;          //进行减运算
        int cheng=i1*i2;         //进行乘运算
        int chu=i1/i2;           //进行除运算
        int yu=i1%i2;            //进行求余运算
        System.out.println("进行加运算的结果是"+jia);
        System.out.println("进行减运算的结果是"+jian);
        System.out.println("进行乘运算的结果是"+cheng);
        System.out.println("进行除运算的结果是"+chu);
        System.out.println("进行求余运算的结果是"+yu);
    }
}
```

运行该程序，运行结果如图 2-15 所示。

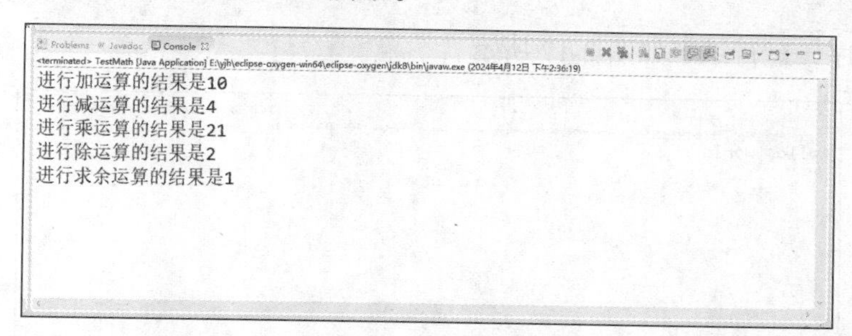

图 2-15 算术运算符

该程序是一个非常简单的使用算术运算符的例子，要注意除法运算中除数是不能为零的，否则会抛出异常，由于进行求余运算也要先进行除法运算，所以求余运算符的第二个操作数也不能为零，如果为零，则程序也会抛出异常，看下面定义除数为零的程序。

TestMath1.java：

```
public class TestMath1 {
    public static void main(String[ ] args) {
        int i1=7;            //定义两个变量
        int i2=0;            //定义一个值为零的变量
        int chu=i1/i2;       //进行除运算
        int yu=i1%i2;        //进行求余运算
        System.out.println("进行除运算的结果是"+chu);
        System.out.println("进行求余运算的结果是"+yu);
    }
}
```

运行该程序，运行结果如图 2-16 所示。

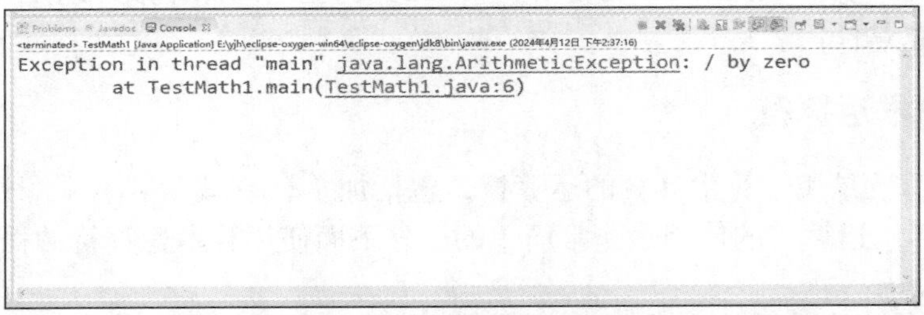

```
Exception in thread "main" java.lang.ArithmeticException: / by zero
	at TestMath1.main(TestMath1.java:6)
```

图 2-16　除数为零

从该程序的运行结果中可以看出，当除数为零时，就会抛出 java.lang.ArithmeticException 对象，异常的概念后面会单独用一章讲解。

在算术运算符中需要特别说一下加（+）和减（-），它们不仅可以用于基本运算，还可以作为正数和负数的前缀，和在数学中一样。并且加（+）不仅可以用于数字相加，还可以用于字符串之间的连接，看下面的程序。

TestMath2.java：

```
public class TestMath2 {
    public static void main(String[ ] args) {
        String s1="Hello ";    //定义两个字符串
        String s2=" World";
        String s3=s1+s2;       //使用加运算
        System.out.println(s3);
    }
}
```

运行该程序，运行结果如图 2-17 所示。

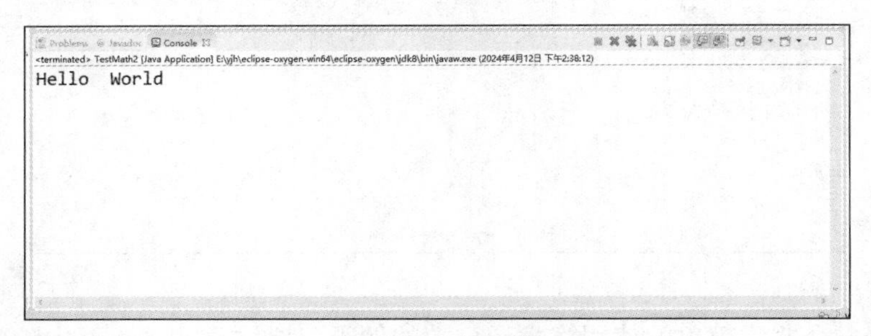

图 2-17　加运算

从运行结果可以看出，使用加运算可以将两个字符串连到一起。这里只要了解这些就可以了，字符串的定义以及其他操作会在后文中进行讲解。

2.4.3　自增自减运算符

自增自减运算符可以算一种特殊的算术运算符。在算术运算符中需要两个操作数来进行运算，而自增自减运算符只需要一个操作数，自增运算符表示该操作数递增 1，自减运算符表示该操作数递减 1。看下面这个简单的、使用自增自减运算符的程序。

TestMath3.java：

```
public class TestMath3 {
    public static void main(String[ ] args) {
```

```
        int a=3;            //定义一个变量
        int b=++a;          //进行自增运算
        int c=3;            //定义一个变量
        int d=--c;          //进行自减运算
        System.out.println("进行自增运算后的值等于"+b);
        System.out.println("进行自减运算后的值等于"+d);
    }
}
```

运行该程序，运行结果如图 2-18 所示。

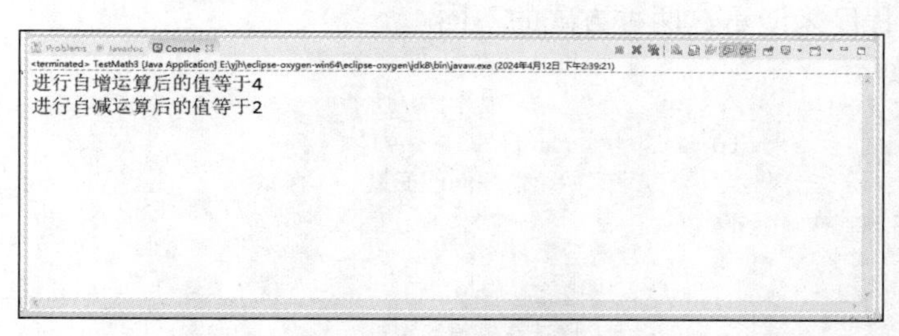

图 2-18　自增自减运算符

从程序和运行结果中可以看出，使用自增运算符后，结果的数值增加 1；使用自减运算符后，结果的数值减小 1。

前面在学习数据类型转换时，已经知道当两个不同类型的数据进行运算时，低位的数据会自动转换为高位的数据。例如一个 byte 型的数据和一个 int 型的数据相加，最后的结果肯定是一个 int 型的数据。但是这一点在自增自减运算中是有所不同的，先来看下面的程序。

TestMath4.java：

```
public class TestMath4 {
    public static void main(String[ ] args) {
        byte b1=5;                      //定义一个 byte 型的变量
        byte b2=(byte)(b1+1);           //进行强制类型转换
        System.out.println("使用加运算符的结果是"+b2);
        byte b3=5;                      //定义一个 byte 型的变量
        byte b4=++b3;                   //进行自增运算，不需要类型转换
        System.out.println("使用自增运算符的结果是"+b4);
    }
}
```

运行该程序，运行结果如图 2-19 所示。

图 2-19　自增运算符的类型转换

在该程序中，对 byte 型数据执行加 1 运算时，由于 Java 默认整数型为 int，所以 1 为 int 型，加运算后的结果也为 int 型，从而需要进行强制类型转换。而在使用自增运算时，

并不需要进行强制类型转换。使用自增自减运算符时，并不进行类型的提升，操作前数值是什么类型，操作后的数值仍然是什么类型。

在前文的讲解中，所有的自增自减运算符都放在操作数的前面，自增自减运算符也可以放在操作数的后面。这两种方法都可以对操作数进行自增自减操作，只是执行的顺序不同。

前缀方式：先进行自增或者自减运算，再进行表达式运算。

后缀方式：先进行表达式运算，后进行自增或者自减运算。

通过下面的程序来演示这两种方式的不同。

TestMath5.java：

```
public class TestMath5 {
    public static void main(String[ ] args) {
        int a=5;            //定义两个值相同的变量
        int b=5;
        int x=2*++a;        //自增运算符前缀
        int y=2*b++;        //自增运算符后缀
        System.out.println("自增运算符前缀运算后 a="+a+"表达式 x="+x);
        System.out.println("自增运算符后缀运算后 b="+b+"表达式 y="+y);
    }
}
```

运行该程序，运行结果如图 2-20 所示。

```
<terminated> TestMath5 [Java Application] E:\yjh\eclipse-oxygen-win64\eclipse-oxygen\jdk8\bin\javaw.exe (2024年4月12日 下午2:28:12)
自增运算符前缀运算后a=6表达式x=12
自增运算符后缀运算后b=6表达式y=10
```

图 2-20　前缀方式和后缀方式的不同

从运行结果中可以看到，自增运算符不管是前缀还是后缀，最后的结果都增加 1，但是表达式结果完全不同。在计算 x 值时，先执行前缀操作，a 的值变为 6，再执行乘操作，从而得到结果为 12；而计算 y 值时，先进行乘运算操作，得到结果 10，再复制给 y，从而得到结果 10，然后才进行自增操作，从而得到 b 的值为 6。

从操作中可以看到，自增自减运算符是比较复杂的，而且有很多需要注意的问题。所以在开发中，不是非常必要的时候，尽量少使用自增自减运算符。

2.4.4　关系运算符

关系运算符用于计算两个操作数之间的关系，其运算结果是布尔型。关系运算符包括等于（==）、不等于（!=）、大于（>）、大于等于（>=）、小于（<）和小于等于（<=）。首先来讲解等于运算符和不等于运算符，它们可以用于所有基本数据类型和引用数据类型。由于目前只介绍过基本数据类型，所以以基本数据类型为例，看下面的程序。

TestCompare.java：

```
public class TestCompare {
    public static void main(String[ ] args) {
        int i=5;                        //定义一个 int 型变量
```

```
        double d=5.0;                   //定义一个 double 型变量
        boolean b1=(i==d);              //运用关系运算符的结果
        System.out.println("b1 的结果为: "+b1);
        char c='a';                     //定义一个 char 型变量
        long l=97L;                     //定义一个 long 型变量
        boolean b2=(c==l);              //运用关系运算符的结果
        System.out.println("b2 的结果为: "+b2);
        boolean bl1=true;               //定义一个 boolean 型变量
        boolean bl2=false;              //定义一个 boolean 型变量
        boolean b3=(bl1==bl2);          //运用关系运算符的结果
        System.out.println("b3 的结果为: "+b3);
    }
}
```

运行该程序，运行结果如图 2-21 所示。

```
Problems  Javadoc  Console
<terminated> TestCompare [Java Application] E:\yjh\eclipse-oxygen-win64\eclipse-oxygen\jdk8\bin\javaw.exe (2024年4月12日 下午2:21:29)
b1的结果为：true
b2的结果为：true
b3的结果为：false
```

图 2-21　等于关系运算符

从程序和运行结果中可以看出，int 型和 double 型之间、char 型和 long 型之间、boolean 型和 boolean 型之间都可以使用关系运算符进行比较。使用关系运算符操作时，自动进行了类型转换，当两个类型兼容时，就可以进行比较。因此 boolean 型和其他类型是不能使用关系运算符操作的，只能进行两个 boolean 型间的比较。

除了等于和不等于关系运算符外，其他 4 种关系运算符都是同理的。唯一的不同就是，boolean 型之间是不能进行大小比较的，只能进行是否相等比较。

2.4.5　位运算符

在计算机中，所有的整数都是通过二进制进行保存的，即由一串 0 或者 1 组成，每一个数字占一位。位运算符就是对数据的位进行操作，只能用于整数型。位运算符有如下 4 种。

与（&）：如果对应位都是 1，则结果为 1，否则为 0。

或（|）：如果对应位都是 0，则结果为 0，否则为 1。

异或（^）：如果对应位的值相同，则结果为 0，否则为 1。

非（~）：将操作数的每一位按位取反。

下面通过一个程序来演示位运算符的使用。

TestBit.java：

```
public class TestBit {
    public static void main(String[ ] args) {
        int a=6;        //二进制后 4 位为 0110
        int b=3;        //二进制后 4 位为 0011
        int i=a&b;      //执行与位运算操作
        System.out.println("执行与位运算后的结果等于"+i);
    }
}
```

运行该程序，运行结果如图 2-22 所示。

图 2-22　与位运算

该程序的运行顺序是，先将 a 和 b 这两个变量转换为二进制数，则它们的后 4 位分别是 0110 和 0011，然后进行与位运算操作，则计算的结果为 0010。最后将二进制数转换为十进制数，则结果为 2，从而得到图 2-22 所示的结果。这里只以与位运算符为例进行演示，其他位运算符由读者自行尝试。

2.4.6　移位运算符

移位运算符和位运算符类似，都是对二进制数的位进行操作的运算符，因此移位运算符也是只对整数进行操作。移位运算符是通过移动位的数值来改变数值大小的，最后得到一个新数值。移位运算符包括左移运算符（<<）、右移运算符（>>）和无符号右移运算符（>>>）。

1. 左移运算符

左移运算符用于将第一个操作数的位向左移动第二个操作数指定的位数，右边空缺的位用 0 来补充。看下面使用左移运算符的程序。

TestBit1.java：

```
public class TestBit1 {
    public static void main(String[ ] args) {
        int i=6<<1;     //将数值 6 左移 1 位
        System.out.println("6 左移 1 位的值等于"+i);
    }
}
```

运行该程序，运行结果如图 2-23 所示。

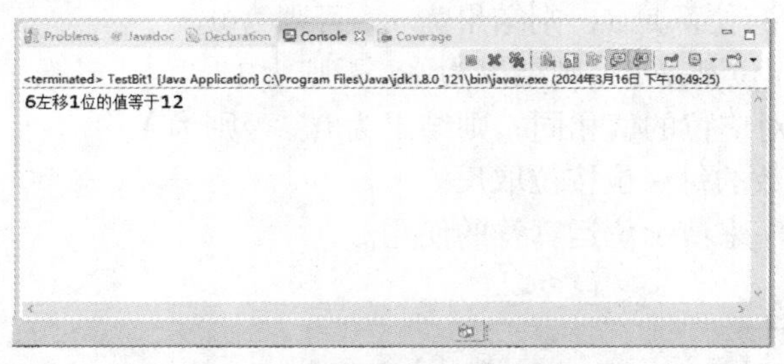

图 2-23　左移运算符

这是一个简单的、使用左移运算符的程序，下面通过步骤来进行讲解。先将数值 6 转换为二进制数：

0000 0000 0000 0000 0000 0000 0000 0110

然后执行移位操作，向左移 1 位，则二进制数为：

0000 0000 0000 0000 0000 0000 0000 1100

最后将该二进制数转换为十进制数，则数值为 12，也就是运行结果。从运行结果中也可以看出左移运算相当于执行乘 2 运算。

2. *右移运算符*

右移运算符用于将第一个操作数的位向右移动第二个操作数指定的位数。在二进制数中，首位是用来表示正负的，0 表示正，1 表示负。如果右移运算符的第一个操作数是正数，则填充 0；如果为负数，则填充 1，从而保证正负不变。看下面使用右移运算符的程序。

TestBit 2.java：

```
public class TestBit 2 {
    public static void main(String[ ] args) {
        int i=7>>1;      //将数值 7 右移 1 位
        System.out.println("7 右移 1 位的值等于"+i);
    }
}
```

运行该程序，运行结果如图 2-24 所示。

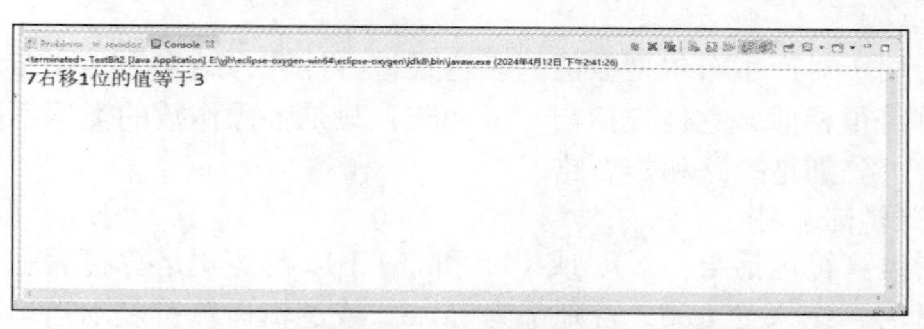

图 2-24　右移运算符

同样一步步来分析该程序的运行过程。先将数值 7 转换为二进制数：

0000 0000 0000 0000 0000 0000 0000 0111

然后执行移位操作，向右移 1 位，因为这是一个正数，所以前面使用 0 填充，二进制数为：

0000 0000 0000 0000 0000 0000 0000 0011

将该二进制数转换为十进制数，则数值为 3，也就是运行结果。从运行方式上可以看出，当第一个操作数 X 为奇数时，相当于执行（X−1）/2 操作；当第一个操作数 X 为偶数时，相当于执行 X/2 操作。

3. *无符号右移运算符*

无符号右移运算符和右移运算符的使用规则是一样的，只是填充时，无符号右移运算符不管原数是正或是负，都使用 0 来填充。对于正数而言，使用无符号右移运算符是没有意义的，因为都使用 0 来填充。看下面对负数使用无符号右移运算符的程序。

TestBit 3.java：

```
public class TestBit 3 {
    public static void main(String[ ] args) {
        int i=-8>>>1;     //将数值-8 无符号右移 1 位
        System.out.println("-8 无符号右移 1 位的值等于"+i);
    }
}
```

运行该程序，运行结果如图 2-25 所示。

从运行结果中可以看出，对一个负数进行无符号右移会得到一个很大的正数，下面同样进行分步讲解。先将−8 转换为二进制数：

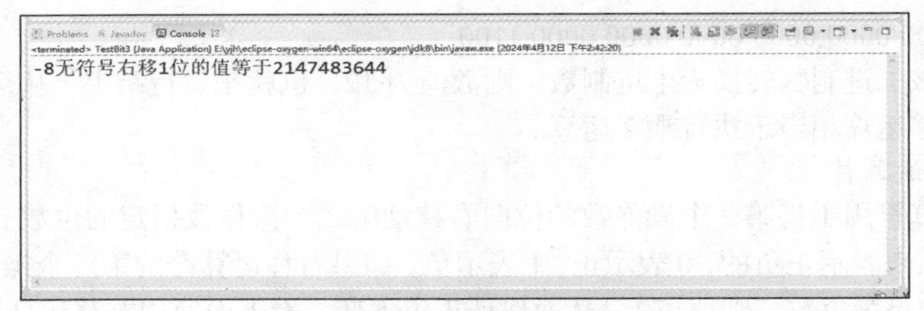

图 2-25　无符号右移运算符

1111 1111 1111 1111 1111 1111 1111 1000

然后执行移位操作，向右移 1 位，然后左侧使用 0 填充，二进制数为：

0111 1111 1111 1111 1111 1111 1111 1100

将该二进制数转换为十进制数就是结果中的 2147483644。

2.4.7　逻辑运算符

逻辑运算符用于对产生布尔型数值的表达式进行计算，结果为一个布尔型数据。逻辑运算符和位运算符很相似，它也包括与、或和非，只是各操作数的类型不同。逻辑运算符可以分为两大类，分别是短路和非短路。

1. 非短路逻辑运算符

非短路逻辑运算符包括与（&）、或（|）和非（!）。与逻辑运算符表示当运算符两边的操作数都为 true 时，结果为 true，否则都为 false。或逻辑运算符表示当运算符两边的操作数都为 false 时，结果为 false，否则都为 true。非逻辑运算符表示对操作数的结果取反，当操作数为 true 时，则结果为 false；当操作数为 false 时，则结果为 true。看下面使用非短路逻辑运算符的程序。

TestLogic.java：

```
public class TestLogic {
    public static void main(String[ ] args) {
        int a=5;                        //定义两个变量
        int b=3;
        boolean b1=(a>4)&(b<4);         //使用与逻辑运算符
        boolean b2=(a<4)|(b>4);         //使用或逻辑运算符
        boolean b3=!(a>4);              //使用非逻辑运算符
        System.out.println("使用与逻辑运算符的结果为"+b1);
        System.out.println("使用或逻辑运算符的结果为"+b2);
        System.out.println("使用非逻辑运算符的结果为"+b3);
    }
}
```

运行该程序，运行结果如图 2-26 所示。

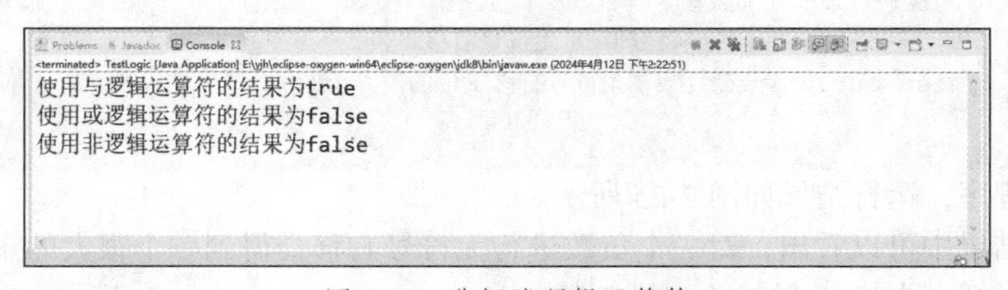

图 2-26　非短路逻辑运算符

该程序非常简单，很容易理解。这里把重点放在短路逻辑运算符的讲解上。

2. 短路逻辑运算符

当使用与逻辑运算符时，要两个操作数都为 true，结果才为 true。若要判断两个操作数，但是当得到第一个操作结果为 false 时，其结果就必定是 false，这时候再判断第二个操作时就没有任何意义。看下面使用短路逻辑运算符的程序。

TestLogic1.java：

```
public class TestLogic1 {
    public static void main(String[ ] args) {
        int a=5;                              //定义一个 int 类型变量
        boolean b=(a<4)&&(a++<10);            //使用逻辑运算符
        System.out.println("使用短路逻辑运算符的结果为"+b);
        System.out.println("a 的结果为"+a);
    }
}
```

运行该程序，运行结果如图 2-27 所示。

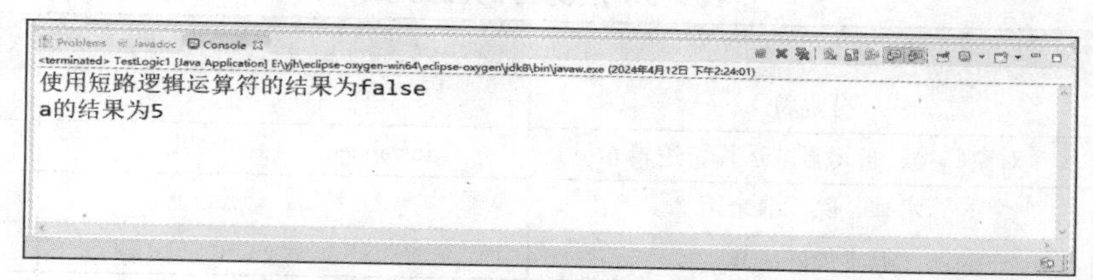

图 2-27 短路逻辑运算符

在该程序中，使用到了短路逻辑运算符（&&）。先判断 a<4 的结果，该结果为 false，则 b 的值肯定为 false。这时候就不再执行短路逻辑运算符后面的表达式，也就是不再执行 a 的自增操作，因此 a 的结果没有变，仍然是 5。

2.4.8 三元运算符

Java 中有一个特殊的三元运算符，它支持条件表达式，当需要进行条件判断时可用它来替代 if-else 语句。它的语法稍微有一点复杂，但是它能非常高效地完成相关功能，让代码看起来简洁、优雅。其一般格式如下。

```
expression? statement1 : statement2
```

其中，expression 是一个可以计算出 boolean 值的表达式。如果 expression 的值为真，则执行 statement1 语句，否则执行 statement2 语句。下面是一个相应的示例。

```
max= x>y?x:y;
```

上面的语句的意思是，如果 x>y，则给 max 赋值 x，否则令 max 的值为 y。下面是一个完整的示例，该程序用于求一个数的绝对值。

TestThreeUnit.java：

```
public class TestThreeUnit{
    public static void main(String args[ ]){
        //声明一系列的 int 类型变量
        int i,k;
        i=5;
        //使用三元运算符对 k 进行赋值操作
        k=(i>=0?i:-i);
        System.out.println("the absolute of "+i+"  is  "+k);
```

```
            i=-5;
            k=(i>=0?i:-i);
            System.out.println("the absolute of "+i+"  is  "+k);
        }
    }
```

程序的运行结果如下。

```
the absolute of 5  is  5
the absolute of -5  is  5
```

该程序的作用是求数的绝对值。当 i 变量的值大于等于 0 时，得到的是 i 变量本身。如果 i 变量的值小于 0，则得到的是对 i 取负的值。

2.4.9 运算符优先级

在一个表达式中可能含有多个运算符，它们之间是有优先级关系的，这样才能有效地把它们组织到一起进行复杂的运算，表 2-3 所示是 Java 中运算符的优先级。

表 2-3 运算符的优先级

优先级	描述	运算符	结合性
1	分隔符	[] () . , ;	
2	对象归类，自增自减运算，逻辑非	instanceof ++ -- !	右到左
3	算术乘、除、取余运算	* / %	左到右
4	算术加减运算	+ -	左到右
5	移位运算	>> << >>>	左到右
6	大小关系运算	< <= > >=	左到右
7	相等关系运算	== !=	左到右
8	按位与运算	&	左到右
9	按位异或运算	^	左到右
10	按位或运算	|	左到右
11	逻辑与运算	&&	左到右
12	逻辑或运算	||	左到右
13	三无条件运算	? :	左到右
14	赋值运算	=	右到左

在所有的运算符中，圆括号的优先级最高，所以适当地使用圆括号可以改变表达式的含义。语句如下。

```
i=a+b*c;
i=(a+b)*c;
```

上面两个语句表达的意思是不同的。还有就是可以适当地使用括号，使表达式读起来清晰易懂。

2.5 案例实战：显示当前时间

1. 案例描述

编写一个显示当前格林尼治标准时（Greenwich Mean Time，GMT）的程序，该时间的格式为小时:分钟:秒，例如：13:45:27。Systerm 类中的方法 currentTimeMillis 返回从 GMT 1970

年 1 月 1 日午夜（1970 年是正式发布 UNIX 操作系统的那一年）到当前时刻的毫秒数，可以利用这个方法来获取当前时间，然后计算当前秒数、分钟数和小时数。

2. 运行结果

运行结果如图 2-28 所示。

```
总毫秒数：1677760775887
总秒数：1677760775
当前秒数：35
总分钟数27962679
当前分钟数39
总小时数466044
当前时数：20
```

图 2-28 运行结果

3. 案例目标

- 学会分析“显示当前时间”案例实现的逻辑思路。
- 能够独立完成“显示当前时间”程序的源代码编写、编译以及运行。
- 能够在程序中使用算术运算符进行运算操作。
- 能够在程序中使用赋值运算符进行赋值操作。
- 掌握 Java 中的变量和运算符的知识点。

4. 案例思路

（1）Java 中获取时间的方法有很多，本案例运用 long totalMilliSeconds = System.currentTimeMillis()计算从 1970 年 1 月 1 日到当前时间所经历的毫秒数。

（2）计算到当前时间的总秒数：long totalSeconds = totalMilliSeconds / 1000。

（3）计算当前时间的秒数：long currentSecond = totalSeconds % 60。

（4）计算到当前时间的总分钟数：long totalMinutes = totalSeconds / 60。

（5）计算当前时间的分钟数：long currentMinutes = totalMinutes % 60。

（6）计算到当前时间的总小时数：long totalHours = totalMinutes / 60。

（7）计算当前时间的时数：long currentHour = (totalHours+8) % 24。

5. 案例实现

CurrentTime.java：

```
1  public class CurrentTime {
2      public static void main(String[] args) {
3          //1970 年 1 月 1 日到当前时间的总毫秒数
4          long totalMilliSeconds = System.currentTimeMillis();
5          System.out.println("总毫秒数： "+ totalMilliSeconds);
6          //计算到当前时间的总秒数
7          long totalSeconds = totalMilliSeconds / 1000;
8          System.out.println("总秒数： "+totalSeconds);
9          //计算当前时间的秒数
10         long currentSecond = totalSeconds % 60;
11         System.out.println("当前秒数： "+currentSecond);
12         //计算到当前时间的总分钟数
13         long totalMinutes = totalSeconds / 60;
14         System.out.println("总分钟数"+ totalMinutes);
15         //计算当前时间的分钟数
16         long currentMinutes = totalMinutes % 60;
17         System.out.println("当前分钟数"+ currentMinutes);
18         //计算到当前时间的总小时数
19         long totalHours = totalMinutes / 60;
20         System.out.println("总小时数" + totalHours);
21         //计算当前时间的时数
22         long currentHour = (totalHours+8) % 24;//北京时间比格林尼治时间早 8 小时
```

```
23            System.out.println("当前时数: "+currentHour);
24            System.out.println("当前时间是: "+ currentHour +":"+ currentMinutes +":"
    + currentSecond);
25        }
26 }
```

第 23 ~ 24 行代码用于输出当前时数和当前时间。

输入/输出数据

2.6 输入/输出数据

由于 Java 中有专门的图形用户界面（Graphic User Interface，GUI）实现数据的输入/输出，所以只保留一些简单的用于输入/输出的方法。如前面使用过的：

```
System.out.println("大家好! ");
```

可以输出字符串，也可以使用 System.out.printf()输出变量或表达式的值，或者使用连接符“+”将变量、表达式或常数与字符串连接后输出。如：

```
System.out.println("我是: "+x);
System.out.println(": "+888+" 大于"+666);
```

学习过后面章节才介绍的 Java 输入/输出流和 GUI 后，大家会对该语句有更深刻的理解，现在大家只需要知道它的作用是在命令行窗口（如 MS-DOS 窗口）中输出数据。

2.6.1 输出数据

除了用 System.out.println( )和 System.out.print( )方法输出数据，Sun 公司在 JDK 1.5 之后还新增了一些类似于 C 语言中用 printf()函数输出数据的方法。格式如下：

```
System.out.printf("格式控制部分 ",表达式 1,表达式 2,……,表达式 n );
```

格式控制部分由格式控制符号（%d、%c、%f、%ld）和普通字符组成，普通字符原样输出。格式控制符号用来输出表达式的值。

- %d：输出 int 型数据。
- %c：输出 char 型数据。
- %f：输出浮点型数据，小数部分最多保留 6 位。
- %s：输出字符串型数据。

输出数据时也可以控制数据在命令行的位置。

- %md：输出 int 型数据占 *m* 列。
- %m.nf：输出浮点型数据，占 *m* 列，小数点后保留 *n* 位。

例如以下程序。

testIO.java：

```
public class testIO {
    public static void main(String[] args) {
        // 自动生成方法
        char c='w';
        float f=12345.6789f;
        double d=9.87654321;
        long x=56789;
        System.out.printf("%c%n%10.2f%n%f%n",c,f,d);
        System.out.printf("%d",x);
    }
}
```

其中，%n 表示回车，运行结果如图 2-29 所示。

```
Problems  Javadoc  Declaration  Console
<terminated> testIO [Java Application] C:\Program Files\Java\jdk1.8.0_121\bin\javaw.exe (2020年10月11日 下午2:37:04)
W
  12345.68
9.876543
56789
```

图 2-29　用 printf()方法输出数据

2.6.2　输入数据

Scanner 是 JDK 1.5 新增的一个类，可以使用该类创建一个对象：

```
Scanner reader = new Scanner (System.in);
```

然后 reader 对象可以调用下列方法，读取用户在命令行窗口中输入的各种基本数据类型的数据：

- nextBoolean()
- nextByte()
- nextShort()
- nextInt()
- nextLong()
- nextFloat()
- nextDouble()
- nextLine()

这些方法在执行时都会造成阻塞，程序等待用户按回车键（输入\n）继续执行。如果用户输入带小数点的数字 3.14 并按回车键，那么 reader 对象调用 hasNextDouble()返回的值是 true，调用 hasNextInt()、hasNextByte()和 hasNextLong()返回的值是 false；如果用户输入一个 byte 取值范围内的整数 56 并按回车键，那么，调用 hasNextDouble()、hasNextInt()、hasNextByte()和 hasNextLong()返回的值都是 true。nextLine()等待用户在命令行窗口输入一行文本并按回车键，该方法得到一个 String 型的数据，String 型的数据将在后文中讲述。

例如以下程序。

testIO1.java：

```
package c3;
import java.util.*;
public class testIO1 {
    public static void main(String[] args) {
        Scanner reader =new Scanner(System.in);
        double sum=0;
        int m=0;
        double x;
        while(reader.hasNextDouble()) {
            x=reader.nextDouble();
            m=m+1;
            sum=sum+x;
        }
        System.out.printf("%d个数的和%f\n",m,sum);
        System.out.printf("%d个数的平均值是：%f\n",m,sum/m);
    }

}
```

运行结果如图 2-30 所示。

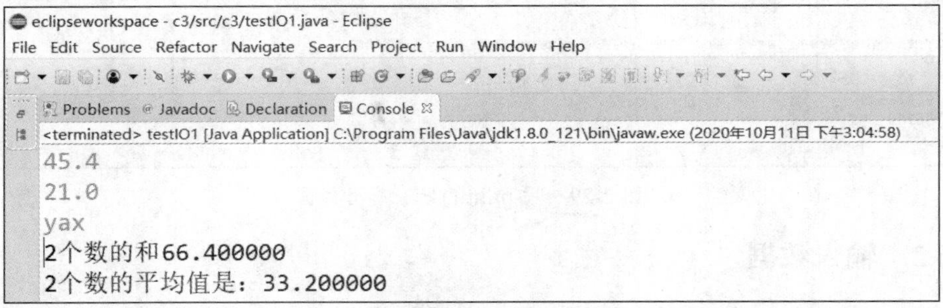

```
eclipseworkspace - c3/src/c3/testIO1.java - Eclipse
File Edit Source Refactor Navigate Search Project Run Window Help
Problems @ Javadoc Declaration Console
<terminated> testIO1 [Java Application] C:\Program Files\Java\jdk1.8.0_121\bin\javaw.exe (2020年10月11日 下午3:04:58)
45.4
21.0
yax
2个数的和66.400000
2个数的平均值是：33.200000
```

图 2-30　输入数据

上述程序在运行时，用户每输入一个浮点型数据都需要按回车键确认，最后输入一个非数字字符串结束输入操作，因为输入一个非数字字符串（按回车键）后，reader.hasNextDouble()返回的值将会是 false。

2.7 案例实战：简易计算器

1. 案例描述

设计一个简易的计算器，能完成加、减、乘、除和取余运算。

案例功能要求如下。

（1）输入数字 1 ~ 5，分别代表加、减、乘、除和取余运算。

（2）输入两个参加运算的整数，中间以空格分隔。

（3）输出运算结果。

（4）输入数字 6 代表退出运算。

2. 运行结果

运行结果如图 2-31 所示。

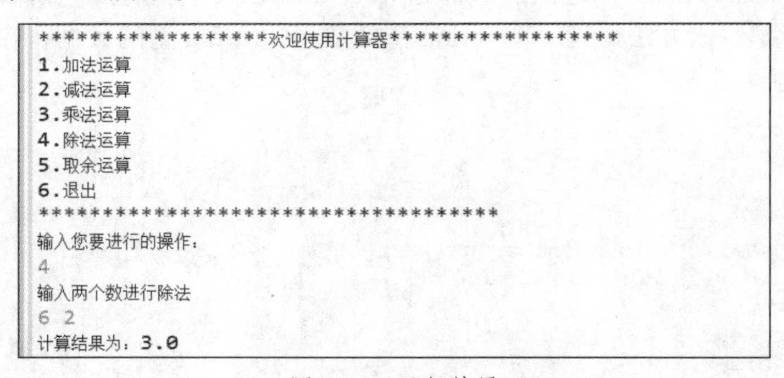

图 2-31　运行结果

3. 案例目标

- 学会分析“简易计算器”程序的实现思路。
- 根据思路独立完成“简易计算器”的源代码编写、编译及运行。
- 能够根据“简易计算器”程序功能的不同，将功能封装到不同的方法中。
- 能够使用条件语句选择不同的流程。

4. 案例思路

（1）分析程序的功能可知，需要定义一个变量存放运算符，另外定义两个变量存放操作数。

（2）输入以上 3 个变量。输入需要使用的 Scanner 类，以下代码能够从输入中读取一个字符串。

```
Scanner sc=new Scanner(System.in);
String str=sc.next();
```

（3）根据运算符的不同选择，选择相应的运算。

5. 案例实现

简易计算器的代码如下所示。

Calculator.java：

```
1   import java.awt.*;
2   import java.util.Scanner;
3   public class Calculator {
4       public static void main(String[] args) {
5           int i =0;
6           while (i==0){
7               Scanner sc = new Scanner(System.in);
8               System.out.println("*****************欢迎使用计算器*****************");
9               System.out.println("1.加法运算");
10              System.out.println("2.减法运算");
11              System.out.println("3.乘法运算");
12              System.out.println("4.除法运算");
13              System.out.println("5.取余运算");
14              System.out.println("6.退出");
15              System.out.println("**************************************");
16              System.out.println("输入您要进行的操作：");
17              int ys = sc.nextInt();
18              System.out.println("输入两个数进行"+fh(ys));
19              int a = sc.nextInt();
20              int b = sc.nextInt();
21              System.out.print("计算结果为：");
22              System.out.printf("%.1f",js(a,b,ys));
23              System.out.println("");
24          }
25      }
26      public static String fh(int ys) {
27          if (ys == 1) {
28              return "加法";
29          }
30          if (ys == 2) {
31              return "减法";
32          }
33          if (ys == 3) {
34              return "乘法";
35          }
36          if (ys == 4) {
37              return "除法";
38          }
39          if (ys == 5) {
40              return "取余";
41          }
42          if (ys == 6) {
43              System.exit(0);
```

```
44         }
45         return "1";
46     }
47     public static double js(int a,int b,int ys) {
48         if (ys == 1) {
49             return a+b;
50         }
51         if (ys == 2) {
52             return a-b;
53         }
54         if (ys == 3) {
55             return a*b;
56         }
57         if (ys == 4) {
58             return a/b;
59         }
60         if (ys == 5) {
61             return a%b;
62         }
63         if (ys == 6) {
64             System.exit(0);
65         }
66         return 1;
67     }
68 }
69
```

在以上代码中，第 26 ~ 46 行代码定义了一个 fh(int ys)方法，用于对不同运算符进行处理；第 47 ~ 67 行代码定义一个 js(int a,int b,int ys)方法，用于实现具体的运算，并返回结果。

2.8 小结

（1）用来标识类名、方法名、变量名、数组名和文件名的有效字符序列称为标识符。由大小写字母、数字、下画线（_）和美元符号（$）组成，但是不能以数字开头，长度不受限制。

（2）Java 是一门强数据类型语言，Java 程序中定义的所有数据都有一个固定的数据类型。Java 中的数据类型基本可以分为两类：基本数据类型和引用数据类型。基本数据类型有 byte（字节型）、short（短整型）、int（整型）、long（长整型）、float（单精度浮点型）、double（双精度浮点型）、boolean（布尔型）。

（3）在 Java 中，有两种数据类型转换方式，分别是自动类型转换和强制类型转换。

（4）Java 提供赋值运算符、算术运算符、关系运算符、逻辑运算符等运算符。

2.9 习题

（1）什么是标识符？标识符有哪些命名规则？

（2）什么是关键字？请说明 Java 中常见的 10 个关键字。

（3）Java 的基本数据类型有哪些？引用数据类型有哪些？

（4）Java 的运算符分为哪些类型？

（5）设 double x，将 x 按四舍五入方式强制转换成 int 型的表达式的是__________。

（6）表达式'a'+1 的运算结果是__________，(char)('a'+1)的运算结果是__________。

第3章 流程控制

主要内容

- 基本语句概述
- 条件语句
- 循环语句
- 跳转语句
- 程序控制语句使用实例

本章主要介绍 Java 中的流程控制语句，包括条件语句（if-else 条件语句、switch 条件语句）、循环语句（while 循环语句、do 循环语句和 for 循环语句）等及其应用。

3.1 基本语句概述

Java 的基本语句可分为 6 类。

1. 方法调用语句

如：System.out.println("Hello world!");

2. 表达式语句

由一个表达式加一个分号构成。如赋值语句：

```
x= 6;
```

3. 复合语句

用{}把一些语句括起来构成复合语句。如：

```
{
    a = 13;
    System.out.println("Hello world!");
}
```

4. 空语句

单独由一个分号构成的语句。如：

```
;
```

5. 控制语句

有条件语句、循环语句、跳转语句，将在后面的 3.2、3.3 和 3.4 节详细介绍。

6. package 语句和 import 语句

package 语句和 import 语句与类、对象有关，将在后文中介绍。

3.2 条件语句

条件语句又叫选择语句，是指根据程序运行时产生的结果或者用户的输入条件选择执行相应的代码。在 Java 中有两种条件语句可以使用，分别是 if 条件语句和 switch 条件语句。使用它们可以根据条件来选择接下来要干什么。下面对这两种条件语句进行介绍。

3.2.1 if 条件语句

if 条件语句是最简单的条件语句，一般形式如下：

```
if(条件)
{
    //语句块 1
}
```

条件可以是一个 boolean 型的值，也可以是一个 boolean 型的变量，也可以是一个返回值为 boolean 型的表达式。当条件的值为真的时候执行语句块 1，否则直接执行 if 语句块后面的语句。if 条件语句结构如图 3-1 所示。示例代码如下：

```
int a=4;
if(a<0)
    a=-a;
```

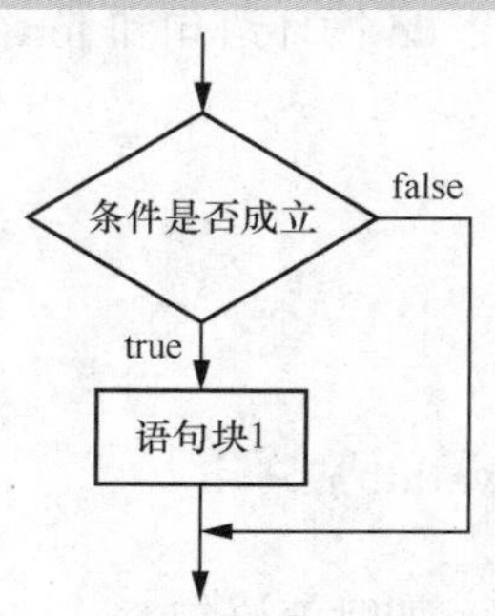

图 3-1 if 条件语句结构

在上面的例子中，首先声明了 int 型的变量 a，然后在条件语句中，如果 a 比 0 小，则把 a 的值设为–a；否则什么也不做。再看一个把 boolean 型的变量作为条件来判断的例子。

```
boolean b=true;
……
if(b)
{
    //语句块 1
}
```

经过对 boolean 型的变量 b 的一系列操作，如果 b 的值为 true 则执行语句块 1；否则直接执行 if 语句块后面的语句。

3.2.2 if-else 条件语句

if-else 条件语句作为条件分支语句，它可以控制程序在两个不同的路径中执行，一般形式如下：

```
if(条件)
{
```

```
        //语句块 1
    }
    else
    {
        //语句块 2
    }
```

条件可以是一个 boolean 型的值，也可以是一个 boolean 型的变量，也可以是一个返回值为 boolean 型的表达式。当条件的值为真的时候执行语句块 1，否则执行语句块 2。if-else 条件语句结构如图 3-2 所示。示例代码如下：

```
    int a=4;
    int b=8;
    if(a<b)
        a=0
    else
        b=0;
```

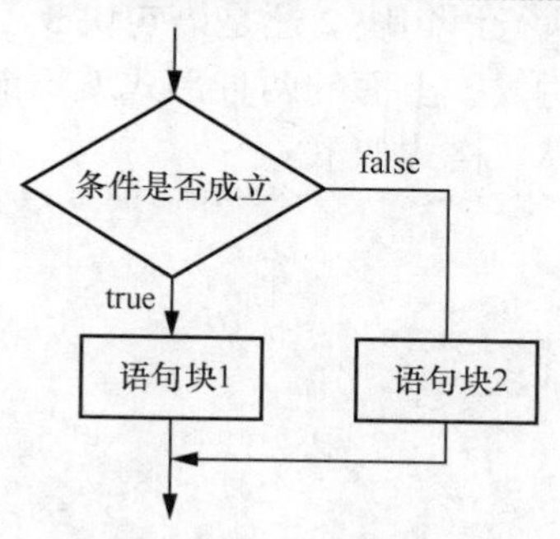

图 3-2　if-else 条件语句结构

在上面的例子中，首先声明了两个 int 型的变量 a 和 b，然后在条件语句中，如果 a 比 b 小，则把 a 的值设为 0，否则把 b 的值设为 0。再看一个把 boolean 型的变量作为条件来判断的例子。

```
    boolean b=true;
    ……
    if(b)
    {
        //语句块 1
    }
    else
    {
        //语句块 2
    }
```

经过对 boolean 型的变量 b 的一系列操作，如果 b 的值为 true，则执行语句块 1；如果 b 的值为 false，则执行语句块 2。

3.2.3　嵌套 if 条件语句

在某些情况下，无法使用一次判断选择结果时，就要使用嵌套形式进行多次判断。if 条件语句可以嵌套使用，有一个原则是 else 语句总是和与它最近的 if 语句相搭配，当然前提是这两个部分必须在一个块中，一般格式如下。

```
    if(条件 1)
    {
        //语句块 1
```

```
        if(条件 2)
        {
            //语句块 2
        }
        else
        {
            //语句块 3
        }
    }
    else
    {
        //语句块 4
    }
```

当条件 1 值为 true 的时候，会执行其下面紧跟着的花括号内的语句块，即语句块 1；如果条件 1 的值为 false，就会直接执行语句块 4。执行语句块 1 的时候会先判断条件 2，然后根据条件 2 的真假情况选择执行语句块 2 还是语句块 3。

当条件有多个运行结果的时候，上面的两种形式就不能满足要求了，可以使用 if-else 阶梯的形式来进行多个条件选择。格式如下：

```
    if(条件 1)
    {
        //语句块 1
    }
    else if(条件 2)
    {
        //语句块 2
    }
    else if(条件 3)
    {
        //语句块 3
    }
    else if(条件 4)
    {
        //语句块 4
    }
    else
        //语句块 5
```

前文的程序的执行过程是先判断条件 1 的值，如果为 true，执行语句块 1，跳过下面的各个语句块。如果为 false，进行条件 2 的判断，如果条件 2 的值为 true，就会执行语句块 2，跳过下面的语句……以此类推，如果所有的 4 个条件都不能满足就执行语句块 5，结构如图 3-3 所示。下面的程序就是使用了这种结构进行成绩判断的，代码如下。

TestIf.java：

```
public class TestIf{
    public static void main(String[ ] args){
        //用 k 存放成绩
        int k=81;
        //用 str 存放成绩评价
        String str=null;
        if(k<0||k>100)
            str="非法成绩";
        else if(k<60)
            str="成绩不及格";
        else if(k<75)
```

```
            str="成绩及格";
        else if(k<85)
            str="成绩良好";
        else
            str="成绩优秀";
        System.out.println("分数: "+k+str);
    }
}
```

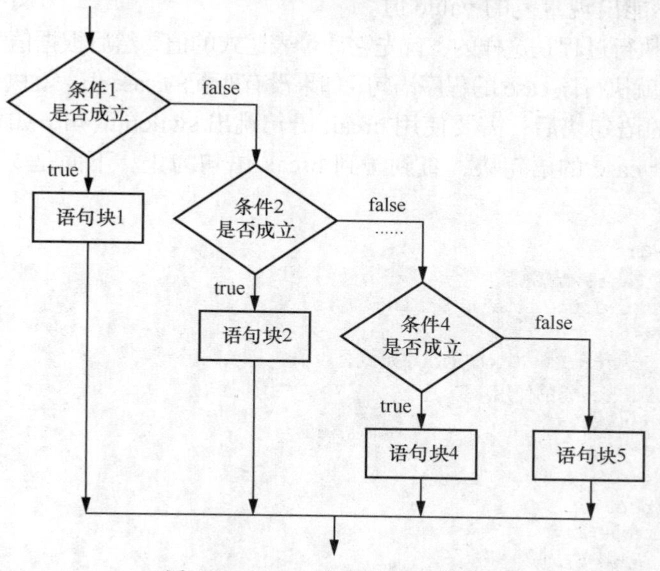

图 3-3　if-else 多条件语句结构

该程序先声明了一个 int 类型的变量 k 来存放成绩，String 类型的变量 str 是用来存放成绩评价的，然后通过 if-else 阶梯的形式来判断成绩是优秀、良好、及格、不及格还是非法成绩，最后把成绩评价结果输出出来。程序的运行结果如下。

```
分数: 81 成绩良好
```

switch 条件语句

3.2.4　switch 条件语句

前面的示例使用了 if-else 阶梯的形式进行多路分支语句的处理，但这样处理的过程太过复杂，Java 提供了另一种简单的形式，即用 switch 语句来处理会使过程非常简单，格式如下。

```
switch(表达式){
    case value1:
    //程序语句
    break;
    case value2:
    //程序语句
    break;
    case value3:
    //程序语句
    break;
    case value4:
    //程序语句
```

```
        break;
        ……
        default:
        //程序语句
    }
```

其中，表达式的值的类型可以是 byte、short、int、char、枚举类型，从 Java SE 7 开始还可以是字符串型。在 case 后边的 value 值必须是跟表达式的值的类型一致或者是可以兼容的类型，并且不能出现重复的 value 值。

switch 语句的执行过程是这样的，首先它计算表达式的值，然后根据值来匹配每个 case 值，找到匹配的 case 值就执行该 case 的程序语句；如果没有匹配的 case 值，就执行 default 的语句块。

执行完 case 的语句块后，需要使用 break 语句跳出 switch 语句，如果没有 break 语句，程序会执行下一个 case 的语句块，直到碰到 break 语句为止。下面是一个将阿拉伯数字转为汉字数字的程序。

TestSwitch.java：

```
public class TestSwitch  {
    public static void main(String[ ] args){
        int k=5;
        String str="k="+k+"的汉字形式是: ";
        //switch 语句的使用
        switch (k) {
            case 1:
            str+="一";
            break;
            case 2:
            str+="二";
            break;
            case 3:
            str+="三";
            break;
            case 4:
            str+="四";
            break;
            case 5:
            str+="五";
            break;
            case 6:
            str+="六";
            break;
            case 7:
            str+="七";
            break;
            case 8:
            str+="八";
            break;
            case 9:
            str+="九";
            break;
            case 0:
            str+="零";
            break;
            default:
            str="数字超出 9";
            break;
```

```
        }
        System.out.println(str);
    }
}
```

该程序的功能是将 0 ~ 9 的阿拉伯整数转换为汉字数字，如果输入的数字不在 0 ~ 9 范围内，就表示非法，执行 default 语句。程序的运行结果如下。

```
k=5 的汉字形式是：五
```

break 语句在 switch 语句中是十分重要的，一定不能省略。下面是不正确使用 switch 语句的一个例子，它没有添加 break 语句，程序如下。

TestSwitch1.java：

```
public class TestSwitch1 {
    public static void main(String[ ] args){
        int n=2;
        switch (n) {
            //没有 break 语句的 switch 语句，注意它的执行结果
            case 0:
            System.out.println("case0 执行");
            case 1:
            System.out.println("case1 执行");
            case 2:
            System.out.println("case2 执行");
            case 3:
            System.out.println("case3 执行");
            case 4:
            System.out.println("case4 执行");
            case 5:
            System.out.println("case5 执行");
            case 6:
            System.out.println("case6 执行");
            break;
            default:
            System.out.println("default 执行");
        }
    }
}
```

程序执行的时候，首先根据 n 的值选择 case 2 执行，但是由于一直没有 break 语句，程序无法跳出 switch 语句，会一直执行直到碰到 case 6 中的 break 语句，default 语句就不再执行了。程序的运行结果如下。

```
case2 执行
case3 执行
case4 执行
case5 执行
case6 执行
```

这是一个非常需要注意的地方，一定要重视。

3.3 循环语句

在程序语言中，循环语句是指需要重复执行的一组语句，直到遇到让循环终止的条件为止。Java 中常用的循环有 3 种形式：while 循环、do-while 循环和 for 循环。本节会对各种形式的循环语句进行介绍。

3.3.1 while 循环语句

各种循环语句功能相似，但语法格式有所差别。先来看一下 while 循环语句，while 循环语句是 Java 十分基本的循环语句，格式如下。

```
while(条件)
{
    //循环体
}
```

当条件的值为真的时候会一直执行循环体的内容，直到条件的值为假为止。其中，条件可以是 boolean 类型的值、变量、表达式，也可以是一个能获得 boolean 类型结果的方法，结构如图 3-4 所示。如果条件的值为假，则会跳过循环体执行下面的语句。下面是一个简单的示例。

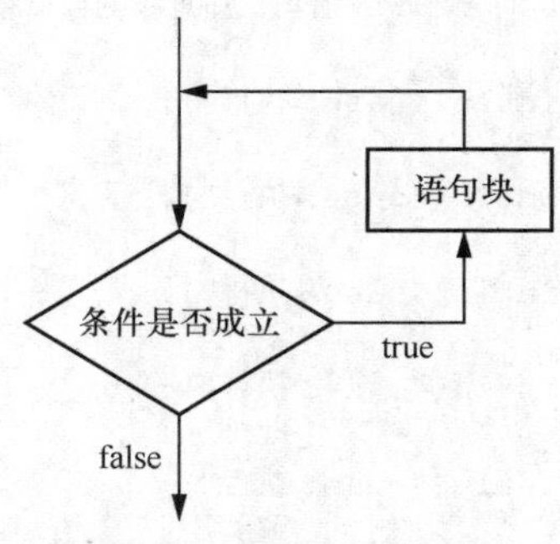

图 3-4 while 循环语句结构

TestWhile.java：

```
public class TestWhile {
    public static void main(String[ ] args){
        //定义一个 int 类型变量
        int n=8;
        //使用 while 循环语句，条件是 n>0
        while (n>0){
            System.out.println("n="+n);
            //把 n 的值减 1
            n--;
        }
    }
}
```

该程序中有一个循环，当 n 的值大于零的时候，它会执行循环体中的内容，把当前 n 的值输出出来，并对它进行自减操作。程序的运行结果如下。

```
n=8
n=7
n=6
n=5
n=4
n=3
n=2
n=1
```

在该循环中，每执行一次循环，n 的值都将减 1，当 n 的值为 0 时，“(n>0)”这个表达式的结果就为 false，这时就不再执行循环，从而出现上面的结果。有时候在程序中需要让一些语句一直执行，可以把条件的值直接设为 true，格式如下。

```
while(true)
{
    //循环体
}
```

在该程序中，循环体会不停地执行。

3.3.2 do-while 循环语句

while 循环语句虽然可以很好地进行循环操作，但它也是有缺陷的。如果控制 while 循环的条件的值一开始就为假，就不会执行循环体的内容，但是有时候需要循环体至少执行一次，即使条件的值为假也执行，这时就需要在循环末尾给出测试条件。Java 提供了另一种形式的循环，do-while 循环，它的一般格式如下。

```
do
{
    //循环体
}
while(条件);
```

do-while 循环语句会先执行循环体，然后判断条件，如果该条件的值为真就继续执行循环体，否则就终止循环，结构如图 3-5 所示。下面用 do-while 循环的形式重写 3.3.1 小节的小程序，程序的具体实现如下。

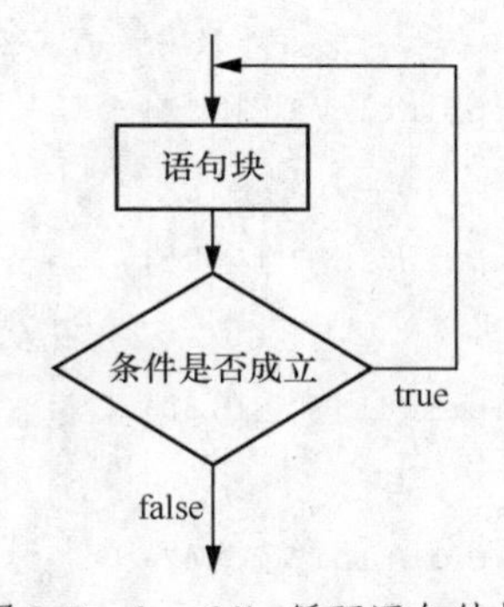

图 3-5 do-while 循环语句结构

TestDoWhile.java：

```
public class TestDoWhile{
    public static void main(String[ ] args){
        int n=8;
        //do-while 循环语句的使用
        do {
            System.out.println("n="+n);
            n--;
        }
        while (n>0);
    }
}
```

程序先执行一遍循环体，输出 n 的值，然后对 n 进行自减操作，最后根据 n 值判断是否继续进行循环操作。程序的运行结果如下。

```
n=8
n=7
```

```
n=6
n=5
n=4
n=3
n=2
n=1
```

do-while 循环在处理简单菜单的时候很有用，菜单会被至少输出一次，然后根据后边的选择看是否会继续使用菜单。看下面的示例程序。

TestDoWhile1.java：

```
import java.io.IOException;
public class TestDoWhile1{
    public static void main(String[ ] args) throws IOException{
        char n=0;      //定义一个字符变量
        do {           //使用 do-while 循环语句
            //输出菜单
            System.out.println("1:选择 1");
            System.out.println("2:选择 2");
            System.out.println("3:选择 3");
            System.out.println("4:选择 4");
            System.out.println("5:选择 5");
            System.out.println("请输入选择：");
            n=(char)System.in.read();           //将输入的内容转换为字符型
            switch (n) {
                case '1':                       //判断用户输入的内容
                System.out.println("选择 1");
                break;
                case '2':
                System.out.println("选择 2");
                break;
                case '3':
                System.out.println("选择 3");
                break;
                case '4':
                System.out.println("选择 4");
                break;
                case '5':
                System.out.println("选择 5");
                break;
                default:
                System.out.println("输入非法");
                break;
            }
        }
        while (n<'1'||n>'5');                   //循环的条件
    }
}
```

该程序先把菜单输出出来，然后根据程序选择输出相应结果。该程序使用 System.in.read()读取用户的输入，这属于后边才要讲解的内容，但是这里需要暂且先用一下。程序的运行结果如下。

```
1:选择 1
2:选择 2
3:选择 3
```

```
4:选择 4
5:选择 5
```

请输入选择：

```
3
选择 3
```

该程序不管 while 后面的表达式结果是否为 true，都将最少执行一次语句块。

3.3.3 for 循环语句

有时在使用 while 循环和 do-while 循环时会感觉到语法不够简洁，Java 还提供了 for 循环来实现循环功能。for 循环的一般格式如下。

```
for(初始化;条件;迭代运算)
{
    //循环体
}
```

执行 for 循环时，第一次先执行循环的初始化，通过它设置循环控制变量值，接下来计算条件的值，条件必须是一个布尔表达式，如果值为真，就继续执行循环体，否则跳出循环。然后执行的是迭代运算，通常情况下迭代运算是一个表达式，可以增加或者减小循环控制变量。最后根据计算结果判断是否执行循环体，如此往复直到条件的值为假为止，结构如图 3-6 所示。下面使用 for 循环来计算 1 到 100 的各个整数的和，程序的具体实现如下。

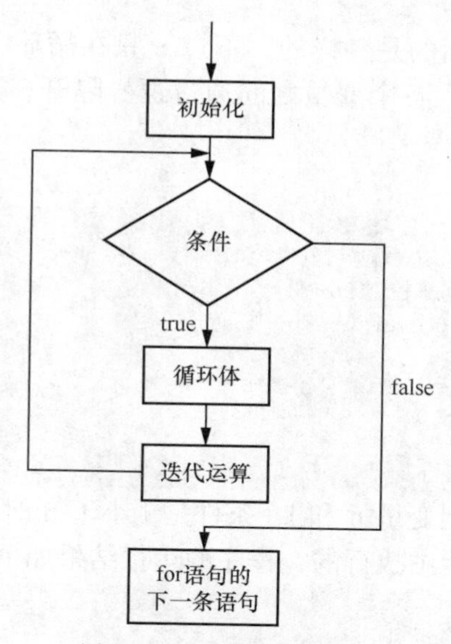

图 3-6　for 循环语句结构

TestFor.java：

```
public class TestFor{
//本程序用于计算 1 到 100 的各个整数的和
public static void main(String[ ] args){
        //循环控制变量
       int n;
        //和
        int sum=0;
```

```
        //利用 for 循环求和
        for(n=1;n<=100;n++)
        {
            sum+=n;
        }
        System.out.println("1 到 100 各个整数的和:"+sum);
    }
}
```

程序的运行结果如下。

```
1 到 100 各个整数的和:5050
```

一般情况下，程序控制变量只需要在程序控制的时候使用，没有必要在循环外声明它，可以把它改成如下形式。

TestFor1.java：

```
public class TestFor1{
//本程序用于计算 1 到 100 的各个整数的和
    public static void main(String[ ] args){
        //和
        int sum=0;
        for(int n=1;n<100;n++)
        {
            sum+=n;
        }
        System.out.println("1 到 100 各个整数的和:"+sum);
    }
}
```

该程序起到的作用与前面的是一样的，不过 n 只在循环中使用。在 Java 中支持使用多个变量来控制循环的执行，各个变量之间通过逗号隔开，可通过下面的程序来理解这种形式。

TestFor2.java：

```
public class TestFor2{
public static void main(String[ ] args){
        //使用多个 int 变量来控制 for 循环
        for(int n=20,i=0;i<n;i++,n--)
        {
            System.out.println("n="+n+" i="+i);
        }
    }
}
```

在循环中有两个循环控制变量 n 和 i，条件是 i 小于 n 时，在迭代的过程中 i 自增，n 自减，自增自减是在一次迭代中执行的，程序的运行结果如下。

```
n=20 i=0
n=19 i=1
n=18 i=2
n=17 i=3
n=16 i=4
n=15 i=5
n=14 i=6
n=13 i=7
n=12 i=8
n=11 i=9
```

for 循环的使用是很灵活的，因为它由 3 部分控制——初始化部分、条件测试和迭代运算，使用起来都是很灵活的。

3.4 跳转语句

跳转语句是指打破程序的正常运行，跳转到其他部分的语句。Java 中支持 3 种跳转语句：break 语句、continue 语句和 return 语句。这些语句将程序从一部分跳到另一部分，这对于程序的整个流程控制是十分重要的。

break 和 continue 语句

3.4.1 break 语句

break 语句主要有两种用途。第一，它可以用于跳出 switch 语句，前面讲解 switch 语句时已经使用了该语句。第二，break 语句可以用于跳出循环。跳出 switch 语句的例子前面已经说明，在此不赘述。下面主要讲述 break 语句可以用于跳出循环的情况。

使用 break 语句，可以强行终止循环，即使在循环条件仍然满足的情况下也要跳出循环。使用 break 语句跳出循环后，循环被终止，并从循环后下一句处继续执行程序。下面是一个简单的例子。

Demo1.java：

```
public class Demo1{
    public static void main(String[ ] args){
        System.out.println("使用break的例子");
        for(int i=0;i<50;i++)
        {
            System.out.println("i="+i);
            //当n等于10的时候，跳出循环语句
            if(i==10)
            break;
        }
        System.out.println("循环跳出");
    }
}
```

程序的运行结果如下。

```
使用break的例子
i=0
i=1
i=2
i=3
i=4
i=5
i=6
i=7
i=8
i=9
i=10
循环跳出
```

本来循环应该执行 50 次，但是由于在循环体中，当 i 大于 10 的时候会执行 break 语句跳出循环，所以循环在执行 11 次后终止，执行循环下面的语句。

break 语句仅用于跳出其所在的循环语句，如果该循环嵌入在另一个循环中，只是跳出一个循环，另一个循环还会继续执行。看下面的程序。

Demo2.java：

```
public class Demo2{
    public static void main(String[ ] args){
        System.out.println("使用break的例子");
        //外循环
        for(int k=1;k<4;k++)
        {
            System.out.println("第"+k+"次外循环");
            //内循环
            for(int i=0;i<50;i++)
            {
                System.out.println("内循环："+"i="+i);
                if(i==3)
                break;
            }
        }
        System.out.println("循环跳出");
    }
}
```

该程序中有一个 for 循环，它会被执行 3 次，在该循环中有一个嵌套循环语句，该循环会在第四次执行的时候跳出循环。3 次循环 k 的输出值分别为 1、2、3。

程序的运行结果如下。

```
使用break的例子
第1次外循环
k=1
内循环：i=0
内循环：i=1
内循环：i=2
内循环：i=3
第2次外循环
k=2
内循环：i=0
内循环：i=1
内循环：i=2
内循环：i=3
第3次外循环
k=3
内循环：i=0
内循环：i=1
内循环：i=2
内循环：i=3
循环跳出
```

3.4.2 continue 语句

虽然使用 break 语句可以跳出循环，但是有时候要停止一次循环剩余的部分，同时还要继续执行下一次循环，需要使用 continue 语句来实现。示例程序如下。

Demo3.java：

```
public class Demo3{
    public static void main(String[ ] args){
        for (int i = 1; i <51; i++)
        {
            System.out.print(i+"");
```

```
            if(i%5!=0)
                //当 n 不能被 5 整除的时候继续进行循环
                continue;
            else
                System.out.println( "*****" );
        }
    }
}
```

在该程序中每 5 个数换一行。当 i 除以 5 不等于零的时候，继续执行下一次循环；能整除的时候则换行并输出“*****”。程序的运行结果如下。

```
1    2    3    4    5    *****
6    7    8    9    10   *****
11   12   13   14   15   *****
16   17   18   19   20   *****
21   22   23   24   25   *****
26   27   28   29   30   *****
31   32   33   34   35   *****
36   37   38   39   40   *****
41   42   43   44   45   *****
46   47   48   49   50   *****
```

3.4.3 break 语句和 continue 语句的区别

break 语句可以用来从循环体内跳出循环体，即提前结束循环，接着执行循环下面的语句。continue 语句的作用为结束本次循环，即跳过循环体中尚未执行的语句，接着进行下一次是否执行循环的判定。例如：

```
while(表达式 1)
{ ……
    if(表达式 2) continue;
    ……
}
```

continue 执行流程如图 3-7 所示。

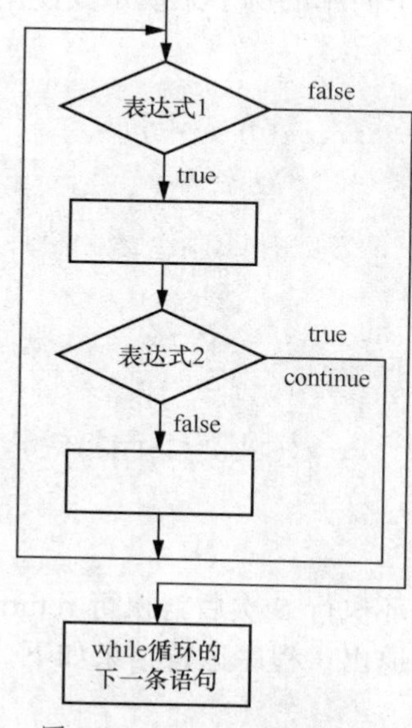

图 3-7 continue 执行流程

```
while(表达式 1)
{ ……
    if(表达式 2) break;
    ……
}
```

break 执行流程如图 3-8 所示。

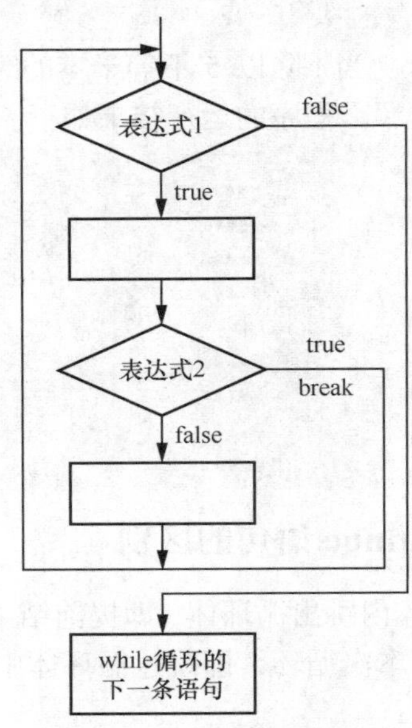

图 3-8 break 执行流程

3.4.4 return 语句

还有一个跳转语句——return 语句，return 语句用于一个方法的返回，它把程序的控制权交给方法的调用者，该语句在方法中会经常被用到。但是由于现在还没有对方法的内容进行讲解，因此这里只是先举一个简单的例子来演示其使用。

Demo5.java：

```
public class Demo5{
    public static void main(String[ ] args){
        for(int i=0;i<10;i++){
            if(i<5)
                System.out.println("第"+i+"次循环");
            else if(i==5)
                return;
            //下面的语句永远不会执行
            else
                System.out.println("第"+i+"次循环");
        }
    }
}
```

该程序中有一个循环，当循环执行 5 次后就执行 return 语句，这时候当前方法结束。由于该方法是主方法，所以程序退出。程序运行结果如下。

```
第 0 次循环
第 1 次循环
```

```
第 2 次循环
第 3 次循环
第 4 次循环
```

利用多重循环实现图形输出

3.5 程序控制语句使用实例

本节主要通过一个乘法表程序来综合应用前面介绍的各种语句，只有学会综合使用它们才能编写出符合逻辑的优秀程序，读者可自己体会一下本节九九乘法表这个例子的编程方法。

九九乘法表按照梯形排列，从 1 × 1 到 9 × 9。需要注意的是，九九乘法表中只有 2 × 3，没有 3 × 2，所以这里在使用嵌套循环时，要使用一个小技巧。乘法表的程序代码如下。

Print99.java：

```
public class Print99 {
    public static void main(String[ ] args) {
        System.out.println("九九乘法表");
        System.out.print("");
        //首先输出第一行 1 ~ 9
        for(int i=1;i<=9;i++)
            System.out.print(i+"");
        System.out.println();
        for(int i=1;i<=9;i++){
            //每一行输出当前是第几行
            System.out.print(i+"");
            for(int j=1;j<=9;j++)
                if(j<=i)
                    //输出计算结果
                    System.out.print(i*j+"");
        //每执行一次该循环后换行
        System.out.println();
        }
    }
}
```

运行结果如图 3-9 所示。

```
九九乘法表
        1    2    3    4    5    6    7    8    9
1       1
2       2    4
3       3    6    9
4       4    8    12   16
5       5    10   15   20   25
6       6    12   18   24   30   36
7       7    14   21   28   35   42   49
8       8    16   24   32   40   48   56   64
9       9    18   27   36   45   54   63   72   81
```

图 3-9　运行结果

3.6 案例实战：计算体重指数

1．案例描述

体重指数（Body Mass Index，BMI）是衡量体重是否超重或偏轻的指标，其计算公式为：

```
BMI=体重/身高的平方
```

2. 运行结果

运行结果如图 3-10 所示。

```
身高（单位：m）
1.7
体重（单位：kg）
65
你的BMI值:22.49134948096886
恭喜你，正常，继续保持
```

图 3-10 运行结果

3. 案例目标

- 学会分析“计算体重指数”程序的实现思路。
- 根据思路独立完成“计算体重指数”的源代码编写、编译及运行。
- 掌握在程序中使用 if-else 语句进行判断操作。

4. 案例思路

（1）通过运行结果分析可知，用户输入需要使用 Scanner 类，以下代码使用户能够从 System.in 中读取身高和体重数据。

```
Scanner input = new Scanner(System.in);
System.out.println("身高（单位：m）");
double hight = input.nextDouble();
System.out.println("体重（单位：kg）");
double weight = input.nextDouble();
```

（2）根据身高和体重，用公式“BMI=体重/身高的平方”计算 BMI 值。

（3）根据不同的 BMI 值，得出体重超重情况：BMI<=18.4，偏瘦；BMI>=18.5&&BMI<=23.9，正常；BMI>24.0&&BMI<=27.9，稍微超重；BMI>=28.0，超重。

5. 案例实现

计算体重指数的代码如下所示。

BMICalculate.java：

```
1   import java.util.Scanner;
2   public class BMICalculate {
3       public static void main(String[] args) {
4           Scanner input = new Scanner(System.in);
5           System.out.println("身高（单位：m）");
6           double hight = input.nextDouble();
7           System.out.println("体重（单位：kg）");
8           double weight = input.nextDouble();
9           double a = hight*hight;
10          double bmi = weight/a;
11          System.out.println("你的 BMI 值:"+bmi);
12          if(bmi<=18.4){
13              System.out.println("偏瘦，要多吃点饭");
14          }
15          else if((bmi>=18.5)&&(bmi<=23.9)){
16              System.out.println("恭喜你，正常，继续保持");
17          }
18          else if((bmi>24.0)&&(bmi<=27.9)){
19              System.out.println("有些超重，不着急，还没那么胖呢，但也要好好减肥");
20          }
```

```
21            else if(bmi>=28.0){
22                System.out.println("快减肥吧");
23            }
24        }
25  }
```

第 6 ~ 8 行代码定义了输入身高和体重数据，为 double 类型，第 9 ~ 11 行代码计算 BMI 的值，第 12 ~ 23 行代码对 BMI 值进行判断，给出不同的体重建议。

3.7 小结

（1）Java 的基本语句可分为 6 类，分别为方法调用语句、表达式语句、复合语句、空语句、控制语句、package 语句和 import 语句。

（2）在 Java 中有两种条件语句可以使用，分别是 if 条件语句和 switch 条件语句。

（3）Java 中常用的循环有 3 种形式：while 循环、do-while 循环和 for 循环。

（4）跳转语句是指打破程序的正常运行，跳转到其他部分的语句。Java 中支持 3 种跳转语句：break 语句、continue 语句和 return 语句。

3.8 习题

（1）Java 中基本语句有哪几类？

（2）指出下列程序段中的错误以及出错原因。

```
int sum=0;
for (int i=0;i<10;i++)
    sum+=i;
i++;
```

（3）说明比较 break 语句与 continue 语句的区别。

（4）请编程求出 200 以内的所有素数。

（5）请编程判断 2000 ~ 2018 年哪些年是闰年。

第 4 章 类、对象和方法

主要内容

- 面向对象概述
- 类的定义和对象的创建
- 构造方法和对象的创建
- 参数传值
- 实例成员与类成员
- 方法重载
- 包
- import 语句
- 访问权限
- 包装类

本章讲解类和对象的概念，介绍类的定义、对象的创建、构造方法的定义、重载方法的设计、方法的调用、参数的传递、实例成员、静态成员、访问权限的控制等。

4.1 面向对象概述

面向对象编程（Object-Oriented Programming，OOP）是一种功能强大的程序设计方法，使用这种方法开发的软件具有可重用、可扩展和易维护等特性。

面向对象编程吸收了结构化编程的思想精华，提出了一些新的概念，如对象、类、接口等。它以更接近人类思维的方式描述软件对象，使得软件的开发方法和过程更接近人们解决客观世界问题的方法和过程。这意味着问题空间和解决方案空间在结构上尽可能一致，客观世界问题中的实体由软件中的对象表示。

4.1.1 面向对象的优势

在面向对象的程序设计方法出现之前，程序员用面向过程的方法开发程序。面向过程的方法把密切相关、相互依赖的数据和对数据的操作相互分离，这种实质上的依赖与形式上的分离使得大型程序不但难于编写，而且难于调试和修改。在多人合作编程时，程序员之间很难读懂对方的代码，更谈不上代码的重用。由于现代应用程序规模越来越大，对代码的可重用性与易维护性的要求也相应提高。面向对象技术便应运而生。

面向对象技术是一种以对象为基础，以事件或消息来驱动对象执行处理的程序设计技术。它以数据为中心而不是以功能为中心来描述系统，数据相对于功能而言具有更强的稳定性。它将数据和对数据的操作封装在一起，作为一个整体来处理，采用数据抽象和信息隐蔽技术，将这个整体抽象成一种新的数据类型——类，并且考虑不同类之间的联系和类的重用性。类的集成度越高，就越适合大型应用程序的开发。另一方面，面向对象程序的控制流程由运行时各种事件的实际发生来触发，而不再由预定顺序来决定，更符合实际。事件驱动程序的执行围绕消息的产生与处理，靠消息循环机制来实现。更重要的是，可以利用不断扩充的框架产品，在实际编程时采用搭积木的方式来组织程序，站在“巨人”肩上实现自己的愿望。面向对象的程序设计方法使得程序结构清晰、简单，提高了代码的重用性，有效减少了程序的维护量，提高了软件的开发效率。

例如，用面向对象技术来解决学生管理方面的问题。设计的重点应该放在学生上，要了解在管理工作中，学生的主要属性，要对学生做什么操作等，并且把他们作为一个整体来对待，形成一个类，称为学生类。作为其实例，可以建立许多具体的学生，而每一个具体的学生就是学生类的一个对象。学生类中的数据和操作可以提供给相应的应用程序共享，还可以在学生类的基础上派生出大学生类、中学生类或小学生类等，实现代码的高度重用。

在结构上，面向对象程序与面向过程程序有很大不同，面向对象程序由类的定义和类的使用两部分组成，在主程序中定义各对象并规定它们之间传递消息的规律，程序中的一切操作都是通过向对象发送消息来实现的，对象收到消息后，启动消息处理函数完成相应的操作。

类与对象是面向对象程序设计中最基本且最重要的两个概念，有必要仔细理解和彻底掌握。它们将贯穿全书并且逐步深化。

4.1.2 面向对象的基本概念

面向对象技术认为客观世界由各种各样的对象组成，每种对象都有各自的内部状态和运动规律，不同对象间的相互作用和联系就构成了各种不同的系统，构成了客观世界。在面向对象程序中，客观世界被描绘成一系列完全自治、封装的对象，这些对象通过外部接口访问其他对象。可见，对象是组成一个系统的基本逻辑单元，是一个有组织形式的含有信息的实体。而类是创建对象的模板，在整体上代表一组对象，设计类而不是设计对象可以避免重复编码，类只需要编码一次，就可以创建本类的所有对象。

为了说明 Java 面向对象的程序设计思想，下面简单介绍面向对象的基本概念。

1. 对象

在现实世界中对象（Object）到处存在，我们身边存在的一切事物都可以看成对象，例如，一个人、一只猫、一辆汽车、一所学校。除了这些可以触及的事物是对象外，还有一些抽象的概念，例如，一场篮球比赛、一条飞机航线、一个账户都可以看成一个对象。

一个对象一般由状态（Attribute）和行为（Action）两部分组成，状态是用来描述对象静态特征的一个数据项，行为是用来描述对象动态特征的一个操作。例如，一辆汽车，具有颜色、生产厂家、车牌等静态特征，具有启动、加速、减速、停车等动态特征。在程序中，软件对象是客观世界对象的状态和行为的模拟，是状态和行为的封装体，例如，软件中的窗口就是一个对象，它有位置、大小、背景色等状态和打开、显示、关闭等行为。

2. 类

在面向对象程序设计中，类（Class）是具有相同属性和行为的一组对象的集合，它为属于该类的全部对象提供了统一的抽象描述，其内部包括属性和行为两个主要部分，类是对象集合的再抽象。

类与对象的关系如同一个模具与用这个模具铸造出来的铸件之间的关系，用一个模具可以铸造出任意多个铸件。类给出了属于该类的全部对象的抽象定义，而对象则是符合这种定义的一个具体实体。所以，一个对象又称作类的一个实例（Instance）。

在面向对象程序设计中，类的确定与划分非常重要，是软件开发中关键的一步，划分的结果会直接影响软件系统的质量。如果划分得当，既有利于程序进行扩充，又可以提高代码的可重用性。因此，在解决实际问题时，需要正确地进行分"类"。理解一个类究竟表示哪一组对象，如何把实际问题中的事物汇聚成一个个的"类"，而不是一组数据。这是面向对象程序设计中的一个难点。

类的确定和划分并没有统一的标准和固定的方法，基本上依赖设计人员的经验、技巧以及对实际问题的把握。但有一个基本原则：寻求一个大系统中事物的共性，将具有共性的系统成分确定为一个类。确定某事物是一个类的步骤包括：第一步，要判断该事物是否有一个以上的实例，如果有，则它是一个类；第二步，要判断类的实例中有没有绝对的不同点，如果没有，则它是一个类。另外，还要知道什么事物不能被划分为类。不能把一组函数组合在一起构成类，也就是说，不能把一个面向过程的模块直接变成类，类不是函数的集合。

3. 消息和方法

面向对象程序由多个不同对象组成，对象与对象之间不是孤立的，它们之间存在着某种联系，这种联系是通过消息传递的。例如，驾驶汽车就是人向汽车传递消息。

一个对象发送的消息包含 3 方面的内容：接收消息的对象；接收对象采用的方法（操作）；方法所需要的参数。例如：

```
car.speedUP(80);
```

这里，car 表示接收消息的对象，speedUP 是方法的名称，80 是该方法的参数，代码的含义是将汽车的速度加速到 80 千米/小时。

封装与类

4.2 类的定义和对象的创建

类是一个模板或蓝图，它用来定义对象的数据域是什么以及方法是做什么的。一个对象是类的一个实例。可以从一个类中创建多个实例。创建实例的过程称为实例化（Instantiation）。类和对象之间的关系类似于汽车图纸和一辆汽车之间的关系。可以根据汽车图纸生产任意多辆汽车。

类是组成 Java 程序的基本要素，它封装了一类对象的状态和行为，是这一类对象的原形。定义一个新的类，就创建了一种新的数据类型，实例化一个类，就得到一个对象。

可以说，Java 程序的一切都是对象，但要得到对象必须先有类。有 3 种方法可以得到类：使用 Java 类库提供的类、使用程序员自己定义的类、使用第三方类库的类。下面来看如何定义类。

4.2.1 类的定义

类由两部分构成：类声明和类体。其一般语法结构如下：

```
[类修饰符] class 类名[extends 父类名] [implements 接口列表]
{
    //1.成员变量
    //2.构造方法
    //3.成员方法
}
```

[类修饰符] class 类名[extends 父类名] [implements 接口列表]是类的声明部分，剩下的两个花括号及它们之间的内容是类体部分。其中，class 是类声明的关键字，用来定义类，类名要符合标识符语法规定，即由字母、下画线、数字或美元符号组成，并且第一个字符不能是数字，另外类名还应遵循下列编程风格（虽然这不是强制规定，但是是约定俗成的写法）。

（1）如果类名由英文单词组成，那么单词的首字母要大写，如果由多个单词组成，那么每个单词的首字母都要大写，如 Car、Square、TestSquare 等。

（2）类名最好是容易记忆的、见名知义的，如 People、Cat、Animal 等。方括号“[ ]”中的内容表示是可选项，类修饰符的含义如表 4-1 所示。

表 4-1　类修饰符的含义

类修饰符	含义
public	将一个类声明为公有类，可以被任何对象访问
abstract	将一个类声明为抽象类，没有实现方法，需要它的子类提供对方法的实现
final	声明该类不能被继承，即不能有子类。也就是说，不能用它通过扩展的方法来创建新类
默认	使用默认修饰符时，表示只有在相同的包中的对象才能使用这个类

银行存取款的流程是人们都非常熟悉的，假设要求设计一个银行存取款程序，实现存取款功能，那么需要定义一个银行账户类 Account，包含账号、用户名、存款余额 3 个属性，把它们定义为 3 个成员变量，包含存款、取款、查询余额 3 种操作，把它们定义为 3 个方法，另外还需要一个构造方法 Account()，代码如下。

Account.java：

```
public class Account{
    private  int  id;
    private  string name;
    private double money;
    public Account( ){//默认构造方法
    }
    public void  saveMoney(double inCome){//存款
        money = money+inCome;
    }
    public void  getMoney(double outCome){//取款
        money = money-outCome;
    }
    public double  checkMoney(){//查询余额
        return money ;
    }
}
```

1. 成员变量的定义

类中所声明的变量称为成员变量，对应类的属性。格式为：

```
[修饰符]类型 变量名[=初始值];
```

用 public 修饰的变量为公有变量，公有变量可以被任何方法访问；用 private 修饰的变量为私有变量，私有变量只能被同一类中的方法访问。

（1）成员变量的类型

成员变量的类型可以是基本数据类型，也可以是引用数据类型，举例如下。

School.java：

```
class School{
    String address;
    Student s;
    int count;
}

class Student{
    int age;
    double height;
    String name;
}
```

School 类的 s 变量是 Student 类型，address 变量是 String 类型，它们都是引用数据类型，变量 count 是 int 类型，是基本数据类型。

（2）成员变量的有效范围

成员变量在整个类的范围内都有效，与成员变量的定义位置无关。

（3）成员变量的命名规则

成员变量是一种标识符，它的名字尽量选用见名知义的单词，并且由小写字母组成，当有多个单词时，第二个及以后的单词首字母大写。例如 age、studentScore 等。

2. 构造方法的定义

构造方法也叫构造器（Constructor），是类中的一种特殊方法，每个类中都有构造方法，它的作用是创建对象、初始化对象，上面的例子中定义了一个无参构造方法，如下。

```
public Account( ){//默认构造方法}
```

用户也可以根据需要定义多个有参构造方法，具体细节在后文中还会讨论。

3. 成员方法的定义

成员方法对应类的行为，由方法的声明和方法体组成。定义成员方法的语法如下：

```
[修饰符] 返回值类型 方法名(参数1,参数2,……)
{
    语句序列;
    return[表达式];
}
```

成员方法中可以有参数也可以没有参数，这些参数的类型可以是基本数据类型或引用数据类型，同时成员方法可以有返回值或没有返回值，若有返回值应在方法体中使用 return 语句，并且返回值类型要与方法的返回值类型相一致。例如：

```
public double  checkMoney(){//查询余额
    return money ;
}
```

若成员方法没有返回值，那么方法的返回值类型用 void 关键字表示。

```
public void  saveMoney(double inCome){//存款
    money = money+inCome;
}
```

4.2.2 局部变量

方法体中声明的变量和方法的参数称为局部变量，局部变量只在声明它的方法中有效，而且其作用范围与变量声明的位置有关，方法的参数在整个方法体中都有效，方法体中声明的变量在变量声明位置之后开始有效。代码如下。

A.java：

```
public class A {
    int x=8,y=10,sum=0;//成员变量，在整个类中均有效
    public int getSum(int a,int b){ //方法的参数是局部变量，在整个方法中有效
        int start = 10; //局部变量，在方法内下面语句中有效
        sum = start;
        for(int i=0;i<100;i++){//i 是局部变量，仅在复合语句中有效
            sum = sum + i;
        }
        return sum;
    }
}
```

如果局部变量的名字与成员变量的名字相同，则成员变量被隐藏，即在这个方法体内成员变量暂时失效。代码如下。

Score.java：

```
class Score {
    int x = 5,y = 10;
    void f(){
        int x = 10;
        int sum = 0;
        sum = x + x;//sum 的值是 20，而不是 10
    }
}
```

如果在隐藏的方法中一定要使用被隐藏的成员变量，则必须用关键字 this，代码如下。

Score1.java：

```
class Score1 {
    int x = 5,y = 10;
    void f(){
        int x = 10;
        int sum = 0;
        sum = this.x + x;//sum 的值是 15
    }
}
```

4.2.3 this 关键字

在 4.2.2 小节的方法中已经使用了关键字 this，那么 this 究竟代表什么？this 关键字代表的是本类引用的当前对象。代码如下。

Score2.java：

```
Score2 {
    int x = 5,y = 10;
    void f(){
        int x = 10;
        int sum = 0;
        sum = this.x + x;//sum 的值是 15
    }
}
```

程序中 this.x 表示的是当前对象的 x 变量，也就是成员变量 x，有时 this 也可以作为方法的返回值。例如：

```
public House getHouse(){
    return this;//返回 House 类引用
}
```

在 getHouse()方法中，方法的返回值为 House 类对象，所以方法中使用 return this 这种形式将 House 类对象返回。

4.2.4 类的 UML 图

统一建模语言（Unified Modeling Language，UML）图一般在软件详细设计过程中出现，主要用来描述系统中各个模块中类的内部基本结构以及类与类之间的关系，包括类与类的继承关系、类与接口的实现关系，类之间的依赖、聚合等关系。在类的 UML 图中，类使用包含类名、属性、方法名及其参数并且用分割线分隔的长方形表示。前面银行账户类 Account 的 UML 图如图 4-1 所示。

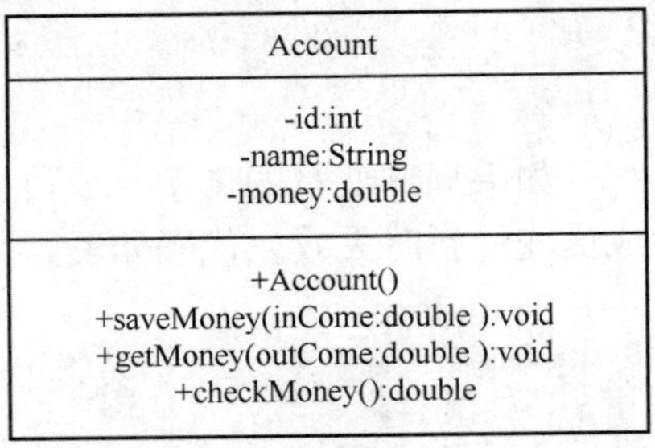

Account
-id:int -name:String -money:double
+Account() +saveMoney(inCome:double):void +getMoney(outCome:double):void +checkMoney():double

图 4-1 Account 类的 UML 图

在一个类的 UML 图中，包含有关成员的访问权限的信息，前面加“+”表示是 public 成员，前面加“-”表示是 private 成员，前面加“#”表示是 protected 成员，不加任何前缀的成员具有默认访问权限。

从图 4-1 中可以看出，Account 类包含 3 个私有成员变量，一个构造方法和 3 个公有的普通方法。在 UML 图中成员变量和类型之间用冒号分隔。方法的参数列表放在圆括号内，参数需指定名称和类型，它的返回值类型写在一个冒号后面。

4.3 构造方法和对象的创建

构造方法

对象是类的一个实例，定义类以后就可以把类当作一种数据类型，通过它来声明创建对象。Java 通过调用 new 运算符来创建对象，每创建一个对象就会自动调用一次构造方法。下面详细讲解构造方法和对象的创建。

4.3.1 构造方法

构造方法是一种特殊的方法，它是一个与类同名且没有返回值类型的方法。对象的创建就是通过构造方法来完成的，其功能主要是完成对象的初始化。构造方法具有以下特点。

（1）构造方法没有返回值类型，并且不能用 void 关键字。

（2）构造方法的名称要与类名称相同。

如果类中没有明确定义构造方法，系统会默认创建一个不带参数的构造方法，如例子 Score2.java 中就有一个默认的构造方法。

```
Score2() {
}
```

如果类中定义了一个或多个构造方法，那么系统就不提供默认的构造方法。如下面的例子中就没有默认的构造方法。

```
class Human{
    String name;
    String sex;
    Human(){  //构造方法
```

```
        name = "Mike";
        sex="Male";
    }
    Human(String _name,String _sex){  //构造方法
        name = _name;
        sex=_sex;
    }
    void eat(){   //成员方法
        System.out.println("我在吃饭");
    }
}
```

4.3.2 对象的创建

对象的创建包括对象的声明和为声明的对象分配内存空间两个步骤。

1. 对象的声明

一般格式如下：

```
类名   对象名;
```

例如：

```
Dog dog;
```

这里 Dog 是一个类的名字，dog 是定义的对象名。

2. 为声明的对象分配内存空间

使用 new 运算符和类的构造方法为声明的对象分配内存空间，如果类中没有构造方法，系统会调用默认的构造方法，默认的构造方法是没有参数的，方法中没有语句。例如：

```
Dog = new Dog();
```

以下是一个具体的例子。

TestStudent.java：

```
class Student  {
    String name;
    String sex;
    int age;
    void eat(){
        System.out.println("我在吃饭");
    }
}
public  class TestStudent{
    public static void main(String args[]){
    Student xiaomin;
        xiaomin = new Student();
    }
}
```

3. 对象的内存模型

以上面的 TestStudent.java 为例说明对象的内存模型。

（1）声明对象时的内存模型

当用 Student 类声明 xiaomin 对象时，xiaomin 的内存空间还没有数据，是空对象，其内存模型如图 4-2 所示。

xiaomin
null

图 4-2　对象刚声明时的内存模型

（2）为对象分配内存空间后的内存模型

当系统运行到 xiaomin = new Student();时，系统会给 Student 类中的 name、sex、age 成员变量分配内存空间，并调用构造方法为这些变量赋初始值，如图 4-3 所示。

如果构造方法没有给成员变量赋初始值，那么对于整数型变量初始值为 0。浮点型变量的初始值为 0.0，对于引用数据类型初始值为 null，对于布尔型变量初始值为 false。

4. 创建多个不同对象

一个类可能通过 new 运算符创建多个不同的对象，分配独立的不同的内存空间，改变一个对象成员变量的值不会影响其他成员变量的值。例如可以用 Student 类创建两个对象：xiaomin 和 wangwu。

```
Student xiaomin = new Student();
Student wangwu = new Student();
```

当创建 xiaomin 对象时，Student 类的成员变量 name、sex、age 被分配内存空间，并返回一个引用给 xiaomin；当再创建 wangwu 对象时，Student 类的成员变量 name、sex、age 被分配内存空间，并返回一个引用给 wangwu。但 xiaomin 对象和 wangwu 对象所占据的是不同的内存空间，内存模型如图 4-4 所示。

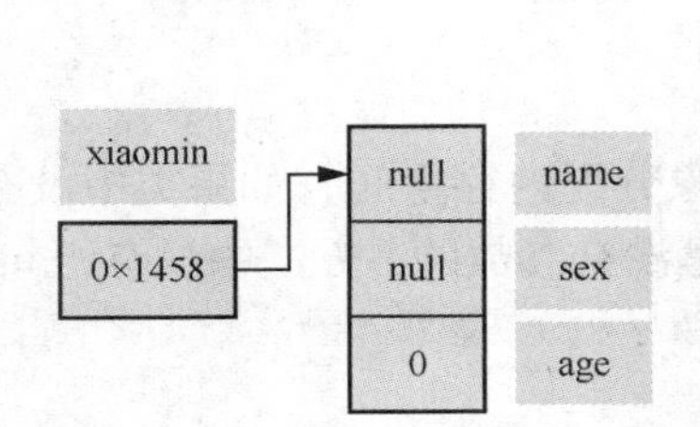

图 4-3　分配内存空间后的对象

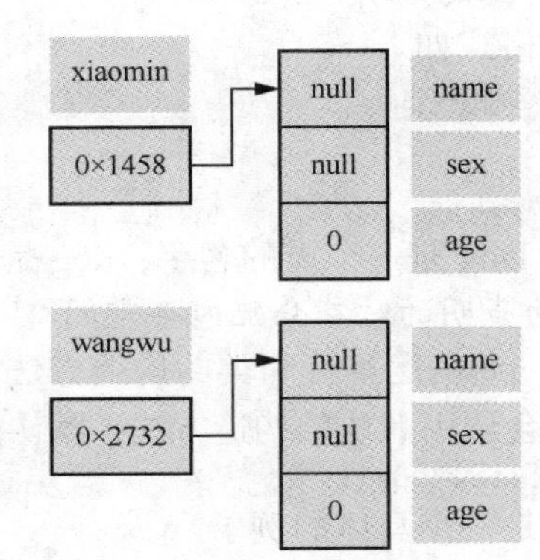

图 4-4　创建多个对象时的内存模型

4.3.3　对象的使用

对象不仅可以改变自己成员变量的状态，还拥有使用创建它的那个类中定义的方法的能力，对象通过使用这些方法可以产生一定的行为。对象通过运算符“.”实现对变量的访问和方法的调用。

（1）对象操作自己的变量

对象被创建之后，就有了自己的变量，通过使用运算符“.”，对象可以实现对自己的变量的访问，访问格式为：

```
对象名.变量;
```

对象名可以是一个已生成的对象，也可以是新生成对象的表达式。例如：

```
a.x=10;
Tx=new Point().x;
```

（2）对象调用类中的方法

对象通过“.”调用创建它的类中的方法，从而产生一定的行为，一般格式为：

```
对象名.方法名([参数]);
```

例如：

```
p.move(50, 30);
cat.eat();
```

当对象调用方法时，方法中出现的成员变量就是指该对象的成员变量，方法中的局部变量被分配内存空间，方法执行完毕，局部变量即可释放内存。局部变量在声明时如果没有被初始化，就没有默认值，因此在使用局部变量之前，要事先为局部变量赋值。

4.3.4 对象的引用和实体

对象的内存模型

当用类创建一个对象时，类中的对象变量被分配内存空间，这些内存空间称为该对象的实体，而对象变量中存放着对实体的引用，以确保实体由该对象变量操作使用。

如果一个类创建的两个对象具有相同的引用，那么就具有完全相同的实体。没有实体的对象称为空对象，空对象不能使用，即不能让一个空对象去调用方法产生行为。假如程序中使用了空对象，在运行时会出现异常：NullPointerException。但由于对象是动态地分配实体的，所以 Java 的编译器不对空对象做检查，在编程时要避免使用空对象。例如下面 TestPoint.java 程序中 p3 对象是空对象，不能用来操作。

TestPoint.java：

```
class Point{
    int x, y;
    Point(int a, int b){
        x=a;
        y=b;
    }
}
public class TestPoint{
    public static void main(String args[]){
        Point p1, p2, p3; //声明对象p1、p2和p3
        p1=new Point(20, 20); //为对象分配内存，使用new和类中的构造方法
        p2=new Point(40,40); //为对象分配内存，使用new和类中的构造方法
        System.out.println(p1==p2);
        p1=p2;
        System.out.println(p1==p2);
        p1=p3; // NullPointerException
    }
}
```

4.3.5 对象的清除

Java 有所谓的“垃圾收集”机制，这种机制就是指 JVM 垃圾回收器周期地检测某个实体是否已不再被任何对象所拥有。当不存在对一个对象的引用时，该对象成为一个无用对象。Java 的垃圾回收器自动扫描对象的动态内存区，把没有引用的对象作为垃圾收集起来并释放实体占有的内存。

当系统内存用尽或调用 System.gc()要求进行垃圾回收时，垃圾回收线程进行垃圾回收，以释放没有引用的对象的内存。

参数传值

4.4 参数传值

当方法被调用时，如果方法有参数，则参数必须要实例化，即参数必须有具体的值。在 Java 中，方法的所有参数都是“传值”的，也就是说，方法中的参数变量的值是调用者指定的值的副本。例如，如果向方法的 int 类型参数 x 传递一个值，那么参数 x 得到的值是

传递值的副本。方法如果要改变参数的值，不会影响向参数“传值”的变量的值。

4.4.1 基本数据类型参数的传值

向基本数据类型参数传递的值的级别不可以高于该参数的级别，例如，不可以向 int 类型参数传递一个 float 类型的值，但可以向 double 类型参数传递一个 float 类型的值。

例如以下例子中，定义圆柱体类 Cylinder，并调用类 Cylinder 的实例方法 setCylinder (double r,int h)。

TestVar.java：

```
class Cylinder{
    double radius;
    int height;
    void setCylinder(double r,int h) {
        radius=r;
        height=h;
    }
    double getVolume() {
        return 3.14*radius*radius*height;
    }
}
publicclass TestVar {
    public static void main(String[] args) {
        // TODO Auto-generated method stub
        float  banJin=5.2f;
        int  gao=4;
        Cylinder c=new Cylinder();
        c.setCylinder(banJin,gao);//调用 setCylinder(double r,int h)方法并传递参数
        System.out.println("圆柱体的体积是: "+c.getVolume());
    }
}
```

运行结果如下。

```
圆柱体的体积是: 339.6223750854497
```

4.4.2 引用数据类型参数的传值

Java 的引用数据类型参数包括对象、数组和接口，当参数是引用数据类型时，“传值”传递的是变量的引用而不是变量所引用的实体。如果改变参数变量所引用的实体，就会导致原变量的实体发生同样的变化，如图 4-5 所示。

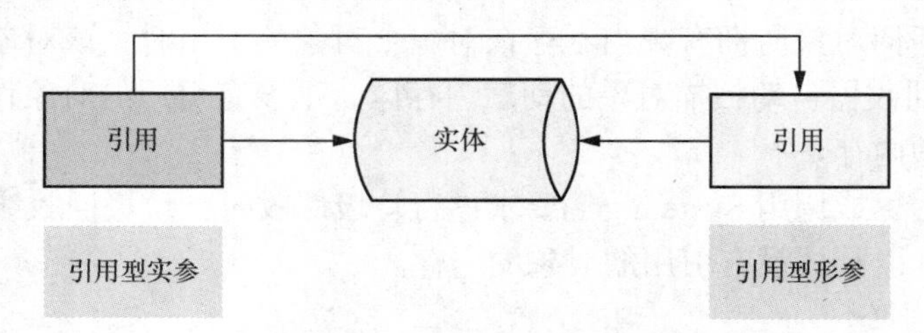

图 4-5　引用数据类型参数的传值

请注意下面例子中引用数据类型和基本数据类型参数传值的区别。

TestA.java：

```
class People{
    int age=18;//初始年龄 18 岁
    void addAge(int k){
```

```
        age = age+k;
    }
}
class C{
    void f(People p){
        p.addAge（2）;//年龄增加 2 岁
        System.out.println("参数对象 p 的年龄是:"+p.age);
    }
}
public class TestA{
    public static void main(String args[]){
        People zhang=new People();
        System.out.println(zhang.age);
        C a=new C();
        a.f(zhang);
        System.out.println("main()方法中对象 zhang 的年龄是"+ zhang.age);
    }
}
```

运行结果如图 4-6 所示。

```
18
参数对象p的年龄是:20
main()方法中对象zhang的年龄是20
```

图 4-6　运行结果

实例成员与类成员

4.5 实例成员与类成员

成员变量可以分为实例变量和类变量（也称静态变量）。同样，类中的方法也可分为实例方法和类方法。实例变量与实例方法都是实例成员，类变量与类方法都是类成员。用 static 关键字修饰的变量是类变量，同样，用 static 关键字修饰的方法是类方法，格式如下：

```
static type classVar; //类变量
static 返回类型 classMethod(参数列表){//类方法
......
}
```

如果在声明时不用 static 关键字修饰，则声明为实例变量和实例方法。

4.5.1 实例变量和类变量的区别

在创建对象实体时，每个对象的实例变量都分配内存，通过该对象来访问这些实例变量，不同对象的实例变量是不同的。

类变量是与类相关联的数据变量，不需要生成对象实体就可以通过“类名.变量”访问，也可以在生成对象实体后用“对象.变量”访问。所有实例对象共享同一个类变量，每个实例对象对类变量的改变都会影响到其他实例对象。

以下面的例子来说明实例变量和类变量的区别，孙村和周村旁有一棵苹果树，孙村和周村都可以去摘苹果。Country 类有一个静态的 int 变量 appleAmount，用于表示苹果的数量。主类 TestCountry 中创建两个对象（孙村和周村），为 sunCun、zhouCun，一个村摘了苹果改变了 appleAmount，另一个村的人去查看 appleAmount。程序运行结果如图 4-7 所示。

```
class Country {
    static  int  appleAmount;   //苹果的数量，类变量
    int peopleNumber;         //村里的人数，实例变量
}
public class TestCountry {
    public static void main(String args[]) {
        Country.appleAmount=425;  //原有 425 个苹果
        System.out.println("树上有 "+Country.appleAmount+" 个苹果");
        Country sunCun=new Country();//创建孙村
        Country zhouCun=new Country();//创建周村
        int m=100;
        System.out.println("孙村从树上摘了"+m+"个苹果");
        sunCun.appleAmount=sunCun.appleAmount-m;
        System.out.println("周村发现树上有 "+zhouCun.appleAmount+" 个苹果");
        m=200;
        System.out.println("周村从树上摘了"+m+"个苹果");
        zhouCun.appleAmount=zhouCun.appleAmount-m;
        System.out.println("孙村发现树上有 "+sunCun.appleAmount+" 个苹果");
        sunCun.peopleNumber=120;
        zhouCun.peopleNumber=150;
        System.out.println("孙村的人数:"+sunCun.peopleNumber);
        System.out.println("周村的人数:"+zhouCun.peopleNumber);
        int x=20;
        System.out.println("孙村减少了"+x+"人");
        sunCun.peopleNumber=sunCun.peopleNumber-x;
        System.out.println("周村的人数:"+zhouCun.peopleNumber);
        System.out.println("孙村的人数:"+sunCun.peopleNumber);
    }
}
```

```
树上有 425 个苹果
孙村从树上摘了100个苹果
周村发现树上有 325 个苹果
周村从树上摘了200个苹果
孙村发现树上有 125 个苹果
孙村的人数:120
周村的人数:150
孙村减少了20人
周村的人数:150
孙村的人数:100
```

图 4-7　程序运行结果

4.5.2　实例方法和类方法的区别

实例方法可以对当前对象的实例变量进行操作，也可以对类变量进行操作，实例方法由实例对象调用。

类方法不能访问实例变量，只能访问类变量。类方法可以由类名直接调用，也可由实例对象进行调用。类方法中不能使用 this 或 super 关键字。

TestMember.java：

```
class Member{
    static int classVar;
```

```
    int instanceVar;
    static void setCIassVar(int i){
        classVar=i;//变量在类方法中可以访问
        // instanceVar=i; //类方法不能访问实例变量
    }
    static int getCIassVar(){
        return classVar;//变量在类方法中可以访问
    }
    void setInstanceVar(int i){
        classVar=i; //实例方法不但可以访问类变量，还可以访问实例变量
        instanceVar=i;
    }
    int getInstanceVar(){
        return instanceVar;
    }
}
public class TestMember{
    public static void main(String args[]){
        Member m1=new Member();
        Member m2=new Member();
        m1.setCIassVar(1);
        m2.setCIassVar(2);
        System.out.println("m1.classVar="+m1.getCIassVar());
        System.out.println("m2.CIassVar=" +m2.getCIassVar());
        m1.setInstanceVar(11);
        m2.setInstanceVar(22);
        System.out.println("m1.InstanceVar="+m1.getInstanceVar()        );
        System.out.println(” m2.InstanceVar="+m2.getInstanceVar());

    }
}
```

上面的程序定义了两个类方法 setClassVar(int i)和 getClassVar()，以及两个实例方法 setInstanceVar(int i)和 getInstanceVar()。在类方法 setClassVar(int i)中访问了类变量 classVar，在类方法 getClassVar()中也访问了类变量 classVar。在实例方法 setInstanceVar(int i)中访问了类变量 classVar，也访问了实例变量 instanceVar。

方法重载

4.6 方法重载

方法重载（Overload）的定义是：在一个类中有两个或多个同名的方法，但是它们的参数个数不同，或者参数的类型不同。方法的返回类型和参数的名字不参与比较。重载是 Java 实现多态的方式之一。

当调用同名的方法时，Java 根据参数类型和参数的个数来确定到底调用哪一个方法，方法的返回值类型和参数的名字并不起到区别方法的作用。

下面的例子中 add()方法是重载方法。

TestOver.java：

```
public class A{
    public int add(int a,int b,int c){
        return a + b+c;
    }
    public double add(double a,double b){
        return a + b;
    }
```

```
        public double add(int a,double b){
            return a + b;
        }
        public static void main(String args[]){
            A a = new A();
            System.out.println(a.add(10,20,5));//输出结果是 35
            System.out.println(a.add(10.0,5.0));//输出结果是 15.0
            System.out.println(a.add(10,5.0));//输出结果是 15.0
        }
    }
```

上面程序中的 3 个 add()方法的形参或个数不同，或类型不同，因此这 3 个 add()方法是重载方法，程序调用这些方法时会根据实参的类型和个数自动匹配。

4.7 包

包

包是 Java 中有效管理类的一种机制。开发的 Java 程序中会出现类名相同的情况，要区分这些类就要使用包名。同一个包内的类名不允许重复，不同的包内可以有相同名称的类。

使用包很简单，通过关键字 package 声明包语句。package 语句作为 Java 源文件的第一条语句，指明该源文件定义的类所在的包。package 语句的一般格式为：

```
package 包名;
```

包名是一个合法的标识符，一般由小写字母组成，也可以由若干个标识符加“.”组成，如：

```
package tom;
package sun.com.cn:
```

如果源文件中省略了 package 语句，那么源文件定义的类默认为无名包的一部分，也就是说源文件定义命名的类在同一个包中，但该包没有名字。

在 Eclipse 中可以在 src 上右击建立包，如图 4-8 所示。

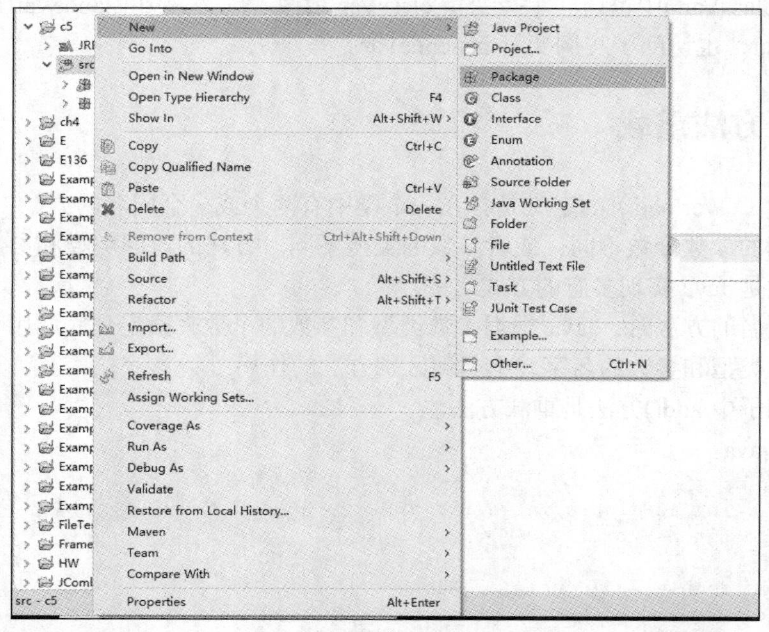

图 4-8　在 Eclipse 中建立包

然后输入包名 ch5，如图 4-9 所示。

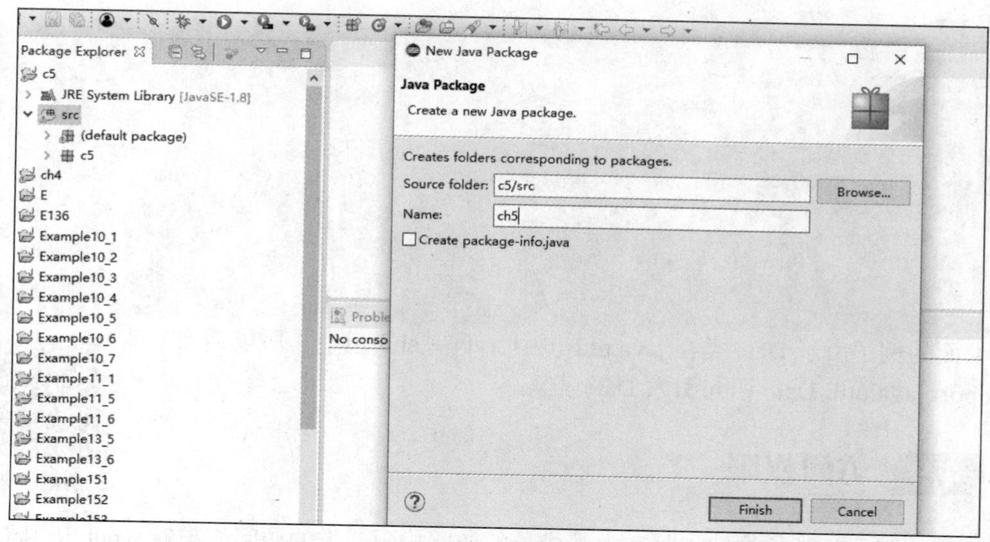

图 4-9　输入包名 ch5

在新建的包名 ch5 上右击建立类，这个类就在包 ch5 下了，如下面例子所示。

A.java：

```
package ch5;
class Cat {
    String name;
    int age;
    Cat(){
        name = "xiaomiao";
        age = 1;
    }
}
public class A {
    public static void main(String[] args) {
        // TODO Auto-generated method stub
        Cat c = new Cat();

    }
}
```

上面例子表示在 ch5 包中建立了一个 Cat 类。

4.8 import 语句

在编程时，除了要自己编写类外，还经常需要使用 Java 提供的许多类，这些类可能在不同的包中，使用 import 语句可以引入包中的类。

在一个 Java 源文件中可以有多个 import 语句，它们在程序中的位置是有要求的，必须写在 package 语句和源文件的类定义之间。

例如要引入 java.util 包中的 Date 类，代码为：

```
import java.util.Date;
```

例如要引入一个包中的全部类，则可以用星号来代替，代码为：

```
import java.awt.*;
```

下面的例子引入了 java.util 包中的 Date 类。

B.java：

```
package ch5;
import java.util.Date;
public class B {

    public static void main(String[] args) {
        // TODO Auto-generated method stub
        Date d = new Date();
        System.out.println("现在时间是："+d);

    }
}
```

上面的例子由于 Date 类在 java.util 包中，不在 ch5 包中，所以需要用 import java.util. Date 语句引入 Date 类。

访问权限

4.9 访问权限

访问权限分为类的访问权限和类中成员的访问权限。类的访问权限有：public 和默认。public 权限用 public 修饰符，可以被所有包中的其他类访问；默认权限没有修饰符，仅能被当前包中的其他类访问。例如：

```
public class MyDate{
}
    class  MyDate_Ex{
}
```

后面主要讨论 public 类，在 public 类中，其成员（成员变量和方法）的访问权限有 4 种：public、protected、默认、private。

当用一个类创建一个对象之后，该对象可以通过"."运算符操作自己的变量和方法，但对象操作自己的变量和使用类中的方法其实是有一定限制的。

4.9.1 什么是访问权限

访问权限是指对象能否通过"."运算符操作自己的变量和类中的方法。4 种访问权限用来修饰成员变量和方法。它们的作用如表 4-2 所示。

表 4-2 访问权限的作用

权　限	类　内	同　包	不同包子类	不同包非子类
private	√	×	×	×
默认	√	√	×	×
protected	√	√	√	×
public	√	√	√	√

需要注意的是，类中的实例方法总是可以操作该类中的实例变量和类变量，类中的类方法总是可以操作该类中的类变量，与访问修饰权限符没有关系。

下面对这些修饰符的具体用途进行举例说明。

4.9.2 公有变量和公有方法

用 public 修饰的成员变量和方法称为公有变量和公有方法，能被所有的类（接口、成员）访问。

例如：

```
class A {
    public int x;  //用public修饰符创建了一个公有变量x
    public float f(float a,float b){ //用public修饰符创建了一个公有方法f(float a,float b)
        return a+b;
    }
}
```

下面再创建一个类B。

```
class B{
    String str;
    void h(){
        A a = new A();
        a.x = 10;
        float sum =a.f(3.0f,4.0f);
    }
}
```

上面例子中不管A类与B类的位置关系怎样，由于x是公有变量、f(float a,float b)是公有方法，B类中都可执行a.x = 10和float sum = a.f(3.0f,4.0f)语句。

4.9.3 受保护的变量和受保护的方法

用protected修饰的成员变量和方法称为受保护的变量和受保护的方法，即当父类与子类不在同一包中时，子类也能访问父类的受保护的变量和受保护的方法。

例如：

```
class A {
    protected  int x;  //用protected修饰符创建了一个受保护的变量x
    protected float f(float a,float b){ //用 protected 修饰符创建了一个受保护的方法
f(float a,float b)
        return a+b;
    }
}
```

下面再创建一个类B。

```
class B{
    String str;
    void h(){
        A a = new A();
        a.x = 10;
        float sum = a.f(3.0f,4.0f);
    }
}
```

上面例子中如果A类与B类有继承关系或者A类与B类在同一个包中，那么B类中都可执行a.x = 10和float sum = a.f(3.0f,4.0f)语句，否则B类中不能执行a.x = 10和float sum = a.f(3.0f,4.0f)语句。

4.9.4 友好变量和友好方法

不用public、protected、private修饰符修饰的成员变量和方法称为友好变量和友好方法，友好方法又称默认方法或包方法，其只能实现同类内部或同一个包内类之间的访问。

例如：

```
class A {
    int x;  //没有用修饰符，创建了一个友好变量 x
    float f(float a,float b){  //没有用修饰符，创建了一个友好方法//f(float a,float b)
        return a+b;
    }
}
```

下面再创建一个类 B。

```
class B{
    String str;
    void h(){
        A a = new A();
        a.x = 10;
        float sum = a.f(3.0f,4.0f);
    }
}
```

上面例子中，如果 A 类与 B 类在同一个包中，那么 B 类中都可执行 a.x = 10 和 float sum =a.f(3.0f,4.0f)语句，否则 B 类中不能执行 a.x = 10 和 float sum =a.f(3.0f,4.0f)语句。

4.9.5 私有变量和私有方法

用 private 修饰符修饰的成员变量和方法称为私有变量和私有方法，私有变量和私有方法只能在类内部访问，不能被别的类访问。

例如：

```
class A {
    private  int x;  //用修饰符 private 创建了一个私有变量 x
    private  float f(float a,float b){ //用修饰符 private 创建了一个私有方法 f(float a,float b)
        return a+b;
    }
}
```

下面再创建一个类 B。

```
class B{
    String str;
    void h(){
        A a = new A();
        a.x = 10;
        float sum = a.f(3.0f,4.0f);
    }
}
```

上面例子中，B 类中不能执行 a.x = 10 和 float sum = a.f(3.0f,4.0f)语句，x 变量和 f(float a,float b)方法只能在 A 类内部进行操作。

如果不希望另一个对象直接访问自己的变量，即通过"."运算符来操作自己的成员变量，就应当将该成员变量访问权限设置为 private。面向对象程序设计提倡对象应当通过方法（权限设置为 public）调用来改变自己的属性，类应当提供操作属性的方法，这些方法可以经过精心设计，使对象的使用更加安全。举例如下。

AA.java：

```
class Circle{
    private double radius;//私有变量
    public void setRadius(double r){  //通过公有方法对私有变量进行赋值
        if(r>=0){
            radius=r;
        }
    }
```

```
    public double getRadius(){//通过公有方法对私有变量进行赋值
        return radius;
    }
}
public class AA{
    public static void main(String [] args){
        Circle c = new Circle();
        //c. radius = 8;是非法的，因为c在类AA中，不在类Circle中
        c.setRadius(5);
        System.out.print("c的半径是"+c.getRadius());
        c.setRadius(-5);
        System.out.print("c的半径是"+c.getRadius());
    }
}
```

上面例子中，Circle 类定义了私有访问权限的 radius 成员变量，定义了公有访问权限的方法 setRadius(double r)和 getRadius()，体现了通过公有方法实现对私有变量赋值的理念。

4.10 包装类

Java 的基本数据类型包括 byte、int、short、long、float、double、char、boolean。虽然 Java 是一门面向对象的语言，但是 Java 中的基本数据类型是不面向对象的，这导致在实际使用时存在很多的不便，为了弥补这个不足，在设计类时要为每个基本数据类型设计一个对应的类，这样 8 个和基本数据类型对应的类统称为包装类（Wrapper Class），有时也翻译为外覆类或数据类型类。

包装类均位于 java.lang 包，包装类和基本数据类型的对应关系如表 4-3 所示。

表 4-3 包装类和基本数据类型的对应关系

基本数据类型	包 装 类
byte	Byte
boolean	Boolean
short	Short
char	Character
int	Integer
long	Long
float	Float
double	Double

在这 8 个类名中，除了 Integer 和 Character 类，其他 6 个类的类名和基本数据类型名相似，只是类名的第一个字母大写。

对于包装类，它们的用途主要有两种。

（1）作为和基本数据类型对应的类存在，方便涉及对象的操作。

（2）包含每种基本数据类型的相关属性，如最大值、最小值等，以及相关的操作方法。

4.10.1 Integer 类

由于 8 个包装类的使用方法比较类似，下面以最常用的 Integer 类为例介绍包装类的实际使用方法。

表 4-4 所示为 Integer 类的常用方法，对于包装类 Integer 来说，它的方法主要有两类。

表 4-4　Integer 类的常用方法

方　　法	返回值类型	功 能 描 述
byteValue()	byte	以 byte 类型返回该 Integer 的值
compareTo(Integer x)	int	在数字上比较两个 Integer 对象，如果这两个值相等，则返回 0；如果调用对象的数值小于 x，则返回负值；如果调用对象的数值大于 x，则返回正值
equals(Object IntegerObj)	boolean	比较此对象与指定的对象是否相等
intValue()	int	以 int 类型返回该 Integer 的值
shortValue()	short	以 short 类型返回该 Integer 的值
toString()	String	返回一个表示该 Integer 值的 String 对象
valueOf(String str)	Integer	返回保存指定的 String 值的 Integer 对象
parseInt(String str)	int	返回包含在由 str 指定的字符串中的数字的等价整数值

1. 实现数据类型之间的转换

在实际转换数据类型时，使用 Integer 类的构造方法和 Integer 类内部的 intValue()方法实现这些类型之间的相互转换，实现的代码如下：

```
int n = 10;
Integer in = new Integer(100);
//将 int 类型转换为 Integer 类型
Integer in1 = new Integer(n);
//将 Integer 类型转换为 int 类型
int m = in.intValue();
```

2. Integer 类内部的常用方法

Integer 类内部包含一些和 int 操作有关的方法，下面介绍一些比较常用的方法。

（1）parseInt()方法

```
public static int parseInt(String str)
```

该方法的作用是将 char 类型的数据转换为 int 类型的数据。在以后的界面编程中，将字符串转换为对应的 int 类型数据是一种比较常见的操作。示例如下：

```
String s = "123";
int n = Integer.parseInt(str);
```

转换后 int 类型的变量 n 的值是 123，该方法实际上实现了字符串和 int 类型数据之间的转换，如果字符串包含的不都是数字字符，则程序执行将出现异常。

（2）toString()方法

```
public static String toString(int i)
```

该方法的作用是将 int 类型的数据转换为对应的 String 类型的数据。

示例代码如下：

```
int m = 1000;
String s = Integer.toString(m);
```

则字符串 s 的值是“1000”。

4.10.2　Double 类和 Float 类

Double 类和 Float 类可实现对 double 和 float 两种基本数据类型的数据的类包装。

Double 类的构造方法：Double(double num)。

Float 类的构造方法：Float(float num)。

Double 对象调用 doubleValue()方法可以返回该对象含有的 double 类型数据。

Float 对象调用 floatValue()方法可以返回该对象含有的 float 类型数据。

Double 类和 Float 类的常用方法与 Integer 类的常用方法类似，在此就不一一介绍了。

4.10.3 Byte 类、Short 类、Integer 类、Long 类

下述构造方法分别可以创建 Byte、Short、Integer 和 Long 这 4 种类的对象。

```
Byte(byte num)
Short(short num)
Integer(int num)
Long(long num)
```

Byte、Short、Integer 和 Long 这几种对象分别调用 byteValue ()、shortValue()、intValue() 和 longValue ()方法返回对象含有的基本数据类型的数据。Byte、Short、Integer 和 Long 类的常用方法与 Integer 类的常用方法类似，在此也不一一介绍了。

4.10.4 Character 类

Character 类可实现对 char 类型数据的类包装。

Character 类的构造方法：Character(char c)。

Character 对象调用 charValue()方法可以返回该对象含有的 char 类型数据。

Character 类的常用方法与 Integer 类的常用方法类似，在此也不一一介绍了。

4.11 案例实战：复数类的设计

1. 案例描述

设计一个复数类，能完成加、减、乘、除 4 种基本运算。

2. 运行结果

运行结果如图 4-10 所示。

```
请输入第一个复数的实部和虚部：
3 4
请输入第二个复数的实部和虚部：
5 6
第一个复数:3.0+4.0i
第二个复数:5.0+6.0i
请选择下面的操作
1:加法
2:减法
3:乘法
4:除法
1
加法的结果为:8.0+10.0i
您可以继续选择操作,否则按0退出
```

图 4-10 运行结果

3. 案例目标

- 学会分析实现“复数类的设计”案例的逻辑思路。
- 能够独立完成“复数类的设计”的源代码编写、编译及运行。
- 掌握面向对象封装的概念和使用。
- 掌握类的定义、方法的设计。

4. 案例思路

（1）定义复数类 Complex，需要有实部 real 和虚部 image 两个属性，以及获取属性和修改属性的方法，同时设计无参和有参构造方法各一个。

（2）为完成四则运算，设计 add()、sub()、mul()、div()共 4 个成员方法，设 z1=a+bi、z2=c+di 是任意两个复数，运算规则如下。

求和：(a+bi)+(c+di)=(a+c)+(b+d)i。

求差：(a+bi)−(c+di)=(a−c)+(b−d)i。

求积：(a+bi)(c+di)=(ac−bd)+(bc+ad)i。

求商：$(a+bi)/(c+di)=(ac+bd)/(c^2+d^2)+((bc-ad)/(c^2+d^2))i$。

（3）为方便输出运算结果，设计一个 print()方法。

5．案例实现

定义复数类 Complex，代码如下所示。

Complex.java：

```
1   import java.util.Scanner;
2   public class Complex {
3       private double real;    //实部
4       private double image;   //虚部
5       //不带参数的构造函数
6       Complex()
7       {
8           Scanner input = new Scanner(System.in);
9           real = input.nextDouble();
10          image = input.nextDouble();
11      }
12
13      //带参数的构造函数
14      Complex(double m_real,double m_image)
15      {
16           real = m_real;
17           image = m_image;
18      }
19
20      //得到实部
21      public double getReal()
22      {
23          return real;
24      }
25
26      //得到虚部
27      public double getImage()
28      {
29          return image;
30      }
31
32      public void setReal(double m_real)
33      {
34          this.real = m_real;
35      }
36
37      public void setImage(double m_image)
38      {
39          this.image = m_image;
40      }
41
42      public Complex add(Complex b)
43      {
44          double b_real = b.getReal();
45          double b_image = b.getImage();
46          double a_real = this.real;
47          double a_image = this.image;
48          double c_real = a_real+b_real;
49          double c_image = a_image+b_image;
50          Complex result = new Complex(c_real,c_image);
51          return result;
52      }
```

```
53
54      public Complex sub(Complex b)
55      {
56          double b_real = b.getReal();
57          double b_image = b.getImage();
58          double a_real = this.real;
59          double a_image = this.image;
60          double c_real = b_real-a_real;
61          double c_image = b_image-a_image;
62          Complex result = new Complex(c_real,c_image);
63          return result;
64      }
65
66      public Complex mul(Complex b)
67      {
68          double b_real = b.getReal();
69          double b_image = b.getImage();
70          double a_real = this.real;
71          double a_image = this.image;
72          double c_real = (a_real*b_real) - (a_image*b_image);
73          double c_image = (a_real*b_image) + (a_image*b_real);
74          Complex result = new Complex(c_real,c_image);
75          return result;
76      }
77
78      public Complex div(Complex b)
79      {
80          double b_real = b.getReal();
81          double b_image = b.getImage();
82          double a_real = this.real;
83          double a_image = this.image;
84          double c_real = ((b_real*a_real)+(b_image*a_image))/(b_real*b_real+b_
image*b_image);
85          double c_image = ((a_image*b_real)-(a_real*b_image))/(b_real*b_real+
b_image*b_image);
86          Complex result = new Complex(c_real,c_image);
87          return result;
88      }
89
90      public void print()
91      {
92          if(image>0)
93          {
94              System.out.println(real+"+"+image+"i");
95          }
96          else if(image<0)
97          {
98              System.out.println(real+""+image+"i");
99          }
100          else
101          {
102              System.out.println(real);
103          }
104     }
105
106     public static void main(String[] args)
107     {
108         Scanner input = new Scanner(System.in);
109         System.out.println("请输入第一个复数的实部和虚部:");
110         Complex a = new Complex();
111         System.out.println("请输入第二个复数的实部和虚部:");
```

```
112            Complex b = new Complex();
113            System.out.print("第一个复数:");
114            a.print();
115            System.out.print("第二个复数:");
116            b.print();
117            System.out.println("请选择下面的操作");
118            System.out.println("1:加法");
119            System.out.println("2:减法");
120            System.out.println("3:乘法");
121            System.out.println("4:除法");
122            int x = input.nextInt();
123            while(x!=0)
124            {
125                switch(x)
126                {
127                case 1:
128                    Complex result = a.add(b);
129                    System.out.print("加法的结果为:");
130                    result.print();
131                    break;
132                case 2:
133                    result = a.sub(b);
134                    System.out.print("减法的结果为:");
135                    result.print();
136                    break;
137                case 3:
138                    result = a.mul(b);
139                    System.out.print("乘法的结果为:");
140                    result.print();
141                    break;
142                case 4:
143                    result = a.div(b);
144                    System.out.print("除法的结果为:");
145                    result.print();
146                    break;
147                default:
148                    System.out.print("请重新输入");
149                }
150                System.out.println("您可以继续选择操作,否则按 0 退出");
151                x = input.nextInt();
152            }
153        }
154    }
```

上述代码中，第 106 ~ 154 行代码是主方法部分，完成两个复数的构建和运算的选择。

4.12 小结

（1）在面向对象程序设计中，类是具有相同属性和行为的一组对象的集合，它为属于该类的全部对象提供了统一的抽象描述，其内部包括属性和行为两个主要部分，类是对象集合的再抽象，类给出了属于该类的全部对象的抽象定义，而对象则是符合这种定义的一个实体。所以，一个对象又称作类的一个实例。

（2）类由两部分构成：类声明和类体。

（3）构造方法是一种特殊的方法，它是一个与类同名且没有返回值类型的方法。对象的创建就是通过构造方法来完成的，其功能主要是完成对象的初始化。

（4）在 Java 中，方法的所有参数都是“传值”的，也就是说，方法中的参数变量的值是调用者指定的值的副本。当参数是引用数据类型时，“传值”传递的是变量的引用而不是变量所引用的实体。如果改变参数变量所引用的实体，就会导致原变量的实体发生同样的变化。

（5）成员变量可以分为实例变量和类变量（也称静态变量）。同样，类中的方法也可分为实例方法和类方法。用 static 关键字修饰的变量是类变量，同样，用 static 关键字修饰的方法是类方法（也称静态方法）。

（6）方法重载的定义是：在一个类中有两个或多个同名的方法，但是它们的参数个数或类型不同，重载是 Java 实现多态的方式之一。

（7）包是 Java 中有效管理类的一种机制。在开发的 Java 程序中会出现类名相同的情况，要区分这些类就要使用包名。

（8）在编程时，除了要自己编写类外，还经常需要使用 Java 提供的许多类，这些类可能在不同的包中，使用 import 语句可以引入包中的类。

（9）访问权限是指对象能否通过“.”运算符操作自己的变量和类中的方法。访问权限修饰符有 public、默认（无修饰符，default）、protected、private 等 4 种，用来修饰成员变量和方法。

4.13 习题

（1）什么是封装？

（2）什么是类？什么是对象？它们有什么关系？

（3）什么是构造方法？说明 Java 在什么情况下会提供默认构造方法。

（4）什么是方法重载？编写一段代码具体说明。

（5）成员变量和成员方法的权限修饰符有哪些？有什么区别？

（6）如果以下是 MyDate 类的声明，有哪些错误？为什么？

```
private class MyDate{
    public int year,month,day;
    void set(int y,int m,int d){
        int year =y;
        int month = m;
        int day = d;
    }
    public String toString(){
        return year+"-"+month+"-"+day;
    }
    public static void main(String args[]){
        MyDate d1,d2;
        System.out.println("d1:"+d1.toString()+",d2"+ d2.toString());
    }
}
```

（7）请说出下列 B 类中 System.out.println()语句的输出结果。

```
class A {
    int x;
    static int sum = 0;
    void setX(int x){
        this.x =x;
```

```
    }
    int getSum(){
        for(int i=1;i<x;i++){
        sum +=i;
    }
    return sum;
}
public class  B{
    Public static void main(String args[]){
        A a1= new A(),a2=new A();
        a1.setX(4);
    a2.setX(6);
    System.out.println(a1.getSum());
    System.out.println(a2.getSum());
    }
}
```

第5章 数组

主要内容

- 创建和使用数组
- 数组的深入使用
- 多维数组
- for-each 循环语句

本章先介绍数组的创建、初始化，然后介绍它们的基本使用情况，讲完这些基础知识后，再介绍几种基本的排序方法，然后是多维数组的使用。

5.1 创建和使用数组

创建和使用数组

数组保存的是一组有顺序的、具有相同类型的数据。在一个数组中，所有数据元素的数据类型都是相同的。可以通过数组索引来访问数组中的元素，数据元素是根据索引的顺序在内存中有序存放的。

5.1.1 为什么要使用数组

假设有一个程序要求输入 10 个学生的成绩，然后计算这 10 个学生的平均成绩。可以通过以下程序来实现。

AverageScores.java：

```
import java.util.*;
public class AverageScores{
    public static void main(String args[ ]){
        int count;
        double next,sum,average;
        sum=0;
        //创建一个 Scanner 对象
        Scanner sc=new Scanner(System.in);
        System.out.println("请输入每一个学生的成绩，按回车键分隔：");
        for(count=0;count<10;count++){
            //通过 Scanner 对象获得用户输入
            next=sc.nextDouble();
            sum+=next;
        }
        System.out.println(sum);
        average=sum/10;
```

```
        System.out.println("平均成绩为："+average);
    }
}
```

程序的运行结果如图 5-1 所示。

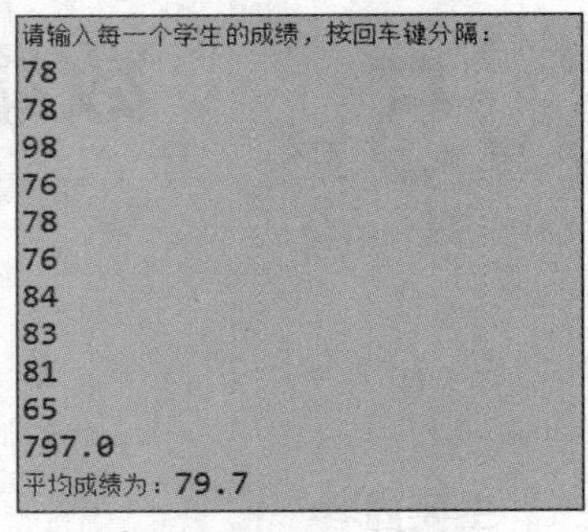
请输入每一个学生的成绩，按回车键分隔：
78
78
98
76
78
76
84
83
81
65
797.0
平均成绩为：79.7

图 5-1 运行结果

该程序先定义了一系列的变量，count 用来表示第几个学生，next 用来存放当前学生的成绩，sum 用来存放成绩的总和，而 average 是用成绩的总和除以人数得到的平均值。同时定义了一个 Scanner 对象，Scanner 是一个使用正则表达式来解析基本数据类型和字符串的简单文本扫描器，可以用来读取用户输入的分数。在循环语句中调用该类的 nextDouble() 方法，读取用户输入的分数，把它放入 next 中，然后加入 sum 中。循环结束后求得成绩的平均值 average。

假设程序有进一步的要求，要求记录 500 个学生的平均成绩，那么可以声明 500 个 double 类型的变量来存放成绩。但是这样过于“笨拙”。这时候可以用数组来实现，用数组来存放同一类型的数据是十分方便的。

5.1.2 数组的创建与访问

Java 的数组可以看作一种特殊的对象，准确地说是把数组看作同种类型变量的集合。在同一个数组中的数据都有相同的类型，用统一的数组名，通过索引来区分数组中的各个元素。数组在使用前需要对它进行声明，然后对其进行初始化，最后才可以存取元素。下面是声明数组的两种基本方式：

```
数据类型 数组名[ ];
数据类型[ ]数组名;
```

这里的数据类型可以是基本数据类型（如 int、double 等），也可以是引用数据类型（如 String、接口等），符号“[]”说明声明的是一个数组对象。这两种声明方式几乎没有区别，但是第二种方式可以同时声明多个数组，使用起来较为方便，所以程序员一般习惯使用第二种方式。声明 int 类型的数组，格式如下。

```
int array1[ ];
int [ ] array2,array3;
```

第一行声明了一个数组 array1，它可以用来存放 int 类型的数据。第二行声明了两个数组 array2 和 array3，效果和第一行声明方式的相同。

上面的语句只是对数组进行了声明，还没有为其分配内存，所以不可以存放数据，也不能访问它的任何元素。这时候，可以用 new 为数组分配内存空间，格式如下。

```
array1=new int [5];
```

这时候数组就有了以下 5 个元素。

```
array1[0]
array1[1]
array1[2]
array1[3]
array1[4]
```

这样，内存中分配了 5 个 int 类型的存储空间，引用变量 array1 指向了这片存储空间的首部（array1 中存储了数组对象的首地址）。引用变量存储在 Java 的栈内存中，对象存储在 Java 的堆内存中，如图 5-2 所示。

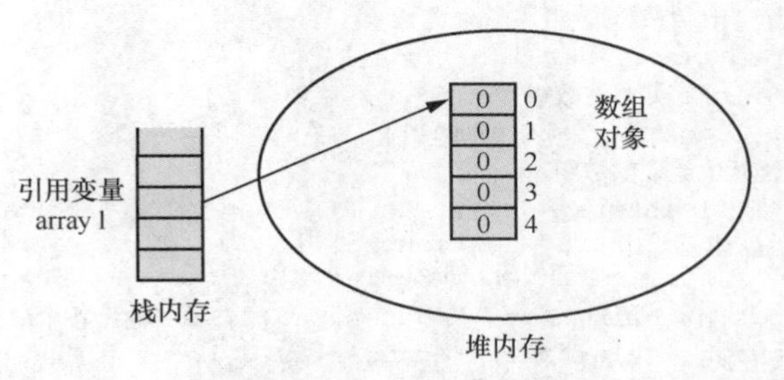

图 5-2　数组在内存中存储示意

在 Java 中，数组的索引是从 0 开始的，而不是从 1 开始的。这意味着最后一个索引号不是数组的长度，而是比数组的长度小 1。

数组是通过数组名和索引来访问的。例如下面的语句，把数组 array1 的第一个元素赋值给 int 类型变量 a。

```
int a=array1[1];
```

Java 数组索引从 0 开始，到数组长度-1 结束，如果索引值超出范围、小于下界或大于上界，程序也能编译，但是在访问时会抛出异常。下面是一个错误的示例。

ArrayException.java：

```
public class ArrayException{
    public static void main(String args[ ]){
        //创建一个容量为 5 的数组
        int[ ] array1={12,13,14,15,16};
        //访问 array1[5]
        System.out.println(array1[5]);
    }
}
```

该程序先声明了一个有 5 个元素的 int 类型数组，前面已经讲到，它的索引最大只能是 4。但在程序中却尝试访问 array1[5]，显然是不正确的。程序会正常通过编译，但是在执行时会抛出异常。程序的运行结果如下。

```
Exception in thread "main" java.lang.ArrayIndexOutOfBoundsException: 5
at ArrayException.main(ArrayException.java:4)
```

异常是 Java 中一种特殊的处理程序错误的方式，本书将在后文详细讲解这部分内容。读者这里只需要知道访问数组索引越界时会产生 ArrayIndexOutOfBoundsException 异常。

5.1.3　数组初始化

数组在声明、创建之后，数组中的各个元素就可以访问了，这是因为数组在被创建时，自动给出了相应类型的默认值。默认值根据数组类型的不同而有所不同。从下面的程序可以看到各类数组的默认值。数组的使用过程为：声明数组、创建（分配内存）、初始化数组。

ArrayDefaultValue.java：

```
public class ArrayDefaultValue{
    public static void main(String args[ ]){
        //创建一个 byte 类型的数组
        byte [ ] byteArray=new byte[1];
        //创建一个 char 类型的数组
        char [ ] charArray=new char[1];
```

```
        //创建一个 int 类型的数组
        int  [ ] intArray=new int[1];
        //创建一个 long 类型的数组
        long [ ] longArray=new long[1];
        //继续创建其他类型的数组
        float [ ] floatArray=new float[1];
        double[ ] doubleArray=new double[1];
        String [ ] stringArray=new String[1];
        System.out.println("byte="+byteArray[0]);//输出各个数组的默认初始化值
        System.out.println("char="+charArray[0]);
        System.out.println("int="+intArray[0]);
        System.out.println("long="+longArray[0]);
        System.out.println("float="+floatArray[0]);
        System.out.println("double="+doubleArray[0]);
        System.out.println("String="+stringArray[0]);
    }
}
```

程序的运行结果如下。

```
byte=0
char=
int=0
long=0
float=0.0
double=0.0
String=null
```

该程序声明了各种类型的数组，并通过 new 来创建它们。然后访问它们的元素，可以看到在创建的时候数组元素会获得一个默认值，这个值跟前面讲解数据类型时各种类型的默认值是一致的。这样做可以避免程序出现一些错误，但这些默认值没有其他意义，因为使用数组肯定是想存储一定的值，所以需要对它进行初始化。一种方法是使用赋值语句来进行数组初始化，格式如下。

```
int [ ] array1=new int[5];
array1[0]=1;
array1[1]=2;
array1[2]=3;
array1[3]=4;
array1[4]=5;
```

执行上面的语句，数组的各个元素就会获得相应的值，如果没有对所有的元素进行赋值，它会自动被初始化为某个值（如前面所述）。

第一种方式先声明，然后创建，最后初始化，如前面所述；另一种方式是在数组声明的时候直接进行初始化，格式如下。

```
int [ ] array1={1,2,3,4,5};
```

该语句跟上面的语句的作用是一样的。在声明数组的时候直接对其进行赋值，按括号内的顺序赋值给数组元素，数组的大小被设置成能容纳花括号内给定值的最小整数，示意如图 5-3 所示。

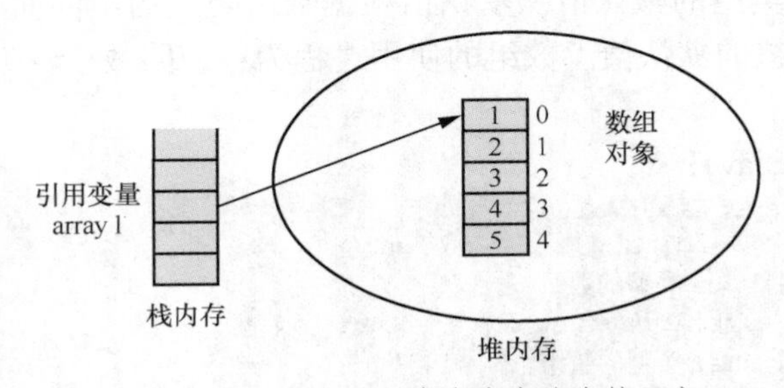

图 5-3　初始化后数组在内存中的存储示意

下面的程序演示了数组的初始化。

ArrayInital.java：

```
public class ArrayInital{
    public static void main(String args[ ]){
        //创建一个 int 类型数组
        int [ ] array1=new int[5];
        //对数组元素赋值
        array1[0]=1;
        array1[1]=2;
        array1[2]=3;
        array1[3]=4;
        array1[4]=5;
        //另一种数组创建方式
        int [ ] array2={1,2,3,4,5};
        //输出数组元素
        for(int i;i<5;i++)
            System.out.println("array1["+i+"]="+array1[i]);
        for(int i;i<5;i++)
            System.out.println("array1["+i+"]="+array2[i]);
    }
}
```

程序的运行结果如下。

```
array1[0]=1
array1[1]=2
array1[2]=3
array1[3]=4
array1[4]=5
array2[0]=1
array2[1]=2
array2[2]=3
array2[3]=4
array2[4]=5
```

可以看到数组的两种初始化效果是相同的。

5.1.4 length 实例变量

Java 中的数组是一种对象，它有自己的实例变量。事实上，数组只有一个公有实例变量，也就是 length 变量，这个变量指的是数组的长度。例如，创建下面一个数组：

```
int [ ] array1=new int [10];
```

那么 array1 的 length 值就为 10。有了 length 属性，在使用 for 循环的时候就可以不用事先知道数组的大小，而写成如下形式。

```
for(int i=0;i<arrayName.length;i++)
```

学习完这些数组基础知识后，下面进一步举例说明，该例要求平均温度并得出哪些天高于平均温度，哪些天低于平均温度。程序代码如下。

AverageTemperaturesDemo.java：

```
import java.util.*;
public class AverageTemperaturesDemo{
    public static void main(String args[ ]){
        //声明用到的变量
        int count;
        double sum,average;
```

```
        sum=0;
        double [ ]temperature=new double[7];
        //创建一个 Scanner 类的对象，用它来获得用户的输入
        Scanner sc=new Scanner(System.in);
        System.out.println("请输入七天的温度：");
        for(count=0;count<temperature.length;count++){
            //读取用户输入
            temperature[count]=sc.nextDouble();
            sum+=temperature[count];
        }
        average=sum/7;
        System.out.println("平均气温为："+average);
        //比较各天气温与平均气温
        for(count=0;count<temperature.length;count++){
            if(temperature[count]<average)
                System.out.println("第"+(count+1)+"天气温低于平均气温");
            else if(temperature[count]>average)
                System.out.println("第"+(count+1)+"天气温高于平均气温");
            else
                System.out.println("第"+(count+1)+"天气温等于平均气温");
        }
    }
}
```

程序的运行结果如下。

```
请输入七天的温度：
32
30
28
34
27
29
35
平均气温为：30.714285714285714
第 1 天气温高于平均气温
第 2 天气温低于平均气温
第 3 天气温低于平均气温
第 4 天气温高于平均气温
第 5 天气温低于平均气温
第 6 天气温低于平均气温
第 7 天气温高于平均气温
```

该程序声明一个 double 类型数组来存放每天的温度，求得平均温度后，用每天的气温与平均气温比较，得到比较结果。

数组的深入使用

5.2 数组的深入使用

5.1 节讲解了数组的创建、初始化、访问等基础知识，并编写了一个简单的小程序。在这一节里，将会涉及数组复杂一点的应用：命令行参数和数组排序。命令行参数实际上也是以数组形式存在的，而数组排序是数组的一个常见应用。

5.2.1 命令行参数

如果读者以前接触过 C 语言或其他参数语言，可能会知道命令行参数。命令行参数就是用户在执行程序时提供的一些参数，以供程序运行时使用，而不是每次都修改源程序中的数据或者通过标准输入输出读取用户输入的参数（现在比较流行使用 Scanner 类）。

仔细观察前面的程序，发现所有的 Java 程序中都有一个 main()方法，而这个方法带有一个参数 String args[ ]。这个参数就是 main()方法接收的用户输入的参数列表，即命令行参数。程序代码如下。

ArgsDemo.java：

```
public class ArgsDemo{
    public static void main(String args[ ]){
        System.out.println("共接收到"+args.length+"个参数");
        for(int i=0;i<args.length;i++){
            System.out.println("第"+i+"个参数"+args[i]);
        }
    }
}
```

编译完程序，输入如下命令执行程序。

```
java ArgsDemo name password email count
```

程序的执行结果如下：

```
共接收到 4 个参数
第 0 个参数 name
第 1 个参数 password
第 2 个参数 email
第 3 个参数 count
```

显然，参数列表数组 args 为：

```
args[0]=name
args[1]=password
args[2]=email
args[3]=count
```

执行程序的命令中，参数列表跟在 Java 程序名之后，如此例中第一个参数为“name”，各个参数之间用空格隔开。

5.2.2 数组排序

假设数组中已经有一些数据，有时候会要求对它们由大到小或者由小到大地进行排列。这时候就要用到数组排序算法，排序算法是算法和数据结构中的重要内容。本小节主要介绍选择排序、冒泡排序这两种常见的算法。

1. 选择排序

选择排序是一种比较简单的排序方法，非常容易理解。选择排序的基本思路是：对一个长度为 n 的数组进行 $n-1$ 趟遍历，第一趟遍历选出最大（或者最小）的元素，将之与数组的第一个元素交换；然后进行第二趟遍历，再从剩余的元素中选出最大（或者最小）的元素，将之与数组的第二个元素交换。这样遍历 $n-1$ 次后，得到的就为降序（或者升序）数组。

在数组的排序中需要对数组的两个元素进行交换，这时候使用赋值语句来实现，所以需要一个临时变量来存放数组元素，例如如果要交换数组元素 a[i]和 a[j]就需要使用如下操作。

```
int temp;
temp=a[i];
a[i]=a[j];
a[j]=temp;
```

这种在排序过程中需要对数组元素进行交换的排序算法，称为“交换排序算法”。选择排序就是一种典型的交换排序算法。这里先用伪代码来表示选择排序算法的基本流程，伪代码就是用类似于书面语的形式来表示程序的基本过程，便于对算法的理解。下面是排序算法的伪代码，实现由小到大的排序。

```
void sort(){
    KeyType key; //记录最小值
    int  index;  //记录最小值的位置所在
    for(int i=0;i<n-1;i++){ //从 a[i], a[2], ……, a[n]中选择最小值放入 a[i]中
        index=i;
        key=a[i];  //初始化关键字为 a[i]
        for(int j=i;j<n;j++){  //用关键字比较每个元素，如果满足条件对关键字 key 和 index 进
行调整
            if(a[j]<key){
            key=a[j];
            index=j
            }
        }
        Swap(a[i],a[index]);        //进行交换操作
    }
}
```

下面是完整的程序。

SelectionSort.java：

```
public class SelectionSort{
    public static void main(String args[ ]){
        int [ ]intArray={12,11,45,6,8,43,40,57,3,20};
        int keyValue;//数组对应的值
        int index;//索引
        int temp;
        System.out.println("排序前的数组:");
        for(int i=0;i<intArray.length;i++){
            System.out.print(intArray[i]+"");
        System.out.println();
        for(int i=0;i<intArray.length-1;i++){
            index=i;
            keyValue=intArray[i];
            for(int j=i;j<intArray.length;j++)
                if(intArray[j]<keyValue) {
                    index=j;
                    keyValue=intArray[j];
                }
            temp=intArray[i];
            intArray[i]=intArray[index];
            intArray[index]=temp;
        }
        System.out.println("排序后的数组:");
        for(int i=0;i<intArray.length;i++)
```

```
            System.out.print(intArray[i]+"");
        }
    }
```

该程序先声明了一个数组，输出其排序前的内容。然后对数组进行选择排序，再输出排序后的数组内容。程序的运行结果如下。

```
排序前的数组:
12      11      45      6       8       43      40      57      3       20
排序后的数组:
3       6       8       11      12      20      40      43      45      57
```

选择排序的效率比较低，但它的实现是很简单的，有的算法尽管效率比较高，但是实现起来比较复杂。

2. 冒泡排序

冒泡排序也是一种交换排序算法。冒泡排序的过程是，把数组中较小的元素看作“较轻”的，对它进行“上浮”操作。如果有 n 个数，则需要进行 $n-1$ 趟比较。在第 1 趟比较中要进行 $n-1$ 次两两比较，在第 j 趟比较中要进行 $n-j$ 次两两比较，最后得到有序数组。下面先介绍它的伪代码。

```
void sort(){
    //冒泡排序，数组的长度为n
        for(int i=0;i<n-1;i++)
            for(int j=0;j<n-i-1;j++)
                if(a[j]>a[j+1])
                    swap(a[j],a[j+1]);//交换操作
}
```

若有 6 个数 8、6、5、4、2、1，由小到大进行冒泡排序，第一趟比较如图 5-4 所示，第二趟比较如图 5-5 所示。

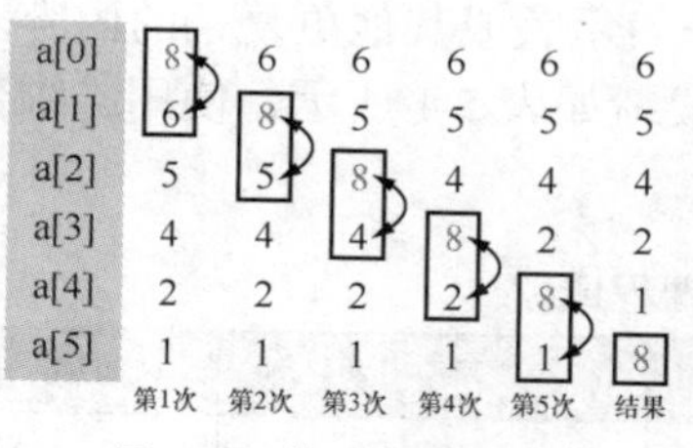

图 5-4 第一趟比较

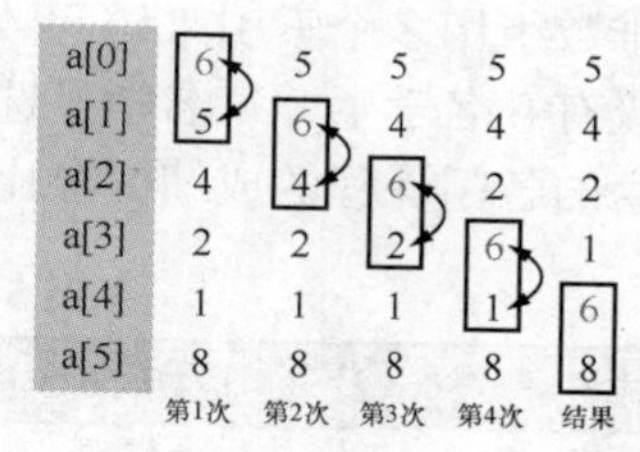

图 5-5 第二趟比较

具体的代码如下。

BubbleSort.java：

```
public class BubbleSort{
    public static void main(String args[ ]){
        int [ ]intArray={8,6,5,4,2,1};
        System.out.println("排序前的数组:");
        for(int i=0;i<intArray.length;i++)
            System.out.print(intArray[i]+" ");
        System.out.println();
        int temp;
        for(int i=0;i<intArray.length-1;i++){
            for(int j=0;j<intArray.length-1-i;j++){
                if(intArray[j]>intArray[j+1]){
                    temp=intArray[j+1];
                    intArray[j+1]=intArray[j];
```

```
                        intArray[j]=temp;
                    }
                }
            }
            System.out.println("排序后的数组:");
            for(int i=0;i<intArray.length;i++)
                System.out.print(intArray[i]+" ");
        }
    }
```

该程序先声明了一个数组，输出其排序前的内容。然后对数组进行冒泡排序，再输出排序后的数组内容。程序的运行结果如下。

```
排序前的数组:
8 6 5 4 2 1
排序后的数组:
1 2 4 5 6 8
```

冒泡排序的实现跟选择排序的差不多，但是冒泡排序的过程更简洁，由于它的这种简单性和简洁性，其成为最常用的排序算法之一。

多维数组

5.3 多维数组

前面介绍的都是一维数组，多维数组类似于空间表示中的二维空间、三维空间等。Java 是支持多维数组的，并利用多个索引来表示数组元素。本节以二维数组为例进行介绍，其他多维数组的原理与此类似。

5.3.1 多维数组基础

多维数组用多个索引来访问数组元素，它适用于表示表或其他更复杂的内容。例如，一个班级有 5 名学生，每名学生选修了 4 门课程，成绩如表 5-1 所示，使用二维数组存储每名学生的各门课程的成绩，会比较方便。

表 5-1 5 名学生的 4 门课程成绩

学号	语文	数学	英语	科学
1	89	78	98	87
2	91	90	96	98
3	86	81	91	92
4	75	94	95	93
5	93	98	90	94

声明多维数组的时候需要用一组方括号来表示索引。下面的语句用于声明一个名为 twoD 的 int 类型二维数组：

```
int [ ][ ]twoD=new int[5][4];
```

上面的语句声明了一个 5 行 4 列的二维数组，数组的初始化有以下方法，使用循环访问数组的每个元素对数组元素进行赋值。

```
for(int i=0;i<twoD2.length;i++)
for(int j=0;j<twoD2[i].length;j++)
    twoD2[i][j]=k++;
```

在上面的两个 for 循环中，twoD2.length 表示的是数组的行数，twoD2[i].length 表示的是数组的列数。下面的程序是对二维数组的应用，通过运行结果可以看到，两种初始化方法效果相同。

```
public class TwoD{
    public static void main(String args[ ]){
        //创建一个二维 int 类型数组
        int [ ][ ] twoD1={
        {1,2,3,4,5},
        {6,7,8,9,10},
        {11,12,13,14,15},
        {16,17,18,19,20},
        {21,22,23,24,25}
        };
        //另一种创建方式
        int [ ][ ]twoD2=new int[5][5];
        int k=1;
        for(int i=0;i<twoD2.length;i++)
            for(int j=0;j<twoD2[i].length;j++)
                twoD2[i][j]=k++;
        System.out.println("输出数组 twoD1:");
        //使用双重循环访问数组
        for(int i=0;i<twoD1.length;i++){
            for(int j=0;j<twoD1[i].length;j++)
                System.out.print(twoD1[i][j]+"");
            System.out.println();
        }
        System.out.println("输出数组 twoD2:");
        for(int i=0;i<twoD2.length;i++){
            for(int j=0;j<twoD2[i].length;j++)
                System.out.print(twoD2[i][j]+"");
            System.out.println();
        }
    }
}
```

程序的运行结果如下。

```
输出数组 twoD1:
1       2       3       4       5
6       7       8       9       10
11      12      13      14      15
16      17      18      19      20
21      22      23      24      25
输出数组 twoD2:
1       2       3       4       5
6       7       8       9       10
11      12      13      14      15
16      17      18      19      20
21      22      23      24      25
```

5.3.2 多维数组的实现

在 Java 中实际上只有一维数组，多维数组可看作数组的数组。例如，声明如下一个二维数组。

```
int [ ][ ]twoD=new int[2][3];
```

或者

```
int[][] twoD=new int[][]{{1,2,3},{4,5,6}};
```

二维数组 twoD 的实现是数组类型变量指向一个一维数组，这个数组有两个元素，而这两个元素都是一个有 3 个 int 类型数据的数组。

twoD 数组在内存中的存储示意如图 5-6 所示。

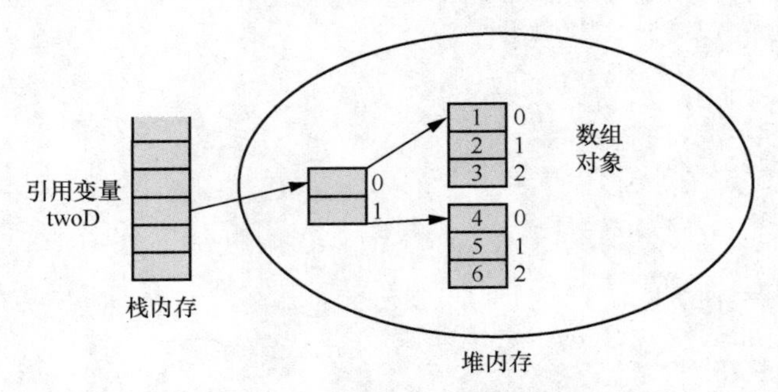

图 5-6 twoD 数组在内存中的存储示意

twoD[i]表示指向第 i 个子数组，它也是一个数组类型，甚至可以将它赋值给另一个相同大小、相同类型的数组。

下面的程序先声明了一个二维数组，然后把这个二维数组的第一行赋值给另一个数组，并且交换这个二维数组的第一行和最后一行。

TwoD2.java：

```
public class TwoD2{
    public static void main(String args[ ]){
        //创建一个二维数组
        int [ ][ ] twoD1={
        {1,2,3,4,5},
        {6,7,8,9,10},
        {11,12,13,14,15},
        {16,17,18,19,20}
        {21,22,23,24,25}
        };
        //创建一个一维数组作为中间变量
        int [ ]array1=new int[5];
        //把 twoD1 的第一行赋值给 array1
        array1=twoD1[0];
        //交换二维数组的两行
        twoD1[0]=twoD1[4];
        twoD1[4]=array1;
        System.out.println("得到的一维数组 array1");
        for(int i=0;i<array1.length;i++)
            System.out.print(array1[i]+"");
        System.out.println();
        System.out.println("交换后的二维数组 twoD1");
        for(int i=0;i<twoD1.length;i++){
            for(int j=0;j<twoD1[i].length;j++)
                System.out.print(twoD1[i][j]+"");
            System.out.println();
        }
    }
}
```

程序的运行结果如下。

```
得到的一维数组 array1
1        2        3        4        5
交换后的二维数组 twoD1
21       22       23       24       25
6        7        8        9        10
11       12       13       14       15
16       17       18       19       20
1        2        3        4        5
```

5.3.3 不规则数组

既然 Java 中的多维数组实质上都是一维数组，那么数组中每行的列数是否可以不同？答案是肯定的。这一小节将介绍这类不规则数组。例如，可以按如下所示声明一个二维数组：

```
int [ ][ ]twoD=new int[4][ ];
```

数组的行数在声明数组时必须确定，列数可以再确定。上面的数组就可以按如下的声明确定各个行的列数。

```
twoD[0]=new int[1];
twoD[1]=new int[2];
twoD[2]=new int[3];
twoD[3]=new int[4];
```

经过上面的声明，在二维数组 twoD 中，第一行有一个元素，第二行有两个元素，第三行有 3 个元素，第四行有 4 个元素。这个数组是一个不规则的数组，不规则数组在内存中的存储示意如图 5-7 所示。

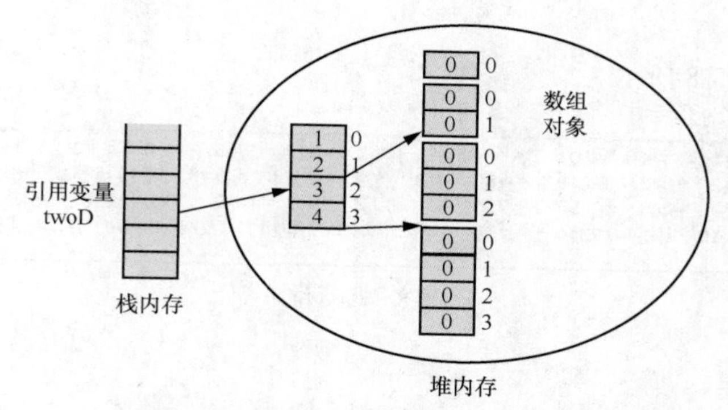

图 5-7　不规则数组在内存中的存储示意

下面的程序完整地演示了不规则数组的声明和使用。

TwoD3.java：

```
public class TwoD3{
    public static void main(String args[ ]){
        //创建一个二维数组，指定它的行数
        int [ ][ ]twoD=new int[4][ ];
        //指定各行的列数
        twoD[0]=new int[1];
        twoD[1]=new int[2];
        twoD[2]=new int[3];
        twoD[3]=new int[4];
        int k=1;
        //对数组元素进行赋值
        for(int i=0;i<twoD.length;i++)
            for(int j=0;j<twoD[i].length;j++)
```

```
                twoD[i][j]=k++;
        System.out.println("得到的不规则二维数组为: ");
        for(int i=0;i<twoD.length;i++){
            for(int j=0;j<twoD[i].length;j++)
                System.out.print(twoD[i][j]+"");
            System.out.println();
        }
    }
}
```

程序的运行结果如下。

```
得到的不规则二维数组为:
1
2       3
4       5       6
7       8       9       10
```

需要注意的一点是，程序中 twoD.length 表示二维数组 twoD 的行数，而 twoD[i].length 表示第 i 行的列数。

5.4 案例实战：桥牌发牌

1. 案例描述

编写一个桥牌发牌程序，可以根据玩家人数和每人发牌张数，随机发给每人 4 种花色的牌。

2. 运行结果

运行结果如图 5-8 所示。

```
第1位玩家的牌为：红桃1    方片K    梅花Q    黑桃K    梅花1    黑桃3    红桃7    方片5    方片8    黑桃2    黑桃5    红桃10    梅花7
第2位玩家的牌为：红桃2    方片2    梅花10    黑桃8    方片3    方片J    红桃J    黑桃4    红桃3    黑桃1    方片6    红桃K    黑桃6
第3位玩家的牌为：红桃9    梅花4    梅花5    方片7    梅花J    梅花2    梅花3    黑桃9    方片Q    红桃Q    梅花K    方片9    红桃6
第4位玩家的牌为：黑桃10    红桃4    方片4    方片10    红桃8    梅花8    黑桃J    黑桃7    红桃5    方片1    黑桃Q    梅花9    梅花6
```

图 5-8 运行结果

3. 案例目标

- 学会分析“桥牌发牌”程序的实现思路。
- 根据思路独立完成“桥牌发牌”的源代码编写、编译及运行。
- 掌握在程序中使用 for 循环和数组进行运算的操作。

4. 案例思路

（1）定义一个 4 行 13 列的二维数组 a，行标为花色（0 为红桃、1 为黑桃、2 为方片、3 为梅花），列标为大小，开始时将数组元素赋值为 0。

（2）通过二重循环生成每个玩家的手牌，用外循环控制玩家数，用内循环控制生成每位玩家手牌。

5. 案例实现

“桥牌发牌”程序的实现代码如下所示。

Poker.java

```
1  import java.util.Scanner;
2  public class Poker {
3      public static void main(String[] args) {
```

```
4          // 桥牌发牌程序
5          // 判断输入的数字是否符合规则
6          int player;
7          int card;
8          Scanner sc = new Scanner(System.in);
9          System.out.println("请输入玩家数和每位玩家手牌数");
10         player = sc.nextInt();
11         card = sc.nextInt();
12         if (player > 52 || player < 1) {
13             System.out.println("请输入正确玩家数");
14         }
15         if (player * card > 52) {
16             System.out.println("发牌总数不能多于牌总数");
17         }
18         /*
19          * 定义牌的数组，行标为花色（0为红桃、1为黑桃、2为方片、3为梅花），列标为大小
20          */
21         int[][] a = new int[4][13];
22         for (int b = 0; b < 4; b++) {
23             for (int c = 0; c < 13; c++) {
24                 a[b][c] = 0;
25             }
26         }
27         // 随机发牌
28         for (int players = 1; player > 0; player--, players++) {
29             System.out.print("第" + players + "位玩家的牌为：");
30             for (int C = 0; C < card;) {
31                 int i = (int) (Math.random() * 4);// 花色
32                 int j = (int) (Math.random() * 13);// 数字
33                 if (a[i][j] != -1) {
34                     a[i][j] = -1;
35                     C++;
36                     // 花色
37                     if (i == 0) {
38                         System.out.print("红桃");
39                     }
40                     if (i == 1) {
41                         System.out.print("黑桃");
42                     }
43                     if (i == 2) {
44                         System.out.print("方片");
45                     }
46                     if (i == 3) {
47                         System.out.print("梅花");
48                     }
49                     // JQK
50                     if ((j + 1) < 11) {
51                         System.out.print((j + 1) + "  ");
52                     }
53                     if ((j + 1) == 11) {
54                         System.out.print("J" + "  ");
55                     }
56                     if ((j + 1) == 12) {
57                         System.out.print("Q" + "  ");
58                     }
59                     if ((j + 1) == 13) {
```

```
60                          System.out.print("K" + "  ");
61                      }
62                  }
63              }
64              System.out.println();
65          }
66      }
67  }
```

第 21 ~ 26 行代码定义了一个 4 行 13 列的数组 a，开始时将元素全部赋值为 0；第 28 行代码 players 用于控制玩家数；第 31 ~ 32 行代码随机生成 4 种花色之一和 1 ~ 13 的大小；第 33 ~ 34 行代码 a[i][j] = -1 表示此种花色和大小的牌已经生成，a[i][j] = 0 表示此种花色和大小的牌没有生成；第 37 ~ 61 行代码输出刚生成牌的花色和大小。

5.5 for-each 循环语句

for-each 循环是 Java SE 5 中引入的新功能，它是 for 循环的一种缩略形式，通过它可以简化复杂的 for 循环结构。for-each 循环主要用在集合（如数组）中，按照严格的方式，从开始到结束循环，它的使用是非常方便的。

5.5.1 for-each 循环的一般使用

前面在获取数组中的所有元素时，通常使用 for 循环，可以看出是比较麻烦的。在新版本的 Java 中就可以使用 for-each 循环来进行数组元素获取，其相对简单得多。for-each 循环的一般格式如下。

```
for(数据类型 变量 : 集合)
    语句块
```

在 for 关键字后面的括号里先是集合或数组的数据类型，接着是一个元素用于进行操作，它代表了当前访问的集合或数组元素，然后是一个冒号，最后是要访问的集合或数组。一般访问一个数组常用的格式如下。

```
int sum=0;
int [ ]nums={1,2,3,4,5,6,7,8,9,0};
for(int i=0;i<nums.length;i++)
    sum=+nums[i];
```

这种方式是比较复杂的，如果使用 for-each 循环来重写该段代码，则是非常简单的，它的格式如下。

```
int sum=0;
int [ ]nums={1,2,3,4,5,6,7,8,9,0};
for(int i:nums)
    sum+=i;
```

下面是一个完整的示例程序。

```
public class ForEach{
    public static void main(String[ ] args){
        int sum=0;
        int [ ]nums={1,2,3,4,5,6,7,8,9,0};
        for(int i:nums){
            System.out.println("数组元素: "+i);
            sum+=i;
        }
        System.out.println("数组元素和: "+sum);
```

```
        }
    }
```

程序的运行结果如下。

```
数组元素：1
数组元素：2
数组元素：3
数组元素：4
数组元素：5
数组元素：6
数组元素：7
数组元素：8
数组元素：9
数组元素：0
数组元素和：45
```

5.5.2 使用 for-each 循环访问多维数组

在前面的学习中，并没有使用 for 循环来获取一个多维数组的每一个元素，这是因为该方法是很复杂的。在学习了 for-each 循环后，该操作就相对比较简单了。在 for-each 循环中是可以循环访问多维数组的，它的格式如下。

```
int nums[ ][ ]=new int[5][5];
for(int x[ ]:nums)
for(int y:x)
//对元素进行操作
```

在第一个 for 循环中，访问得到一个一维数组，在第二次循环中把第一次访问得到的数组作为其要访问的数组，就可访问到数组元素。下面是完整的程序。

ForEach1.java：

```
public class ForEach1{
    public static void main(String[ ] args){
        int sum=0;
        //定义二维数组
        int nums[ ][ ]=new int[4][4];
        int k=0;
        for(int i=0;i<4;i++)
            for(int j=0;j<4;j++)
                nums[i][j]=k++;
        //用双重循环来访问二维数组
        for(int x[ ]:nums)
            for(int y:x){
                System.out.println("数组元素："+y);
                sum+=y;
            }
        System.out.println("数组元素和："+sum);
    }
}
```

该程序先声明了一个二维数组，并通过普通的嵌套循环对其赋值，然后通过 for-each 循环对其进行访问求和操作。程序的运行结果如下。

```
数组元素：0
数组元素：1
```

```
数组元素：2
数组元素：3
数组元素：4
数组元素：5
数组元素：6
数组元素：7
数组元素：8
数组元素：9
数组元素：10
数组元素：11
数组元素：12
数组元素：13
数组元素：14
数组元素：15
数组元素和：120
```

5.6 案例实战：整数堆栈

1. 案例描述

堆栈是计算机中一种常用的数据结构，遵循先进后出（First In Last Out，FILO）的存取规则，Java 中可以使用数组、集合等多种方法实现堆栈功能，本例采用数组实现堆栈中的如下功能。

（1）堆栈的初始化功能，大小为 100 个 Integer 类型数据。

（2）入栈。

（3）出栈。

（4）获取栈顶元素。

（5）判断堆栈是否为空。

2. 运行结果

运行结果如图 5-9 所示。

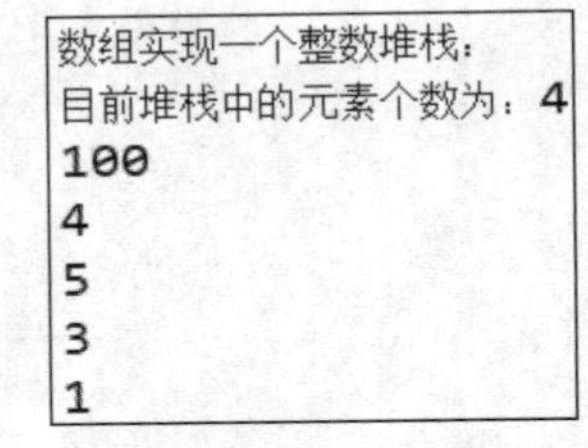

图 5-9 运行结果

3. 案例目标

- 学会分析“整数堆栈”案例的实现思路。
- 根据思路独立完成“整数堆栈”程序的源代码编写、编译及运行。
- 掌握堆栈先进后出工作原理。

4. 案例思路

（1）初始化一个有 100 个 Integer 类型元素的数组。

（2）用一个数组的索引 size 代表堆栈的栈顶指针，size 的初始值为 0。

（3）入栈一次，element[++size]=value，出栈一次 return element[size--]。

（4）size==0 表示当前堆栈为空。

5. 案例实现

定义堆栈，代码如下所示。

StackTest.java：

```
1  public class StackTest {
2      public static void main(String[] args){
3          System.out.println("数组实现一个整数堆栈：");
4          Stack stack = new Stack();
5          stack.push(new Integer(1));
6          stack.push(new Integer(3));
7          stack.push(new Integer(4));
8          stack.push(new Integer(100));
9          System.out.println("目前堆栈中的元素个数为："+stack.getSize());
10         System.out.println(stack.pop());
11         System.out.println(stack.pop());
12         stack.push(new Integer(5));
13         System.out.println(stack.pop());
14         System.out.println(stack.pop());
15         System.out.println(stack.pop());
16
17     }
18 }
19 //使用数组定义一个堆栈
20 class Stack {
21     private Integer[] element ;
22     private int size=0;
23     public static final  int CAPACITY=100;
24     public  Stack() {
25         this(CAPACITY);
26     }
27     public  Stack(int capacity) {
28         element=new Integer[capacity];
29     }
30     //入栈
31     public void push(Integer value){
32         if(size>=element.length) {
33             //创建一个长度是原来两倍的数组
34             Integer[] temp=new Integer[element.length*2];
35             System.arraycopy(element, 0, temp, 0,element.length);
36             element=temp;
37         }
38         element[++size]=value;
39     }
40
41     //出栈
42     public Integer pop(){
43         if(size>0){
44             return element[size--];
45         }
46         return -1;
47     }
48     public Integer peek(){
49         return element[size];
50
51     }
52     //判断堆栈是否为空
53     public boolean isEmpty(){
54         return size==0;
55
56     }
57     public int getSize(){
58         return size;
59     }
60 }
```

第 20 ~ 60 行代码采用 Integer 数组定义一个堆栈，实现堆栈的初始化、入栈、出栈、获取栈顶元素和判断堆栈是否为空的操作。

5.7 小结

（1）数组是相同类型的变量按顺序组成的一种复合数据类型，这些相同类型的变量称为数组的元素或单元。数组可以是一维、二维、三维或更高维，一般一维和二维数组较常使用。

（2）数组在使用之前必须先声明数组，并使用 new 创建数组（分配内存空间），也可以通过初始化的方式创建数组，数组创建后就可以访问数组中的元素。

（3）访问数组中的元素时下标不能越界，任何一个数组都可以通过数组名访问属性（实例变量）length 确定数组的长度。

（4）对数组元素的遍历可以用常规的循环语句，也可用 for-each 循环语句。

5.8 习题

（1）怎样获取数组的长度？怎样获取二维数组中一维数组的个数？

（2）以下数组声明，错误的是（　　）。

A. int[] a;　　B. int a[3];　　C. int a[]={1,2,3};　　D. int a[]=new int[3];

（3）用冒泡排序算法对数据 34、23、1、78、6、45、23、90、45、66 进行排序。

（4）找出一个二维数组的鞍点，鞍点指某数组元素的值在其所在行上最大、在其所在列上最小，也可能没有鞍点。

第6章 子类和继承

主要内容

- 子类
- 成员变量的隐藏和方法重写
- super 关键字
- final 关键字
- 对象的上转型
- 多态与动态绑定
- 抽象类
- Object 类
- 类的关系

继承是面向对象程序设计的重要特征之一。顾名思义，继承就是在现有类的基础上构建新类以满足新的要求。在继承过程中，新的类继承原来的类的方法和变量，并且能添加自己的方法和变量。本章主要讲解的内容包括派生类（子类）的创建与使用、方法重写、抽象类的定义与使用、多态与动态绑定以及 Object 类。

子类

6.1 子类

运用继承，可以先创建一个通用类，定义一系列相关属性的一般特性。该类可以被更具体的类继承，每个具体的类都增加一些自己特有的东西。在 Java 中，被继承的类叫超类（Superclass）或父类，继承超类的类叫子类或派生类（Subclass）。子类不能继承父类中访问权限为 private 的成员变量和方法。子类可以重写父类的方法，以及命名与父类同名的成员变量。Java 不支持多重继承，所以一个子类最多只有一个直接父类。

通过继承实现代码复用，如果一个类没有使用 extends 关键字，则这个类被系统默认为是 java.lang.Object 类的子类，Java 中的所有类都是通过直接或间接地继承 java.lang.Object 类得到的。

6.1.1 子类的创建

子类的创建

在 Java 中，继承是通过关键字 extends 来实现的，在定义类时使用 extends 关键字指出新定义的类的父类，就会在这两个类之间建立继承关系。格式如下：

```
class Subclass extends Superclass{
......
}
```

新定义的类称为子类，它从父类那里继承了所有非 private 访问权限的成员作为自己的成员。例如：

TestSub.java：

```
class People{
    String name;
    int age;
    public People(){
        System.out.println("调用了父类的构造方法");
    }
    void setNameAge(String name,int age){
        this.name = name;
        this.age  = age;
    }
    public  void show(){
        System.out.println("姓名："+name+"年龄"+age);
    }
}
class Student extends People{//继承父类 People
    String department;
    public Student(){
        System.out.println("调用了子类的构造方法");
    }
    void setDepartment(String dep){
        department = dep;
        System.out.println("我是"+ department +"的学生");
    }
}
public class TestSub{
    public static void main(String args[]){
        Student stu = new Student();
        stu.setNameAge("叶明" ,20);
        stu.show();
        stu.setDepartment("计算机系");

    }
}
```

运行结果如图 6-1 所示。

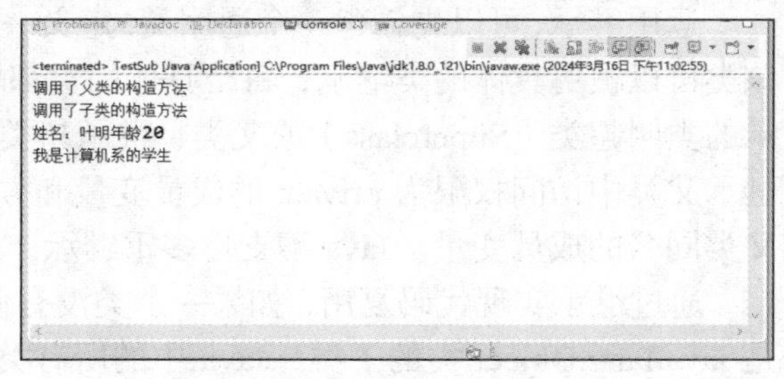

图 6-1　运行结果

上面的例子定义了 3 个类 People、Student、TestSub，其中，People 为 Student 的父类，在定义 Student 类时用 extends 关键字表明它继承自父类 People。People 类有两个成员变量 name、age，一个无参构造方法 People()，两个成员方法 setNameAge() 和 show()。继承自 People 的子类新建立了一个成员变量 department、一个无参构造方法 Student()和一个成员方法 setDepartment()。

6.1.2　子类调用父类中特定的构造方法

通过前面的例子可知，程序中没有明确指定子类调用父类的构造方法，但是程序在创建子类对象时还是会先调用父类中的无参构造方法，进行初始化操作。那么子类对象的创建过程是怎么样的？答案是从顶层的基类开始往下一层层地调用默认构造方法。示例如下。

CallConstructor.java：

```
class A {
    A() {
        System.out.println("调用A的构造方法");
    }
}
//B类继承A类
class B extends A {
    B() {
        System.out.println("调用B的构造方法");
    }
}
//C类继承B类
class C extends B {
    C() {
        System.out.println("调用C的构造方法");
    }
}
//通过该类演示对象的构造过程
public class CallConstructor {
    public static void main(String[ ] args) {
        C c = new C();
    }
}
```

程序的运行结果如下。

```
调用A的构造方法
调用B的构造方法
调用C的构造方法
```

该程序定义了3个类A、B、C，其中，B继承自A，C继承自B，当创建一个C类的对象时候，会自动调用父类的无参构造方法。如果想调用父类的有参构造方法，需要使用super关键字，调用父类的构造方法语句应该是子类构造方法的第一行语句。修改上面的程序，如下所示。

CallConstructor2.java：

```
class A {
    A(){                            //A类的无参构造方法
        System.out.println("调用A的构造方法");
    }
    A(int i) {                      //A类的有参构造方法
        System.out.println("调用A的有参构造方法");
    }
}
class B extends A {                 //让B类继承A类
    B() {                           //B类的无参构造方法
        System.out.println("调用B的构造方法");
    }
    B(int i){                       //B类的有参构造方法
        super(i);                   //调用父类也就是A类的有参构造方法
        System.out.println("调用B的有参构造方法");
    }
}
class C extends B {                 //让C类继承B类
    C() {                           //C类无参构造方法
        System.out.println("调用C的构造方法");
    }
```

```
    C(int i){                            //C类的有参构造方法
        super(i);                        //调用父类也就是B类的有参构造方法
        System.out.println("调用C的有参构造方法");
    }
}
public class CallConstructor2 {
    public static void main(String[ ] args) {
        C c = new C();                   //创建C类对象
        C c0=new C(5);                   //创建C类的具有参数对象
    }
}
```

给每个类都加上有参构造方法，在有参构造方法中，通过 super 关键字调用其父类构造方法。在 CallConstructor2 中构建两个不同的对象，通过程序的输出可以看出这两个对象的构建过程。程序的运行结果如下。

```
调用A的构造方法
调用B的构造方法
调用C的构造方法
调用A的有参构造方法
调用B的有参构造方法
调用C的有参构造方法
```

要注意的是，在 C++中，一个类是可以有多个父类的，这样会使语言变得非常复杂，而且多重继承不是必需的。Java 改进了 C++的这一点，不支持多重继承，一个类的直接父类只能有一个。

成员变量的隐藏和方法重写

6.2 成员变量的隐藏和方法重写

6.2.1 成员变量的隐藏

在编写子类时如果所声明的成员变量的名字与从父类继承来的成员变量的名字相同，子类就隐藏了继承的父类成员变量，即用子类对象以及子类自己声明定义的方法操作与父类同名的成员变量时，操作的是子类重新声明定义的成员变量，但子类对象仍然可以使用从父类继承的方法操作隐藏的成员变量。

下面的例子中，A 类有一个名为 x 的成员变量，本来子类 B 继承了这个变量 x，但出于某种原因在 B 类中又重新定义了一个变量 x，这时在 B 类中就隐藏了从 A 类继承的变量 x。但是子类对象仍然可以调用从 A 类继承的方法实现对隐藏变量 x 的操作。程序运行结果如图 6-2 所示。

TestA.java

```
class A {
    public double x=6.5;
    public double getHiddenX() {
        return x;
    }
}
class B extends A {
    public int x;
    public int getX(){
        return x;
    }
}
```

```
public class TestA {
    public static void main(String args[]) {
        B b=new B();
        //b.x=75.8; 是非法的，因为子类对象的变量 n 已经不是 double 类型
        b.x = 20;
        System.out.println("对象 b 的 n 的值是:"+b.getX());
        System.out.println("对象 b 隐藏的 n 的值是:"+b.getHiddenX());
    }
}
```

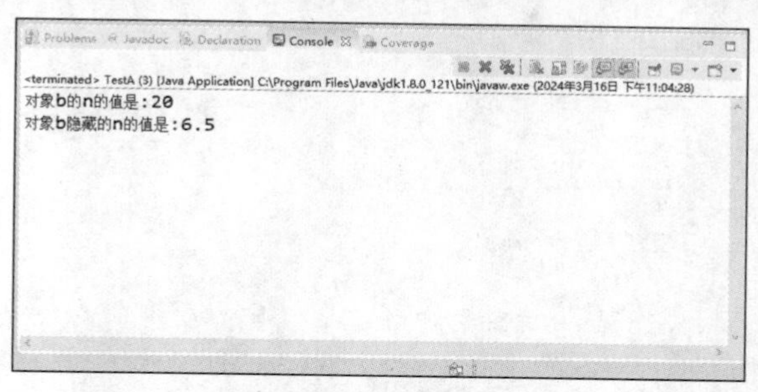

图 6-2 运行结果

6.2.2 方法重写

方法重写（Override）与方法重载非常相似，但方法重写应用在继承的场合。方法重写是指子类中定义一个方法，这个方法的类型和父类方法的类型一致或者是父类方法的类型的子类型，并且这个方法的名字、参数个数、参数的类型和父类方法的完全相同。这样定义子类的方法称为子类的方法重写。

编程可能会碰到下面的情况，在父类中已经实现的方法可能不够精确，不能满足子类的需求。例如在下面的 Animal 类中，breath()方法就过于简单，由于鱼类动物是用鳃呼吸的，而哺乳动物是用肺呼吸的，如何用代码实现？Java 提供的方法重写可以用来解决这方面的问题。

下面的程序先定义了一个父类 Animal，然后定义 Animal 的 3 个子类 Tiger、Fish 和 Dog，在父类中提供了 3 个方法 eat()、breath()、sleep()，在两个子类 Tiger 和 Fish 中重新定义了 breath()方法，在 Dog 类中什么都没做。在 OverloadDemo 中，创建了一个 Fish 对象、一个 Tiger 对象和一个 Dog 对象，分别调用 breath()方法。

OverloadDemo.java：

```
class Animal {
    String type;                //种类
    String name;                //名称
    int age;                    //年龄
    int weight;                 //体重
    void eat() {                //吃饭方法
        System.out.println("动物爱吃饭");
    }
    void breath() {             //呼吸方法
        System.out.println("动物呼吸");
    }
    void sleep() {              //睡觉方法
        System.out.println("动物在睡觉");
    }
}
```

```java
//Tiger类继承Animal类
class Tiger extends Animal {
    String tigerType;          //老虎种类
    String from;               //定义老虎独有变量
    //Tiger类自己的方法
    void tigerRun() {          //老虎的奔跑方法
        System.out.println("老虎在奔跑");
    }
    void breath(){             //重写呼吸方法
        System.out.println("老虎是用肺呼吸的");
    }
}
//Fish类继承Animal类
class Fish extends Animal{
    String fishType;
    //Fish类自己的方法
    void swim(){
        System.out.println("鱼在游泳");
    }
    void breath(){             //重写呼吸方法
        System.out.println("鱼是用鳃呼吸的");
    }
}
class Dog extends Animal{
//空语句
}
public class OverloadDemo{
    public static void main(String[ ] args) {
        //声明3个不同的对象
        Tiger tiger=new Tiger();
        Fish fish=new Fish();
        Dog dog=new Dog();
        //都调用breath()方法
        tiger.breath();
        fish.breath();
        dog.breath();
    }
}
```

程序的运行结果如下。

```
老虎是用肺呼吸的
鱼是用鳃呼吸的
动物呼吸
```

6.3 super关键字

super关键字

与类中的this关键字相似，Java中使用关键字super表示父类对象。在子类中使用super关键字作为前缀可以引用被子类隐藏的父类变量或被子类重写的父类方法。super关键字用来引用当前对象的父类，虽然构造方法不能被继承，但利用super关键字，在子类的构造方法中也可以调用父类的构造方法。

super关键字的使用有两种情况。

1. 操作被隐藏的成员变量和成员方法

访问父类被隐藏的成员变量，一般格式为：

```java
super.variable;
```

调用父类中被重写的成员方法，一般格式为：

```
super.Method([参数列表]);
```

假如成员变量 x 和成员方法 y()分别是被子类隐藏的父类的成员变量和成员方法，则：

```
super.x//表示父类的成员变量 x
super.y()//表示父类的成员方法 y()
```

例如下面的程序利用 super 关键字操作父类被隐藏和重写的成员变量和成员方法。

TestSuper.java：

```
class  A{
    int n;
    float f(){
        float sum=0;
        for(int i=1;i<=n;i++){
            sum=sum+i;
        }
        return sum;
    }
}
class B extends A{
    int n;
    float f(){
        float c;
        super.n=n;
        c=super.f();
        return c / n;
    }
    float g(){
        float c;
        c=super.f();
        return c / 2;
    }
}
public class TestSuper{
    public static void  main(String args[]) {
        B aver=new B();
        aver.n=100;
        System.out.println("result_one="+aver.f());
        System.out.println("result_two="+aver.g());
    }
}
```

运行结果如图 6-3 所示。

```
result_one=50.5
result_two=2525.0
```

图 6-3　运行结果

2. 使用 super 关键字调用父类的构造方法

当子类用构造方法创建一个子类对象时，子类的构造方法总是先调用父类的某个构造方法，如果子类的构造方法没有明显说明调用父类的哪个构造方法，子类的构造方法默认调用无参构造方法，相当于：

```
super();
```

若子类想调用父类的有参构造方法，那么要用以下格式调用：

```
super([参数列表]);
```

并且该语句必须位于子类构造方法中的第一条语句。例如：

TestSuper1.java：

```
class Animal {
    public int age = 10;
    //有参构造方法
    public Animal(int age){
        this.age = age;
        System.out.println("Animal类的构造方法 run");
```

```
    }
}
 class Dog extends Animal {
    //构造方法
    public Dog(){
        /*
        由于父类并没有无参构造方法（隐式调用会报错），
        子类的构造方法又必须调用父类的构造方法，
        所以必须显式调用父类的有参构造方法，
        而且必须在子类构造方法的第一行
        */
        //super();  这样写无法编译成功
        super(10);
        System.out.println("Dog类的构造方法 run");
    }
}
public class TestSpuer1 {
    public static void main(String[] args) {
        Dog d1 = new Dog();
    }
}
```

运行结果如图 6-4 所示。

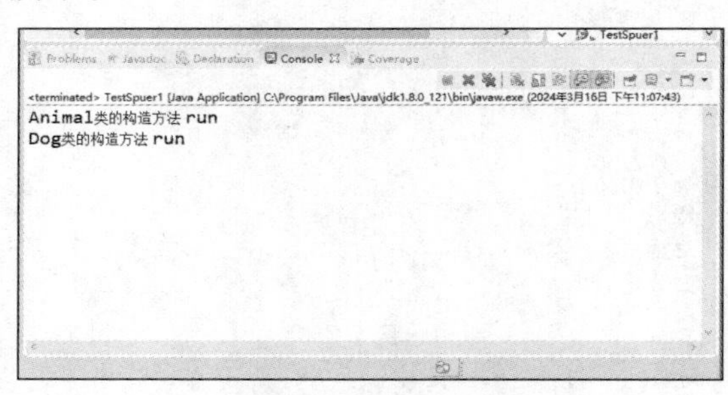

图 6-4　运行结果

需要注意的是，若子类调用父类的构造方法，在子类的构造方法中省略掉 super 关键字，则系统默认有 super()，即调用父类的无参构造方法。由于 Java 规定如果一个类中含有一个或多个构造方法，系统不提供默认的构造方法（无参构造方法），所以当在父类中定义了多个构造方法时，应考虑定义一个无参构造方法，以防止子类省略 super 关键字时出现错误。

final 关键字

6.4 final 关键字

编程时可能需要把类定义为不能被继承，即最终类，或者是有的方法不希望被子类重写（老老实实继承，不允许对方法有任何改动），这时就需要使用 final 关键字来声明。把类或方法声明为 final 类或 final()方法的操作很简单，在类前面加上 final 关键字即可。

```
final class 类名 extends 父类{ //定义为 final 类，不能被继承
    //类体
}
```

方法也可以被声明为 final，形式如下。

```
修饰符 final 返回值类型 方法名(){
    //方法体
}
```

例如：

```
public final void run(){
    //方法体
}
```

需要注意的是，实例变量也可以被定义为 final，被定义为 final 的变量不能被修改，就是常变量。如下面的程序：

TestFinal.java：

```
class E {
    final  double PI=3.14159;// PI 是常量
    public  double getArea(final double r) {
        return  PI*r*r;
    }
    public  final void cry() {
        System.out.println("汪汪");
    }
}
public class TestFinal {
    public static void main(String args[]) {
        E e=new E();
        System.out.println("面积: "+e.getArea(5));
        e.cry();
    }
}
```

被声明为 final 类的方法自动地被声明为 final，但是它的实例变量并不一定是 final 的。

6.5 对象的上转型

如果 B 类是 A 类的子类或间接子类，当用 B 类创建对象 b 并将这个对象 b 的引用赋给 A 类对象 a 时，如：

对象的上转型

```
A a;
a = new B();
```

或者

```
A a;
B b = new B();
a = b;
```

则称 A 类对象 a 是 B 类对象 b 的上转型对象。联系到生活中，狗可以是从动物类中继承的，所以狗是动物，从人的思维角度来说，这是一种“上溯思维”方式。下面再举一个例子来说明。

TestUp.java：

```
class Animal{
    void crySpeak(){
        System.out.println("我是一只动物");
    }
}
class Dog extends Animal{
    void computer(int a,int b){
        int c=a*b;
        System.out.println(c);
    }
    void crySpeak( ){
        System.out.println("汪汪...");
    }
}
public class TestUp {
    public static void main(String[] args) {
```

```
            Animal animal=new Dog();
            animal.crySpeak();
            Dog dog=(Dog) animal;
            dog.computer(10,10);
        }
}
```

运行结果如图 6-5 所示。

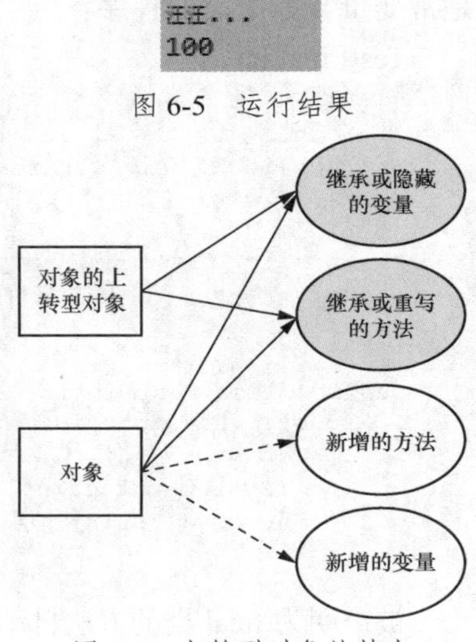

图 6-5　运行结果

图 6-6　上转型对象的特点

对象的上转型对象的实体是子类负责创建的，但上转型对象会失去原对象的一些属性和功能（上转型对象相当于子类对象的一个“简化”对象）。上转型对象的特点如图 6-6 所示。

（1）上转型对象不能操作子类新增的变量（失去了这部分属性），也不能调用子类新增的方法（失去了一些行为）。

（2）上转型对象可以访问子类继承或隐藏的变量，也可以调用子类继承或重写的方法。上转型对象操作子类继承或重写的方法，其作用等价于子类对象去调用这些方法。因此，如果子类重写了父类的某个实例方法，当对象的上转型对象调用这个实例方法时，一定是调用了子类重写的实例方法。

6.6　多态与动态绑定

多态是面向对象程序设计语言的又一重要特性。多态是指由继承产生相关不同的类，其对象会对同一消息做出不同的响应。多态性是指系统在运行时判断应该执行对象哪个方法的代码的能力。

6.6.1　多态的定义

将方法调用与方法体关联起来称为方法绑定。在程序执行前进行绑定叫作静态绑定，例如，C 语言的函数调用就是用了静态绑定。在程序运行时根据对象的类型进行绑定叫作动态绑定，例如，当调用实例方法时，对象的实际类型在运行时决定使用方法的哪一种实现，这就是动态绑定。Java 中除 static 方法和 final 方法 private 方位和构造方位，其他方位都采用动态绑定。

对于一个子类实例，如果子类重写了父类的方法，则子类实例运行时调用子类的方法；如果子类继承了父类的方法，则子类实例运行时调用父类的方法。

有了方法的动态绑定，就可以编写与基类交互的代码，并且此代码对所有的子类都可以正常运行。

下面的程序演示了动态绑定。定义父类 Animal、子类 Tiger 以及子类 Fish 如下。

DynamicMethodDemo.java：

```
class Animal {
    String type;
    String name;
    int age;
```

```
    int weight;
    void eat() {
        System.out.println("动物爱吃饭");
    }
    void breath() {
        System.out.println("动物呼吸");
    }
    void sleep() {
        System.out.println("动物在睡觉");
    }
}
class Tiger extends Animal {
    String tigerType;
    String from;
    void tigerRun() {
        System.out.println("老虎在奔跑");
    }
    void breath(){
        System.out.println("老虎是用肺呼吸的");
    }
}
class Fish extends Animal{
    String fishType;
    void swim(){
        System.out.println("鱼在游泳");
    }
    void breath(){
        System.out.println("鱼是用鳃呼吸的");
    }
}
```

演示程序如下。

```
public class DynamicMethodDemo  {
    public static void main(String args[]){
        Animal []animal=new Animal[3];
        //创建不同的对象，但是都存入Animal类的引用中
        animal[0]=new Animal();
        animal[1]=new Tiger();
        animal[2]=new Fish();
        animal[0].breath();
        animal[1].breath();
        animal[2].breath();
    }
}
```

该程序定义了Animal类和两个子类——Tiger类、Fish类，子类中重写了breath()方法；定义了一个用于存放Animal对象的数组animal，animal数组的3个元素分别存放一个Animal对象、一个Tiger对象、一个Fish对象，然后让这3个对象调用breath()方法。程序的运行结果如下。

```
动物呼吸
老虎是用肺呼吸的
鱼是用鳃呼吸的
```

在Java中，对象是多态的，定义一个Animal对象，它既可以存放Animal对象，也可以存放Animal的子类Tiger、Fish的对象。

存放在Animal中的Tiger对象和Fish对象在执行breath()方法时会自动调用原来对象的方法而不是Animal的breath()方法，这就是动态绑定。

需要注意的是，通过数组元素调用方法时只能调用在 Animal 类中定义的方法，对于 Tiger 类和 Fish 类中定义的方法则不能调用，例如语句 animal[2].swim();就是不正确的。当需要调用这些方法时要用到类型转换。演示程序如下。

DynamicMethodDemo2.java：

```
public class DynamicMethodDemo2{
    public static void main(String args[]){
        Animal [ ]animal=new Animal[3];
        animal[0]=new Animal();
        animal[1]=new Tiger();
        animal[2]=new Fish();
        DynamicMethodDemo2 dm=new DynamicMethodDemo2();
        dm.move(animal[0]);
        dm.move(animal[1]);
        dm.move(animal[2]);
    }
    void move(Animal animal){
        //进行对象类型的判断
        if(animal instanceof Tiger)
            ((Tiger)animal).tigerRun();
        else if(animal instanceof Fish)
            ((Fish)animal).swim();
        else animal.sleep();
    }
}
```

这里主要看 move()方法，move()方法先判断 Animal 对象是哪个类的对象，由判断执行不同的方法。判断过程中使用了 instance of 运算符，它是用来判断对象类型的一个运算符。判断出它的类型之后，再对其进行类型转换，得到原始类型后就可以调用它的类所特有的方法了。程序的运行结果如下。

```
动物在睡觉
老虎在奔跑
鱼在游泳
```

6.6.2　动态绑定和静态绑定

JVM 的动态绑定技术支持多态，而编译器工作采用的是静态绑定技术。对象对方法的调用过程分为如下几个步骤。

（1）编译器检查对象的声明类型和方法名。

假设调用 x.f(args);方法，其中 x 为对象名，并且 x 已经被声明为 C 类的对象，那么编译器会列举出 C 类中的所有名称为 f 的方法和从 C 类的超类中继承过来的 f 方法。

（2）编译器检查方法调用中提供的实参类型，找出最匹配的方法。

如果在所有名称为 f 的方法中有一个参数类型和调用提供的参数类型最为匹配，那么就调用这个方法，这个过程叫作“重载解析”。如果编译器没有找到与实参类型完全匹配的方法，或者发现经过类型匹配后有多个方法与之匹配，就会报错。

（3）静态绑定。

如果是 final 方法、static 方法、private 方法和构造方法，那么编译器将准确地知道应该调用哪一个方法，这种调用方式称为静态绑定（Static Binding）。

（4）动态绑定。

除了上述 4 种方法外的其他方法都依赖于对象的实际类，这时，编译器生成一条调用 f()方法的指令，例如：

```
x.f(String);
```

由 JVM 在运行时实现动态绑定，JVM 一定会调用与 x 所指对象的实际类型最合适的那个类的方法。假设 x 所指对象类型是 C，它是 A 类的子类，如果 C 类中定义了方法 f(String)，那就直接调用它，否则，继续在 C 类的父类 A 中寻找 f(String)方法，以此类推。

抽象类与抽象方法

6.7 抽象类

抽象类是一种特殊的父类，它的作用与模板有点类似，用它来创建和修改新的类。抽象类不能直接创建对象，只能通过抽象类派生出新的子类，再由其子类创建对象。继承抽象类的子类必须实现父类的抽象方法，除非子类也被定义成一个抽象类。

6.7.1 抽象类的定义

对抽象类有了基本了解后，就来看一下如何定义抽象类。定义抽象类是通过 abstract 关键字实现的。定义抽象类的一般形式如下。

```
修饰符 abstract 类名{
    声明成员变量
    返回值类型 方法名（参数）{    //普通方法
    ……
    }
    abstract 返回值类型  方法名（参数）；  //抽象方法声明
}
```

在抽象类中的方法不一定都是抽象方法，但是含有抽象方法的类必须被定义成抽象类。

这里利用抽象类的方法对前面的 Animal、Tiger、Fish 类进行重新定义。

Fish.java：

```
//抽象类的声明
abstract class Animal {
    String type;
    String name;
    int age;
    int weight;
    abstract void breath(); //抽象方法声明
    void sleep() {    //普通方法
        System.out.println("动物在睡觉");
    }
}
//Tiger 类继承抽象类 Animal
class Tiger extends Animal {
    String tigerType;
    String from;
    void tigerRun() {
        System.out.println("老虎在奔跑");
    }
    void breath() {
        System.out.println("老虎是用肺呼吸的");
    }
}
class Fish extends Animal {
```

```
        String fishType;
        void swim() {
            System.out.println("鱼在游泳");
        }
        void breath() {
            System.out.println("鱼是用鳃呼吸的");
        }
    }
```

以上程序把 Animal 定义为抽象类，里面的 breath()方法被定义为抽象方法，只有方法头的定义语句，没有方法体，而后面定义的 Animal 的子类 Tiger 和 Fish 都实现了 breath()方法。

抽象类的使用

6.7.2 抽象类的使用

定义完抽象类后，就可以使用它。但是抽象类和普通类不同，抽象类不可以实例化，如语句 Animal animal =new Animal();是无法通过编译的，但是可以创建抽象类的对象变量，只是这个变量只能用来指向它的非抽象子类对象。示例如下。

```
public class UseAbstract {
    public static void main(String[ ] args){
        Animal animal1=new Fish();
        animal1.breath();
        Animal animal2=new Tiger();
        animal2.breath();
    }
}
```

该程序定义了两个 Animal 对象变量，一个存放 Fish 对象，另一个存放 Tiger 对象，分别调用这两个对象的 breath()方法。由于根本不可能构建出 Animal 对象，所以存放的对象仍然是 Fish 对象和 Tiger 对象，它会动态绑定正确的方法进行调用。

需要注意的是，尽管 animal 中存放的是 Tiger 对象或是 Fish 对象，但是不能直接调用这些子类的方法，语句 animal.swim();和 animal2.tigerRun();都是不正确的。调用这些方法的时候仍然需要进行类型转换，正确的使用方法如下。

```
((Fish) animal1).swim();
((Tiger) animal2).tigerRun();
```

6.8 Object 类

Java 中存在一个非常特殊的类——Object 类，它是所有类的祖先类。在 Java 中如果定义了一个类并没有继承任何类，那么它默认继承 Object 类。如果它继承了一个类，则它的父类，甚至父类的父类必然是继承自 Object 类，所以说任何类都是 Object 类的直接或间接子类。

6.8.1 Object 对象

由于 Object 类的特殊性，所以在实际开发中，经常会使用到它。本节就来简单地介绍一下如何使用 Object 类以及如何使用 Object 类中的两个重要方法。定义一个 Object 对象，根据前面所学的知识，它可以存放任何类，示例代码如下。

Test.java

```
public class Test  {
    public static void main(String[ ] args){
```

```
        //创建一个存放数据的 Object 数组
        Object [ ]object=new Object[3];
        Animal animal1 = new Fish();
        Animal animal2 = new Tiger();
        //将上边创建的对象存至 Object 数组
        object[0]=animal1;
        object[1]=animal2;
        object[2]=new String("String");
        //取出对象后需要进行类型转换才能调用相应类的方法
        ((Fish) object[0]).swim();
    }
}
```

示例代码中用到的 Animal 类、Fish 类和 Tiger 类都在 6.7 节定义过了。可以把 3 个不同的对象放进 Object 数组中，但是放进去后对象的类型被丢弃了，取出后要进行类型转换。当然类型转换不像程序中这么简单，可能要使用到类型判断，即用 instanceof 运算符判断出是哪个子类型，再转换成相应的子类型。

6.8.2 equals()方法和 toString()方法

Object 类中也定义了一系列的方法，读者可以通过阅读 API 文档进行了解。其中比较重要的两个方法就是 equals()方法和 toString()方法。在 Object 类中，equals()方法的定义形式如下。

```
public boolean equals(Object obj) {
    return (this == obj);
    }
```

当且仅当两个对象指向同一个对象的时候才会返回真值。程序要想进行更详细的判断，必须进行 equals()方法的重写。

对于 toString()方法，Object 类是这样实现的。

```
public String toString() {
    return getClass().getName() + "@" + Integer.toHexString(hashCode());
}
```

其中，getClass()方法是 Object 类提供的一个方法。

```
public final native Class<?> getClass();
```

它返回一个 Class 类，然后调用 Class 类的 getName()方法，请读者自行查看 API 文档中 getName()方法的实现。下面编写一个 Animal 类的 toString()方法重写代码。

```
public String toString() {
    String returnString = null;
    returnString = "名字: " + this.name + "\n" + "种类: " + this.type + "\n" + "年龄: " + this.age + "\n" + "体重: " + this.weight;
    return returnString;
}
```

把这段代码加入 Animal 类中，测试代码如下。

```
TesttoString.java:
public class TesttoString{
public static void main(String[ ] args){
        Animal animal1 = new Fish();
        animal1.age = 9;
        animal1.name = "dingding";
        animal1.type = "dog";
        animal1.weight = 9;
        System.out.println(animal1.toString());
```

```
    }
}
```

程序的运行结果如下。

```
名字：dingding
种类：dog
年龄：9
体重：9
```

6.9 类的关系

前文中我们学习了类的继承，它描述了类之间的一种关系，实际上类与类之间还可能存在依赖关系、关联关系、组合关系、聚合关系。

6.9.1 依赖关系

依赖就是一个类 A 使用到了另一个类 B，而这种使用关系是具有偶然性的、临时的、非常弱的，但是类 B 的变化会影响到类 A。这表现在代码层面，如果类 A 中某个方法的参数是类 B 的对象（或某个方法返回的数据类型是类 B 对象），则称类 A 依赖于类 B，如人要喝水，在喝水的方法中用水类作为方法的形参。在 UML 图中，依赖关系用由类 A 指向类 B 的带箭头虚线表示，图 6-7 所示为 People 类对 Water 类的依赖关系。

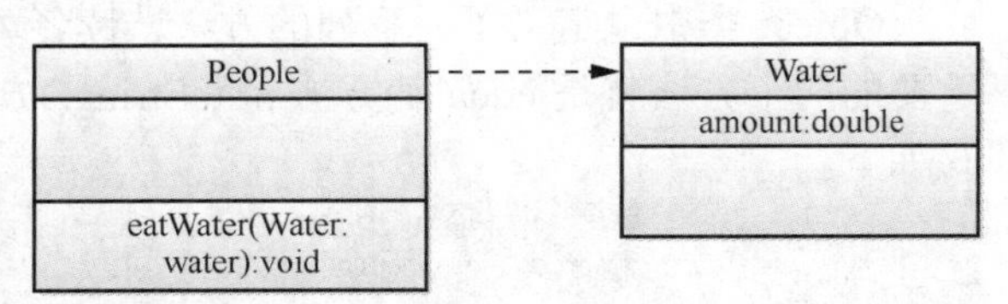

图 6-7　类的依赖关系 UML 图

```
class Water{
    double amount;
    Water(double initalAmount){
        amount=initalAmount;
    }
}
Class People{
    void eatWater(Water water){
        water.amount=water.amount-10;
    }
}
```

6.9.2 关联关系

关联体现的是两个类之间语义级别的一种强依赖关系，如圆柱体必有圆形的底，这种关系比依赖关系更强，不存在依赖关系的偶然性，关系也不是临时性的，一般是长期性的，而且双方的关系一般是平等的。关联可以是单向的，也可以是双向的。这表现在代码层面，为被关联类 B 以类的成员变量形式出现在关联类 A 中。在 UML 图中，关联关系用由关联类 A 指向被关联类 B 的带箭头实线表示，图 6-8 中 Cylinder 类关联了 Circle 类。

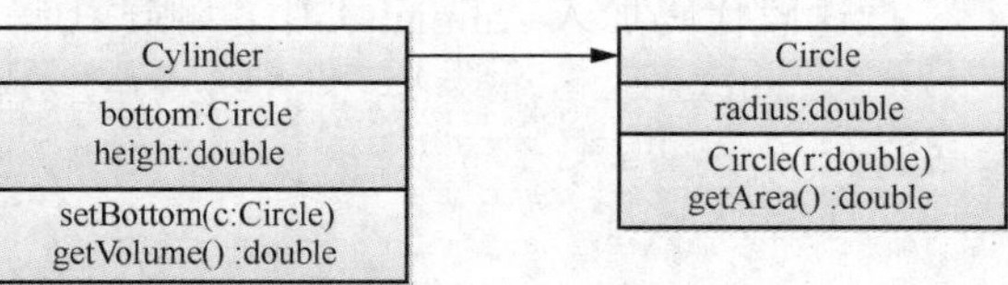

图 6-8　类的关联关系 UML 图

```
class Circle{
    double radius;
    double getArea(){
```

```
            double area=3.14*radius*radius;
            return area;
        }
    }
    Class Cylinder{
        Circle bottom;
        double height;
        void setBottom(Circle c){
            bottom=c;
        }
        void setHegiht(double h){
            height=h;
        }
        double getVolume(){
            Return bottom.getArea()*height/3.0;
        }
    }
```

6.9.3 聚合关系

聚合关系是“has - a”关系，它是关联关系的一种特例，是整体和部分的关系。如汽车和发动机的关系是聚合关系，发动机离开汽车仍然可以存在。在 UML 图中，使用带空心菱形的实线表示，菱形指向整体，图 6-9 中 Car 类与 Engine 类就是一种聚合关系。

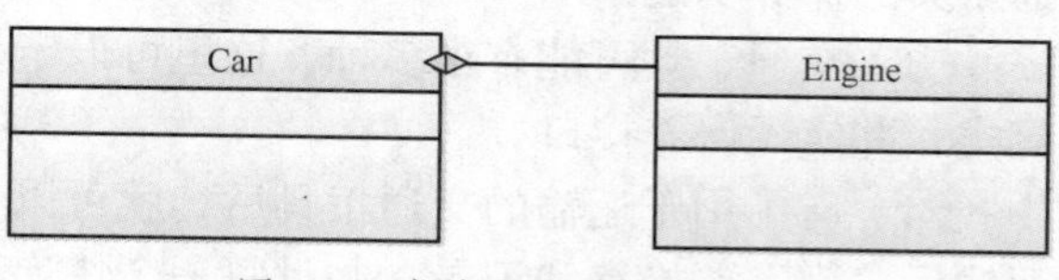

图 6-9　类的聚合关系 UML 图

6.9.4 组合关系

组合关系是“contain-a”关系，即组合关系也是关联关系的一种特例，这种关系比聚合关系更强，也称为强聚合。它同样体现整体与部分的关系，但这种关系中的整体和部分是不可分割的，如人和身体的关系。在 UML 图中，使用带实心菱形的实线表示，菱形指向整体，图 6-10 中 People 类与 Body（躯干）类就是一种组合关系。

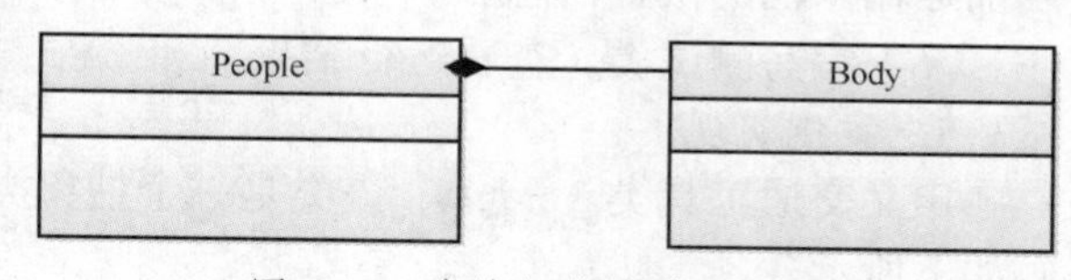

图 6-10　类的组合关系 UML 图

6.10 案例实战：模拟物流快递系统程序设计

1. 案例描述

网购已成为人们生活的重要组成部分，当人们在购物网站中下订单后，订单中的货物就会在经过一系列的流程后，送到客户的手中。而在送货期间，物流管理人员可以在系统中查看所有物品的物流信息。编写一个模拟物流快递系统的程序，模拟后台系统处理货物的过程。

2. 运行结果

运行结果如图 6-11 所示。

3. 案例目标

- 学会分析“模拟物流快递系统程序设计”案例实现的逻辑思路。

- 能够独立完成“模拟物流快递系统程序设计”的源代码编写、编译及运行。
- 掌握面向对象的封装、继承和多态的概念和使用。
- 掌握抽象类和接口的使用。

4. 案例思路

（1）运输货物首先需要有交通工具，所以需要定义一个交通工具类。由于交通工具可能有很多，所以可以将该交通工具类定义成一个抽象类，类中需要包含该交通工具的编号、型号以及运货人等属性，还需要定义一个抽象的运输方法。

（2）当运输完成后，需要对交通工具进行保养，所以需要定义保养接口，其具备交通工具的保养功能。

```
正在创建快递任务...
请输入快递重量(kg):
45.8
请输入快递单号:
YT100078
订单创建成功...
订单开始处理...
仓库验货中...
货物重量:45.8kg
货物检验完毕...
货物填装完毕...
正在随机分配运货人...
运货人已通知...
快递单号:YT100078
==============================
运货人:王师傅
车辆型号:柳州五菱
车辆编号:V651
货物正在运送中......
当前车辆位置:193.6,485.5
==============================
货物运送结束...
运货人王师傅所驾驶的编号为V651的型号为柳州五菱的车已归还
```

图 6-11　运行结果

（3）交通工具可能有很多种，这里可以定义一个专用运输车类，该类需要继承交通工具类，并实现保养接口。

（4）有了用于运输的交通工具后，就可以开始运送货物了。货物在运输前、运输时和运输后，都需要检查和记录，并且每一个快递都有快递单号，这时可以定义一个快递任务类，其包含快递单号和货物重量等属性，以及送货前、送货途中和送货后的方法。

（5）在货物运输过程中，需要对运输车辆定位，以便随时跟踪货物的位置信息。可以使用全球定位系统（Global Positioning System，GPS）定位，所以需要一个 GPS 类，显示当前运输车辆的位置信息。

（6）编写测试类，查看运行结果。

5. 案例实现

定义交通工具类 Vehicle，该类是一个抽象类，包含交通工具信息和运输货物方法，代码如下所示。

Vehicle.java：

```
1   /**
2   * 交通工具抽象类
3   */
4   public abstract class Vehicle {
5       private String number;
6       private String model;
7       private String admin;
8       //构造方法
9       public Vehicle() {
10
11      }
12      public Vehicle(String number, String model, String admin) {
13          super();
14          this.number = number;// 编号
15          this.model = model;// 型号
16          this.admin = admin;// 运货人
17      }
```

```
18
19      //送货方法
20      public abstract void vehicle();
21
22      //生成 getter 和 setter 方法
23      public String getNumber() {
24          return number;
25      }
26      public void setNumber(String number) {
27          this.number = number;
28      }
29      public String getModel() {
30          return model;
31      }
32      public void setModel(String model) {
33          this.model = model;
34      }
35      public String getAdmin() {
36          return admin;
37      }
38      public void setAdmin(String admin) {
39          this.admin = admin;
40      }
41  }
```

上述代码分别定义了车辆编号、车辆型号和运货人等属性，以及各自的 getter 和 setter 方法，同时还定义了一个抽象的运货方法 vehicle()。

定义专用运输车类 SpecialVehicle，该类继承了交通工具类，并实现了保养接口，代码如下所示。

SpecialVehicle.java：

```
1  /*
2  * 专用运输车类
3  */
4  public class SpecialVehicle  extends Vehicle{
5
6      //构造方法
7      public SpecialVehicle(){
8          super();
9      }
10
11     public SpecialVehicle(String number, String model, String admin) {
12         super(number, model, admin);
13     }
14     //重写运货方法
15     @Override
16     public void vehicle(){
17         System.out.println("货物正在运送中......");
18     }
19 }
```

定义快递任务类 ExpressTask，实现该类的具体代码如下所示。

ExpressTask.java：

```
1  /*
2  * 快递任务类
3  */
4  public  class ExpressTask {
5      double weight; //货物重量
```

```
6      String number;//快递单号
7      GPS gps;//当前车辆坐标
8
9      //生成构造方法
10      public ExpressTask(GPS gps) {
11          this.gps=gps;
12
13      }
14      public ExpressTask(double weight, String number) {
15          super();
16          this.weight = weight;
17          this.number = number;
18      }
19
20      //运送前的方法
21      public void before() {
22          System.out.println("订单开始处理...");
23          System.out.println("仓库验货中...");
24          System.out.println("货物重量: "+this.weight+"kg");
25          System.out.println("货物检验完毕...");
26          System.out.println("货物填装完毕...");
27          System.out.println("正在随机分配运货人...");
28          System.out.println("运货人已通知...");
29          System.out.println("快递单号: "+this.number);
30      }
31
32      //实例化交通工具
33      SpecialVehicle tool = new SpecialVehicle("V651","柳州五菱","王师傅");
34
35      //运送途中的方法
36      public void sending() {
37
38          System.out.println("运货人: "+ tool.getAdmin()+"\n"
39          +"车辆型号: "+tool.getModel()+"\n"
40          +"车辆编号: "+tool.getNumber());
41          tool.vehicle();
42          System.out.println("当前车辆位置:"+ gps.showCoordinate());
43      }
44
45      //运送后的方法
46      public void later() {
47          System.out.println("货物运送结束...");
48          System.out.println("运货人"+tool.getAdmin()
49          +"所驾驶的编号为"+tool.getNumber()
50          +"的型号为"+tool.getModel()
51          +"的车已归还");
52      }
53  }
```

定义包含显示位置功能的 GPS 类，其拥有车辆定位功能，代码如下所示。

GPS.java：

```
1  /**
2  * *
3  定义 GPS 类，显示车辆位置
```

```
4   *
5   */
6   public class GPS {
7       public GPS() { //无参构造
8
9       }
10      //定位方法
11      public String  showCoordinate() {
12          String location = "193.6,485.5";
13          return location;
14      }
15  }
```

定义测试类，实例化对象并传入数据，测试运行结果，代码如下所示。

Task02Test.java：

```
1   /**
2   *
3   * @author
4   * 快递测试类
5   */
6   import java.util.Scanner;
7   public class Test {
8       public static void main(String[] args) {
9           Scanner scanner = new Scanner(System.in);
10          GPS gps=new GPS();
11          //创建快递任务
12          ExpressTask express = new ExpressTask(gps);
13
14
15          System.out.println("正在创建快递任务...");
16          System.out.println("请输入快递重量(kg):");
17          express.weight = scanner.nextDouble();
18          System.out.println("请输入快递单号:");
19          express.number = scanner.next();
20          System.out.println("订单创建成功...");
21
22          //调用送货前的方法
23          express.before();
24          System.out.println("==============================");
25          //调用送货途中的方法
26
27          express.sending();
28          System.out.println("==============================");
29          //调用送货后的方法
30          express.later();
31      }
32  }
```

6.11 小结

（1）运用继承，可以先创建一个通用类，定义一系列相关属性的一般特性。该类可以被更具体的类继承，每个具体的类都增加一些自己特有的东西。在 Java 中，被继承的类叫超类或父类，继承超类的类叫子类或派生类。

（2）在编写子类时如果所声明的成员变量的名字与从父类继承来的成员变量的名字相

同，子类就隐藏了继承的成员变量，即子类对象以及子类自己声明定义的方法操作与父类同名的成员变量时，实际操作的是子类重新声明定义的成员变量，但子对象仍然可以使用从父类继承的方法操作隐藏的成员变量。方法重写与方法重载非常相似，但方法重写应用在继承的场合。方法重写是指子类中定义一个方法，这个方法的类型和父类方法的类型一致或者是父类方法的类型的子类型，并且这个方法的名字、参数个数、参数的类型和父类方法的完全相同。这样定义子类的方法称为子类的方法重写。

（3）在子类中使用关键字 super 作为前缀可以引用被子类隐藏的父类变量或被子类重写的父类方法。关键字 super 用来引用当前对象的父类，虽然构造方法不能被继承，但利用 super 关键字，子类构造方法中也可以调用父类的构造方法。

（4）编程时可能需要把类定义为不能继承的，即最终类，或者有的方法不希望被子类重写，这时候就需要使用 final 关键字来声明。把类或方法声明为 final 类或 final 方法的操作很简单，在类前面加上 final 关键字即可。

（5）如果 B 类是 A 类的子类或间接子类，当用 B 类创建对象 b 并将这个对象 b 的引用赋给 A 类对象 a 时，则称 A 类对象 a 是 B 类对象 b 的上转型对象。

（6）多态是面向对象程序设计语言的又一重要特性。多态是指同一个方法根据上下文使用不同实现、不同功能的现象。从这一点看，6.2.2 小节讲的方法重写以及前面讲的方法重载都可被看作多态。但是 Java 的多态更多是跟动态绑定放在一起理解的。动态绑定是一种机制，通过这种机制，对一个已经被重写的方法的调用将会发生在运行时，而不是在编译时解析。

（7）抽象类是一种特殊的父类，它的作用与模板有点类似，用它来创建和修改新的类。抽象类不能直接创建对象，只能通过抽象类派生出新的子类，再由其子类创建对象。继承抽象类的子类必须实现父类的抽象方法，除非子类也被定义成一个抽象类。

（8）Object 类是所有类的直接或间接父类。

6.12 习题

（1）子类将继承父类的哪些成员变量和方法？子类在什么情况下隐藏父类的哪些成员变量和方法？

（2）什么是方法重写？试编写一个程序加以说明。

（3）什么是对象的上转型？

（4）抽象类有什么用途？试编写一个程序加以说明。

第7章 接口和内部类

主要内容

- 接口
- 内部类

多重继承是指一个类可以有两个及以上的直接父类。Java 的设计者认为多重继承会使类的关系过于混乱，所以 Java 并不支持多重继承，只支持单一继承，也就是说一个类最多只允许有一个直接父类。取消多重继承使得 Java 中类的层次更加清晰，但是当需要解决复杂问题时就显得力不从心，于是 Java 引入了接口来弥补这个不足。

接口

7.1 接口

接口是 Java 提供的一项非常重要的结构。它定义了一系列的抽象方法和常量，形成一个属性集合。接口定义完成后任何类都可以实现接口，而且一个类可以实现多个不同的接口，一个接口也可以被多个不同的类实现。实现接口的类必须重写接口中定义的抽象方法，具体实现细节由类自己定义。可以说接口定义了类的框架，它可以被看成一种特殊的抽象类。

7.1.1 接口的定义

接口的定义跟类的定义十分相似，只是使用的关键字不同，类的定义使用的关键字是 class，而接口使用的关键字是 interface。定义接口的形式如下。

```
修饰符 interface 接口名{
    [public][static][final]数据类型 成员变量=常量值;
    ……
    [public][abstract]返回值类型  方法名（参数）;  //抽象方法声明
    ……
}
```

定义接口要注意以下几点。

- 接口的修饰符只能为默认（无修饰符）或 public。当修饰符为默认时，接口是包内可见的，在接口所在的包之外的类不能使用该接口。修饰符为 public 时，任何类都可以使用该接口。
- 接口名应该符合 Java 对标识符的规定。
- 接口内可以声明变量，接口内的变量被自动设置为 public、static、final 的字段（其实就是常变量）。

- 接口定义的方法都为抽象方法，它们被自动地设置为 public abstract，因为是抽象的方法，所以只有方法的声明，没有方法的实现（方法体）。

接口也被保存为.java 文件，文件名与类名相同。

例如在接口中声明一个变量。

```
int i=9;
```

它的实际效果如下。

```
public static final int i=9;
```

定义接口时可以把它明确地定义为 public static final，但是因为字段会被自动地设置为这些类型，所以不建议再写出。下面是一个完整的定义接口的例子。

Animal.java

```
public interface Animal{
    //接口中的变量
    int AGE=8; //等价于 public static final int AGE = 8;
    //用接口声明方法，只有方法的声明没有具体实现
    void sleep();//等价于 public  abstract void sleep();
    void eat();//等价于 public  abstract void eat();
    void breath();//等价于 public  abstract void breath();
}
```

7.1.2 接口的实现

接口的实现是指具体实现接口的类。接口的声明仅给出了抽象方法，相当于事先定义了程序的框架。实现接口的类必须要实现接口中定义的方法。实现接口的形式如下：

```
class 类名 implements 接口 1,接口 2,……{
    方法 1(){
        //方法体
    }
    方法 2(){
        //方法体
    }
}
```

由关键字 implements 表示实现的接口，多个接口之间用逗号隔开。实现接口需要注意以下几点。

- 如果实现接口的类不是抽象类，它必须实现接口中定义的所有方法。如果该类为抽象类，可以在它的子类甚至子类的子类中实现接口中定义的方法。
- 实现接口的方法时必须使用相同的方法名和参数列表。
- 实现接口类中的方法必须被声明为 public，因为在接口中的方法都被定义为 public，根据继承的原则，访问范围只能放大，不能缩小。

下面是接口实现的例子，首先定义接口，如下所示。

Tiger.java：

```
public interface Animal {
    int AGE =8;
    void sleep();
    void eat();
    void breath();
}
```

实现接口的类如下。

```
public class Tiger implements Animal{
    //实现breath()方法
    public void breath() {
        System.out.println("The tiger breath");
    }
    //实现eat()方法
    public void eat() {
        System.out.println("The tiger eat");
    }
    //实现sleep()方法
    public void sleep() {
        System.out.println("The tiger sleep");
    }
    public static void main(String[ ] args) {
        Tiger tiger=new Tiger();
        tiger.breath();
        tiger.eat();
        tiger.sleep();
    }
}
```

程序的运行结果如下。

```
The tiger breath
The tiger eat
The tiger sleep
```

接口之间也可以有继承关系。继承接口的子接口拥有其父接口的方法，子接口还可以定义自己的方法，实现这个子接口的类。要实现所有的这些方法，示例如下，使用上面的接口 Animal（动物），然后定义一个子接口 Mammal（哺乳动物）。

```
//子接口
public interface Mammal extends Animal{
    void run();
}
```

如果类要实现 Mammal，它必须实现两个接口中的所有方法，下面是重新定义的类 Tiger。

Tiger.java：

```
public class Tiger implements Mammal{
    //实现breath()方法
    public void breath() {
        System.out.println("The tiger breath");
    }
    //实现eat()方法
    public void eat() {
        System.out.println("The tiger eat");
    }
    //实现sleep()方法
    public void sleep() {
        System.out.println("The tiger sleep");
    }
    //实现run()方法
    public void run() {
        System.out.println("The tiger run");
    }
    public static void main(String[ ] args) {
        Tiger tiger=new Tiger();
        tiger.breath();
```

```
        tiger.eat();
        tiger.sleep();
        tiger.run();
    }
}
```

7.1.3 接口的回调和多态

跟抽象类一样，接口也不可以实例化，但是可以声明接口类型的变量，它的值必须是实现了该接口的类的对象。例如：

TestPoly.java：

```
interface RunEnable{
    public void run();
}
class Bike implements RunEnable{
    public void run() {
        System.out.println("两个轮子跑");
    }
    public void cry() {
        System.out.println("叮叮……");
    }
}

class Car implements RunEnable{
    public void run() {
        System.out.println("四个轮子跑");
    }
    public void addOil() {
        System.out.println("加 2 升油");
    }
}
public class TestPoly {
    public static void main(String []args) {
        RunEnable r;
        Bike b=new Bike();
        r=b;
        r.run();
        r=new Car();
        r.run();
    }
}
```

程序输出以下结果：

```
两个轮子跑
四个轮子跑
```

上面的程序定义了接口 RunEnable，Bike 类和 Car 类都实现了 RunEnable 接口，那么就可以用 RunEnable 声明一个变量：

```
RunEnable r;
```

内存模型如图 7-1 所示，此时接口变量 r 中存放的值为 null。

如果用实现 RunEnable 接口的 Bike 类声明一个 b 变量，b 变量不但可以调用实现接口的方法，还可以调用 Bike 类新增加的方法，内存模型如图 7-2 所示。

```
Bike b=new Bike();
```

Java 中接口回调是指用实现接口的类创建一个对象，并把该对象的引用赋给一个接口变量，那么该接口变量就可以调用被该类实现的接口方法。

例如在上面的例子中接着把 b 变量中存放的引用赋给 r，那么变量 r 就可以调用实现的 run()方法，但不能调用 Bike 类新增的方法 cry()。

```
r=b;
```

变量 r 和 b 的内存模型如图 7-3 所示。

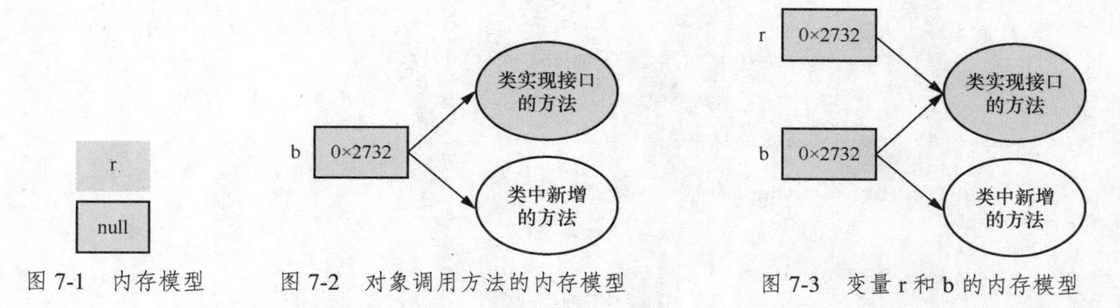

图 7-1　内存模型　　图 7-2　对象调用方法的内存模型　　图 7-3　变量 r 和 b 的内存模型

同时在上面的程序中添加代码：

```
r=b;
r.run();
r=new Car();
r.run();
```

r 分别回调 Bike 类和 Car 类中的 run()方法，输出了不同的结果，体现了接口回调的多态。

7.1.4　接口的应用

跟抽象类一样，接口也不可以实例化，但是可以声明接口类型的变量，它的值必须是实现了该接口的类的对象。例如：

```
Animal tiger= new Tiger();
```

通过 tiger，只能调用 Animal 中定义的方法 eat()、sleep()、breath()，如果使用语句 Mammal tiger=new Tiger();，就可以调用在 Mammal 接口中定义的 run()方法了。

当然，通过强制类型转换可以调用所有的方法，示例程序如下，先看两个接口的定义，其中 Mammal 接口继承了 Animal 接口。

```
interface Animal{
    int AGE=8;
    void sleep();
    void eat();
    void breath();
}
interface Mammal extends Animal{
    void run();
}
```

然后定义类 Tiger 和 Fish 实现这两个接口，Tiger 类直接实现 Mammal 接口，而 Fish 类实现 Animal 接口。

```
class Tiger implements Mammal{
    String name;
    public Tiger(String nm) {
        name=nm;
    }
    public void breath() {
        System.out.println(name+"The tiger breath");
```

```
    }
    public void eat() {
        System.out.println(name+"The tiger eat");
    }
    public void sleep() {
        System.out.println(name+"The tiger sleep");
    }
    public void run() {
        System.out.println(name+"The tiger run");
    }
}
class Fish implements Animal {
    String name;
    public Fish(String nm){
name=nm;
    }
    public void breath() {
        System.out.println(name+"用鳃呼吸");
    }
    public void eat() {
        System.out.println(name+"在吃水草");
    }
    public void sleep() {
        System.out.println(name+"在睁着眼睛睡觉");
    }
}
```

演示程序如下。注意这 3 个对象都放在 Animal 类的变量中，而两个 tiger 对象调用 run() 方法的操作是不同的。

```
public class AnimalDemo{
    public static void main(String[ ] args) {
        //Animal 接口，fish 对象
        Animal fish=new Fish("大鲨鱼");
        //Animal 接口，tiger1 对象
        Animal tiger1=new Tiger("东北虎");
        //Mammal 接口，tiger2 对象
        Mammal tiger2=new Tiger("华南虎");
        //使用 fish 调用各种方法
        fish.breath();
        fish.eat();
        fish.sleep();
        //使用 tiger1 调用各种方法
        tiger1.breath();
        tiger1.eat();
        tiger1.sleep();
        //调用 run()方法，需要进行类型转换
         ((Tiger) tiger1).run();
        //使用 tiger2 调用各种方法
        tiger2.breath();
        tiger2.eat();
        tiger2.sleep();
        tiger2.run();
    }
}
```

程序的运行结果如下。

```
大鲨鱼用鳃呼吸
大鲨鱼在吃水草
大鲨鱼在睁着眼睛睡觉
东北虎 The tiger breath
东北虎 The tiger eat
东北虎 The tiger sleep
东北虎 The tiger run
华南虎 The tiger breath
华南虎 The tiger eat
华南虎 The tiger sleep
华南虎 The tiger run
```

这个程序展示通过接口来实现多态的一种方式。接口变量用来存放接口实现类的对象，通过它来调用方法的时候，程序会调用“合适”的方法，过程跟继承中讲到的动态绑定很相似。

接口的另一个重要应用是用它来创建常量组，例如要用 int 类型的一组数来表示星期，而且这些天都是固定不需要改变的，就可以通过接口来实现。

```
//用接口来存放变量
interface WeekDays{
    int MONDAY=1;
    int TUESDAY=2;
    int WEDNESDAY=3;
    int THURSDAY=4;
    int FRIDAY=5;
    int SATURDAY=6;
    int SUNDAY=7;
}
```

实现了这个接口后可以直接使用这些常量，示例如下。

```
class Time implements WeekDays{
    void print(){
        System.out.println("MONDAY="+MONDAY);
        System.out.println("TUESDAY="+TUESDAY);
        System.out.println("WEDNESDAY="+WEDNESDAY);
        System.out.println("THURSDAY="+THURSDAY);
        System.out.println("FRIDAY="+FRIDAY);
        System.out.println("SATURDAY="+SATURDAY);
        System.out.println("SUNDAY="+SUNDAY);
    }
}
```

Time 类实现 WeekDays 接口，它可以直接使用接口中定义的常量。把一些固定的常量组值放在接口中定义，然后在类中实现该接口，这在编程中是常用的技巧。示例如下。

```
public class WeekDayDemo implements WeekDays{
    public static void main(String[ ] args) {
        Time t=new Time();
        t.print();
    }
}
```

程序的运行结果如下。

```
MONDAY=1
TUESDAY=2
WEDNESDAY=3
THURSDAY=4
```

```
FRIDAY=5
SATURDAY=6
SUNDAY=7
```

7.1.5 抽象类和接口的比较

接口和抽象类是非常相像的，但它们之间是有区别的，主要区别有以下几方面。

一个类可以实现多个接口，但是只能继承一个抽象类。可以说接口是取消程序语言中的多继承机制的一个衍生物。

抽象类可以有非抽象方法，也可以有普通方法，即已经实现的方法，继承它的子类可以对方法进行重写，也可以有抽象方法；而接口中定义的方法必须全部为抽象方法。

在抽象类中定义的方法，它们的修饰符可以是 public、protected、private，也可以是默认值；但是在接口中定义的方法全是 public 的。

抽象类可以有构造函数，但接口不能。两者都不能实例化，但是都能通过它们来存放子类对象或是实现类的对象，可以说它们都可以实现多态。

内部类

7.2 内部类

内部类是定义在其他类内部的类，包含内部类的类称为内部类的外嵌类。内部类是 Java 提供的一个非常有用的特性，通过内部类的定义，可以把一些相关的类放在一起。由于内部类只能被它的外嵌类使用，所以通过内部类可以很好地控制类的可见性。

7.2.1 内部类的定义

首先来看一个简单的内部类的示例。在程序中定义了一个类 Outer，在 Outer 的内部定义了一个内部类 Iner。在 Outer 中的方法 useIner()中，生成一个内部类对象，通过这个对象，可以调用内部类的方法 print()，可以发现内部类可以访问它的外嵌类的变量。

InnerClassDemo.java：

```
//外部类
class Outer {
    String out_string="String in Outer";
    void useIner(){
        Iner in=new Iner();
        in.print();
    }
    //内部类（类的嵌套）
    class Iner {
        void print(){
            System.out.println("Iner.print()");
            System.out.println("use\'"+out_string+"\'");
        }
    }
}
public class InnerClassDemo {
    public static void main(String[ ] args) {
        //创建一个对象
        Outer out=new Outer();
        //调用该类的内部类定义的方法
        out.useIner();
```

```
    }
}
```

程序的运行结果如下。

```
Iner.print()
use'String in Outer'
```

现在讲解一下该程序的运行过程。首先创建一个外部类对象，然后使用对象实例调用外部类中的 useIner()方法。在 useIner()方法中，创建了内部类对象，然后使用内部类对象实例调用内部类中的方法。在该内部类方法中，访问了外部类中的变量，这可以从运行结果中看出。

7.2.2 匿名内部类

匿名内部类也就是没有名字的内部类，正因为没有名字，所以匿名内部类只能使用一次，它通常用来简化代码，但使用匿名内部类还有一个前提条件：必须继承一个父类或实现一个接口。

比较以下程序的区别。

例子 1：不使用匿名内部类来实现抽象方法。

Demo.java：

```
abstract class Person {
    public abstract void eat();
}

class Child extends Person {
    public void eat() {
        System.out.println("eat something");
    }
}
public class Demo {
    public static void main(String[] args) {
        Person p = new Child();
        p.eat();
    }
}
```

运行结果如下。

```
eat something
```

可以看到，以上程序用 Child 类继承了 Person 类，然后实现了 Child 类的一个实例，将其向上转型为 Person 类的引用，如果此处的 Child 类只使用一次，那么将其编写为独立的一个类岂不是很麻烦？这个时候就可以采用匿名内部类来实现同样的功能。

例子 2：匿名内部类的基本实现。

Demo1.java：

```
abstract class Person {
    public abstract void eat();
}

public class Demo1 {
    public static void main(String[] args) {
        Person p = new Person() {//匿名内部类的定义
            public void eat() {
                System.out.println("eat something");
            }
        }
        p.eat();
```

```
    }
}
```

运行结果如下。

```
eat something
```

可以看到，以上程序直接将抽象类 Person 中的方法在花括号中实现了，这样便可以省略一个类的书写，并且匿名内部类还能用于接口上。

例子 3：在接口上使用匿名内部类。

Demo3.java：

```
interface Person {
    public void eat();
}

public class Demo3 {
    public static void main(String[] args) {
        Person p = new Person() {
            public void eat() {
                System.out.println("eat something");
            }
        }
        p.eat();
    }
}
```

运行结果如下。

```
eat something
```

由上面的例子可以看出，只要一个类是抽象的或是一个接口，那么其子类中的方法都可以使用匿名内部类来实现。

最常见的情况就是在多线程的实现上，因为要实现多线程必须继承 Thread 类或是继承 Runnable 接口。

例子 4：Thread 类的匿名内部类实现。

Demo4.java：

```
public class Demo4 {
    public static void main(String[] args) {
        Thread t = new Thread() {//匿名内部类
            public void run() {
                for (int i = 1; i <= 5; i++) {
                    System.out.print(i + "");
                }
            }
        }
        t.start();
    }
}
```

运行结果如下。

```
1 2 3 4 5
```

7.3 案例实战：比较员工工资

1. 案例描述

声明一个员工类，有姓名和薪资两个属性，实现 java.lang.Comparable 接口，按照薪资从低到高对员工进行排序并输出，在测试类中，创建员工数组，创建几个员工对象，调用

Arrays.sort()方法排序。系统中的 java.lang.Comparable 接口强行对实现它的每个类的对象进行整体排序。这种排序被称为类的自然排序，类的 compareTo()方法被称为它的自然比较方法。

实现此接口的对象列表（和数组）可以通过 Collections.sort()方法（和 Arrays.sort()方法）进行自动排序。实现此接口的对象可以用作有序映射中的键或有序集合中的元素，无须指定比较器。

java.lang.Comparable 接口定义的 compareTo() 方法用于提供对其实现类的对象进行整体排序所需要的比较逻辑。具体的排序原则可由实现类根据需要而定。用户在重写 compareTo()方法以定制比较逻辑时，需要确保其余等价性判断方法 equals() 保持一致，即 e1.equals((Object)e2) 和 e1.compareTo((Object)e2)==0 具有相同的值，这样就称自然顺序和 equals 一致。

这个接口有什么用?

如果一个数组中的对象实现了 java.lang.Comparable 接口，则对这个数组进行排序非常简单，使用方法 Arrays.sort()即可；如果 List 实现了该接口，就可以调用 Collections.sort()方法或者 Arrays.sort()方法排序。实际上 Java 平台库中的所有值类（Value Classes）都实现了 Comparable 接口。

java.lang.Comparable 接口只有一个方法 compareTo(Object obj)。

其中：

this < obj 返回负整数；

this = obj 返回 0；

this > obj 返回正整数。

即将当前这个对象与指定的对象进行顺序比较，当该对象小于、等于或大于指定对象时，分别返回一个负整数、0 或正整数，如果无法进行比较，则抛出 ClassCastException 对象。

2. 运行结果

运行结果如图 7-4 所示。

```
Employee [name=王五, salary=8000.0]
Employee [name=张三, salary=9000.0]
Employee [name=李四, salary=12000.0]
Employee [name=六六, salary=12000.0]
Employee [name=小七, salary=19000.0]
```

图 7-4 运行结果

3. 案例目标

- 学会分析“比较员工工资”程序的实现思路。
- 能够根据思路独立完成“比较员工工资”程序的源代码编写、编译及运行。
- 掌握对 Comparable 接口 compareTo()方法的实现。

4. 案例思路

（1）声明一个员工类 Employee，有姓名和薪资两个属性，实现 Comparable 接口 compareTo()方法，根据工资返回不同的值，具体代码如下。

```
Employee emp = (Employee) o;
if(this.salary > emp.salary) {
    return 1;
}
else if(this.salary < emp.salary) {
    return -1;
}
return 0;
```

（2）在主类 TestEmployee 中，创建一个 Employee 类数组 arr，用 Arrays.sort(arr)方法排

序数组。

（3）对排序后的数组进行输出。

5. 案例实现

（1）定义 Employee 类，具体代码如下所示。

Employee.java：

```
1  package chapter0705;
2  public class Employee implements Comparable{
3      private String name;
4      private double salary;
5      public Employee() {
6          super();
7      }
8      public Employee(String name, double salary) {
9          super();
10         this.name = name;
11         this.salary = salary;
12     }
13     public String getName() {
14         return name;
15     }
16     public void setName(String name) {
17         this.name = name;
18     }
19     public double getSalary() {
20         return salary;
21     }
22     public void setSalary(double salary) {
23         this.salary = salary;
24     }
25     @Override
26     public String toString() {
27         return "Employee [name=" + name + ", salary=" + salary + "]";
28     }
29     //按照薪资从低到高排序
30     @Override
31     public int compareTo(Object o) {
32         Employee emp = (Employee) o;
33         if(this.salary > emp.salary) {
34             return 1;
35         }
36         else if(this.salary < emp.salary) {
37             return -1;
38         }
39         return 0;
40     }
41 }
```

第 31 ~ 40 行代码，实现了 compareTo()方法。

（2）定义 TestEmployee 类，具体代码如下。

TestEmployee.java：

```
1  import java.util.Arrays;
2  public class TestEmployee {
3      public static void main(String[] args) {
4          Employee[] arr = new Employee[5];
5          arr[0] = new Employee("张三",9000);
6          arr[1] = new Employee("李四",12000);
7          arr[2] = new Employee("王五",8000);
```

```
8            arr[3] = new Employee("六六",12000);
9            arr[4] = new Employee("小七",19000);
10           Arrays.sort(arr);
11           for (int i = 0; i < arr.length; i++) {
12               System.out.println(arr[i]);
13           }
14       }
15 }
```

第10行代码中，对象数组根据实现了的compareTo()方法排序。

7.4 小结

（1）接口的定义跟类的定义十分相似，只是使用的关键字不同，类的定义使用的关键字是class，而接口使用的关键字是interface。接口的接口体中可以只有常量和abstract方法。

（2）内部类是定义在其他类内部的类，包含内部类的类称为内部类的外嵌类。内部类是Java提供的一个非常有用的特性，通过内部类的定义，可以把一些相关的类放在一起。

7.5 习题

（1）接口中能定义非抽象方法吗？

（2）试说明接口和抽象类的区别。

（3）什么是内部类？

（4）匿名内部类有什么特点？试编写一段代码说明匿名内部类的功能。

第8章 常用实用类

主要内容

- String 类
- 正则表达式
- StringBuffer 类
- 日期时间类
- Math 类
- BigInteger 类
- Scanner 类
- System 类

Java 类库是 Java 提供的已经实现的标准类的集合，是 Java 的 API，利用这些类库可以方便、快速地实现程序中的各种功能。本章具体讲述语言包 java.lang 和实用程序包 java.util 中常用的数学运算类、字符串类、日期时间类等的使用方法。

8.1 String 类

String 类

在程序设计中经常会涉及字符序列的处理，因此 Java 专门提供了处理字符序列的 String 类。String 类位于 java.lang 包中，由于 java.lang 包中的类被默认引入，因此程序可以直接使用 String 类，不需要引入包。需要注意的是，Java 把 String 类声明为 final 类，因此用户不能扩展 String 类，即 String 类不可以有子类。

8.1.1 构造字符串对象

可以使用 String 类来创建一个字符串变量，字符串变量是对象。

1. 常量对象

字符串常量对象是用双引号标记的字符序列，如"123"和"ab"等。

2. 字符串对象

可以使用 String 类声明字符串对象。

```
String  s;
s=new String("你好");
```

也可以用一个已经创建的字符串来创建另一个字符串，例如：

```
String  str = new(s);
```

String 类还有两个较常用的构造方法。

（1）String (char a[ ])：用一个字符数组 a 创建一个字符串对象，例如：

```
char a[ ]={'C','h','i','n','a'};
String s=new String(a);
```

等价于

```
String s=new String("China");
```

（2）String(char a[ ],int startIndex,int count) 提取字符数组 a 中的一部分字符创建一个字符串对象，参数 startIndex 和 count 分别指定在 a 中提取字符的起始位置和从该位置开始截取的字符个数。例如：

```
char a[ ]={ 'C','h','i','n','a'};
String s=new String(a,1,3);
```

等价于

```
String s=new String("hin");
```

3. 引用字符串常量对象

字符串常量是对象，可以把字符串常量的引用赋值给一个字符串变量。

```
String s1,s2;
s1="how are you";
s2="how are you";
```

字符串 s1 和 s2 具有相同的引用，因此指向相同的实体。字符串 s1 和 s2 的内存示意如图 8-1 所示。

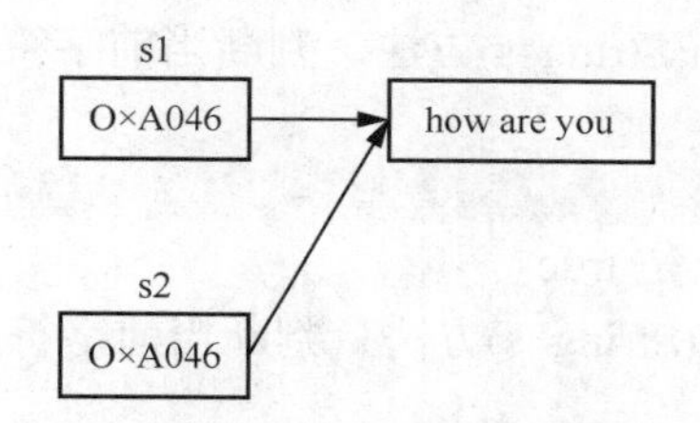

图 8-1 字符串 s1 和 s2 的内存示意

8.1.2 String 类的常用方法

1. public int length()方法

使用 String 类中的 length()方法可以获取一个字符串的长度。例如：

```
String s1;
int n;
s1="abc";
n=s1.length();
```

2. public boolean equals(String s) 方法

字符串对象调用 equals(String s)方法比较当前字符串对象的实体是否与参数 s 指定的字符串的实体相同，相同返回 true，否则返回 false。

例如：

```
String s1,s2,s3;
s1="how are you";
s2="how are you";
s3="Hi";
```

s1.equals(s2)的值是 true，s1.equals(s3)的值是 false。

下面的例子用于说明 equals()方法的使用方法。

TestEquals.java：

```
public class TestEquals {
    public static void main(String args[]) {
        String s1,s2;
        s1=new String("好好学习");
        s2=new String("好好学习");
        System.out.println(s1.equals(s2));      //输出结果是 true
        System.out.println(s1==s2);             //输出结果是 false
        String s3,s4;
        s3="天天向上";
        s4="天天向上";
        System.out.println(s3.equals(s4));      //输出结果是 true
        System.out.println(s3==s4);             //输出结果是 true
    }
}
```

上面程序中，因为 s1、s2 两个字符串对象具有的字符串值相同，所以 System.out.println (s1.equals(s2))语句的输出结果是 true，但 s1、s2 不是同一个对象，所以 System.out.println (s1==s2)语句的输出结果是 false。s3、s4 两个字符串对象指定的是同一个字符串常量，都是"天天向上"字符串常量，所以 System.out.println(s3.equals(s4))语句、System.out.println (s3==s4)语句的输出结果均为 true。

3. public boolean startsWith(String s)*和* public boolean endsWith(String s)*方法*

字符串对象调用 startsWith(String s)方法，判断当前字符串对象的前缀是否是参数 s 指定的字符串。

```
String tom="明天放假";
```

tom.startsWith("明天")的值是 true。

字符串对象调用 endsWith(String s)方法，判断当前字符串对象的后缀是否是参数 s 指定的字符串。

```
String boy="今天天气真好";
```

boy.endsWith("真好")的值是 true，boy.endsWith("天气")的值是 false。

4. public int compareTo(String s)*方法*

字符串对象可以使用 String 类中的 compareTo(String s)方法，按字典顺序与参数 s 指定的字符串比较大小。如果当前字符串与 s 相同，该方法返回值 0；如果当前字符串大于 s，该方法返回正值；如果小于 s，该方法返回负值。

例如：

TestCompare.java：

```
public class TestCompare { // 创建类
    public static void main(String args[]) { // 主方法
        String str = new String("bird");// 用于比较的 3 个字符串
        String str2 = new String("boy");
        String str3 = new String("basketball");
        System.out.println(str + " compareTo " + str2 + ":"
        + str.compareTo(str2)); // 将 str 与 str2 比较的结果输出
        System.out.println(str + " compareTo " + str3 + ":"
        + str.compareTo(str3)); // 将 str 与 str3 比较的结果输出
    }
}
```

运行结果如图 8-2 所示。

上面程序中,字符串"bird"和"boy"的第 2 个字符分别是'i'和'o'，而在 Unicode 字母表中字符'i'的编码值比'o'的编码值小，所以 System.out.println(str + " compareTo " + str2 + ":"+ str.compareTo(str2))输出负数。同理可知，System.out.println(str + " compareTo " + str3 + ":"+ str.compareTo(str3))输出正数。

```
bird compareTo boy:-6
bird compareTo basketball:8
```

图 8-2 运行结果

5. public boolean contains(String s)

字符串对象调用 contains(String s)方法，判断当前字符串对象是否含有参数指定的字符串 s。

```
String gril="alice";
```

gril.contains("ali")的值为 true, gril.contains("ai")的值为 false。

6. public int indexOf(String s)

indexOf(String s)从当前字符串的头开始检索字符串 s，并返回首次出现 s 的索引。

如果没有检索到字符串 s，该方法返回的值是−1。

字符串调用 indexOf(String s, int startpoint)方法从当前字符串的 startpoint 位置处开始检索字符串 s，并返回首次出现 s 的索引。如果没有检索到字符串 s，该方法返回的值是−1。

字符串调用 lastIndexOf(String s)方法从当前字符串的最后向前开始检索字符串 s，并返回最后出现 s 的索引。如果没有检索到字符串 s，该方法返回的值是−1。

例如：

```
String tom="I am a good student";
tom.indexOf("a");//值为 2
tom.indexOf("good");//值是 7
tom.indexOf("x", 7);//值为-1
tom.lastIndexOf("t");//值为 18
```

7. public String substring(int startpoint)

字符串对象调用该方法获得一个当前字符串的子串，该子串是从当前字符串的 startpoint 处截取到最后所得到的字符串。

例如：

```
String s="abc";
s.substring(1)的值是 bc。
```

字符串对象调用 substring(int start, int end)方法获得当前字符串的子串，该子串是从当前字符串的 start 索引位置截取到 end−1 索引位置所得，不包括 end 索引位置上的字符。

例如：

```
String s1="hello world";
```

s1.substring(1,4)的值是 ell。

8. public String trim()

一个字符串 s 通过调用方法 trim()得到一个字符串对象，该字符串对象是 s 去掉前后空格后的字符串。

9. public String replace(char oldChar, char newChar)

用字符 newChar 代替字符串 s 中的所有 oldChar 字符。

例如：

```
String s="address";
```

s.replace('a', 'A')的值是 Address。

10. public String[] split(String regex)

根据给定正则表达式拆分字符串，将拆分结果存放在字符串数组中。其中，regex 为分割字符串的分割符，也可以使用正则表达式。

11. public String[] split(String regex， int limit)

根据给定正则表达式拆分字符串，并限定拆分次数，将拆分结果存放在字符串数组中。其中，regex 为分割字符串的分割符，也可以使用正则表达式。

以下例子用于对字符串进行拆分，并把拆分结果输出，输出结果如图 8-3 所示。

TestSplit.java：

```
public class TestSplit {
    public static void main(String args[]) { // 主方法
        Stringstr = new String("china,japan,america,france"); // 定义的字符串 str
        // 使用 split()方法对字符串进行拆分，返回字符串数组
        String[] newstr = str.split(",");
        for (int i = 0; i < newstr.length; i++) { // 使用 for 循环遍历字符串数组
            System.out.println(newstr[i]); // 输出信息
        }
        // 对字符串进行拆分，并限定拆分次数，返回字符串数组
        String[] newstr2 = str.split(",", 2);
        for (int j = 0; j < newstr2.length; j++) { // 循环遍历字符串数组
            System.out.println(newstr2[j]); // 输出信息
        }
    }
}
```

```
china
japan
america
france
china
japan,america,france
```

图 8-3　输出结果

字符串与基本数据的相互转换

上面程序用字符串方法 split(",")对字符串进行分割，分割后产生的子串存放在字符串数组中，然后输出。

8.1.3　字符串与基本数据的相互转换

在 Java 编程中有时经常需要将字符串类型转换为基本数据类型，如 int 类型、float 类型等，可以调用相关类型的包装类的方法来转换。下面讲解由数字字符组成的字符串，如何转换为相应的基本数据类型。由于篇幅原因，下面就以最常见的字符串转换为 int 类型为例进行讲解说明，其他类型的转换过程与之类似。例如 java.lang 包中的 Integer 类调用其类方法：

```
public static int parseInt(String s)
```

可以将由数字字符组成的字符串，转换为 int 类型数据。

```
int x;
String s="123";
x=Integer.parseInt(s);
```

Double 类调用相应的类方法：

```
Double x = Double.parseDouble("3.14159");
```

类似，使用java.lang包中Byte、Short、Long、Float类中的相应方法：

```
public static byte parseByte(String s) throws NumberFormatException
public static short parseShort(String s) throws NumberFormatException
public static long parseLong(String s) throws NumberFormatException
public static float parseFloat(String s) throws NumberFormatException
public static double parseDouble(String s) throws NumberFormatException
```

同时也可将基本数据类型转换为字符串，这时可以使用String类的下列类方法：

```
public static String valueOf(byte n)
public static String valueOf(int n)
public static String valueOf(long n)
public static String valueOf(float n)
public static String valueOf(double n)
```

将167.38数值转换为字符串。例如：

```
String str = String.valueOf(167.38);
```

字符串与字节、字符数组的转换

8.1.4 字符串与字符数组、字节数组

1. 字符串与字符数组

String类也提供了将字符串存放到数组中的方法：

```
public void getChars(int start,int end,char c[ ],int offset )
```

字符串调用 getChars()方法将当前字符串中的一部分字符复制到参数c指定的数组中，将字符串中从位置start到end-1位置上的字符复制到数组c中，并从数组c的offset处开始存放这些字符。

还有一个简单的将字符串中的全部字符存放在一个字符数组中的方法：

```
public char[ ] toCharArray()
```

字符串对象调用该方法返回一个字符数组，该数组的长度与字符串的长度相等、第 *i* 单元中的字符刚好为当前字符串中的第 *i* 个字符。

下面例子具体说明了方法getChars()和toCharArray()的使用方法，运行结果如图8-4所示。

TestString.java：

```
public class TestString {
    public static void main(String args[]) {
        char [] a,b;
        String s="1949年10月1日中华人民共和国成立了！";
        a=new char[4];
        s.getChars(10,17,a,0);
        System.out.println(a);
        b="国庆节学校都放假7天".toCharArray();
        for(int i=0;i<b.length;i++)
            System.out.print(b[i]);
    }
}
```

上面的程序用字符串方法 getChars(10,17,a,0)把字符串 s 中的第 10～16 个字符放入字符数组 a 中，toCharArray()方法把整个字符串转换为字符数组，然后循环输出。

```
中华人民共和国
国庆节学校都放假7天
```

图8-4 运行结果

2. 字符串与字节数组

String类的构造方法String(byte[ ])用指定的字节数组构造一个字符串对象。

String(byte[ ],int offset,int length)构造方法用指定的字节数组的一部分，即从数组起始位置offset开始取length个字节构造一个字符串对象。

Byte[] getBytes()方法用于使用平台默认的字符编码，将当前字符串转换为字节数组。

Byte[] getBytes(String charsetName)方法用于使用指定的字符编码，将当前字符串转换为字节数组。一般平台的默认编码是 UTF-8。

下面例子演示字符串转换成字节数组的方法，运行结果如图 8-5 所示。

TestString1.java：

```
public class TestString1 {
    public static void main(String args[]) {
        byte a[]="Happy new year!新年好!".getBytes();
        System.out.println("数组 d 的长度是:"+a.length);
        String s=new String(a,6,3); //输出 new
        System.out.println(s);
        s=new String(a,0,6);
        System.out.println(s);   //输出 Happy
    }
}
```

```
数组d的长度是:23
new
Happy
```

图 8-5　运行结果

上面程序演示了字符串"Happy new year!新年好!"转换成字节数组 a 的过程。

8.2 正则表达式

正则表达式又称规则表达式，英文全称为 Regular Expression，在代码中常简写为 regex、regexp 或 RE，是计算机科学中的一个概念。正则表达式通常被用来检索、替换那些符合某个模式（规则）的文本。正则表达式是由一些含有特殊意义的字符组成的字符串，这些含有特殊意义的字符称为元字符。例如，\\d 表示数字 0～9 中的任意一个，"\d"就是元字符。正则表达式中的元字符及其含义如表 8-1 所示。

表 8-1　正则表达式中的元字符及其含义

元　字　符	正则表达式中的写法	含　　义
.	"."	代表任意一个字符
\d	"\\d"	代表 0～9 的任意一个数字
\D	"\\D"	代表任意一个非数字字符
\s	"\\s"	代表空白字符，如'\t'或'\n'
\S	"\\S"	代表非空白字符
\w	"\\w"	代表可作为标识符的字符，但不包括'$'
\W	"\\W"	代表不可用于标识符的字符
\p{Lower}	"\\p{Lower}"	代表小写字母{a～z}
\p{Upper}	"\\p{Upper}"	代表大写字母{A～Z}
\p{ASCII}	"\\p{ASCII}"	ASCII 字符
\p{Alpha}	"\\p{Alpha}"	字母字符
\p{Digit}	"\\p{Digit}"	十进制数字，即[0～9]

续表

元 字 符	正则表达式中的写法	含 义
\p{Alnum}	"\\p{Alnum}"	数字或字母字符
\p{Punct}	"\\p{Punct}"	标点符号：!#"$%&'()*+,-./:;<=>?@[]^{|\}~
\p{Graph}	"\\p{Graph}"	可见字符：[\p{Alnum}\p{Punct}]
\p{Print}	"\\p{Print}"	可打印字符：[\p{Graph}\x20]
\p{Blank}	"\\p{Blank}"	空格或制表符:[\t]
\p{Cntrl}	"\\p{Cntrl}"	控制字符：[\x00-\x1F\x7F]

在正则表达式中可以用方括号将若干个字符括起来表示一个元字符，该元字符可以代表方括号中的任何一个字符。例如，reg="[369]abc"，那么"3abc"、"6abc"、"9abc"都是和正则表达式 reg 匹配的字符串。例如：

[abc]代表 a、b、c 中的任意一个；

[^abc]代表除了 a、b、c 以外的任意字符；

[123]代表 1、2、3 中的任意一个；

[a-zA-Z]代表任意一个英文字母；

[a-h&&[def]]代表 d、e、f（交运算）；

[a-e[def]]代表 a 到 f 的任意字符（并运算）。

在正则表达式中"."代表任意一个字符，所以在正则表达式中如果想使用普通意义的点字符"."，必须使用[.]或用\56 表示普通意义的点字符。

在正则表达式中可以使用限定修饰符来限定元字符出现的次数。例如"A?"表示 A 可以在字符串中出现 0 次或 1 次，限定修饰符的用法如表 8-2 所示。

表 8-2　限定修饰符的用法

带限定符号的模式	意 义
X?	X 出现 0 次或 1 次
X*	X 出现 0 次或多次
X+	X 出现 1 次或多次
X{n}	X 恰好出现 *n* 次
X{n,}	X 至少出现 *n* 次
X{n,m}	X 出现 *n* 次到 *m* 次
XY	X 的后缀是 Y
X|Y	X 或 Y

下面例子用正则表达式来判断指定的字符串变量是否是合法的 E-mail 地址，运行结果如图 8-6 所示。

TestEmail.java：

```
public class TestEmail {
    public static void main(String[] args) {
        // 定义要匹配 E-mail 地址的正则表达式
        String regex = "\\w+@\\w+(\\.\\w{2,3})*\\.\\w{2,3}";
        String str1 = "yax@com"; // 定义要进行验证的字符串
        String str2 = "bbbbx";
```

```
        String str3 = "yax@1234t.scd.cn";
        if (str1.matches(regex)) { // 判断字符串变量是否与正则表达式匹配
            System.out.println(str1 + "是一个合法的 E-mail 地址");
        }
        if (str2.matches(regex)) {
            System.out.println(str2 + "是一个合法的 E-mail 地址");
        }
        if (str3.matches(regex)) {
            System.out.println(str3 + "是一个合法的 E-mail 地址");
        }
    }
}
```

```
yax@1234t.scd.cn是一个合法的E-mail地址
```

图 8-6　判断指定的字符串变量是否是合法的 E-mail 地址

上面的程序通过正则表达式"\\w+@\\w+(\\.\\w{2,3})*\\.\\w{2,3}"表示合法的 E-mail 地址。

以下的例子中，用正则表达式提取字符串中的手机号码并输出，运行结果如图 8-7 所示。

TestNumber.java：

```
public class TestNumber {
    public static void main(String[] args) {
        String regex = "[^0123456789]+";
        String regex1 = "((13\\d)|(15\\d)|(18\\d))\\d{8}";
        String str = "《Java 程序设计 》是一本好书！价格为 34.5 元要购买联系我 13566891234"
            +"交朋友，联系电话 15958984810"
            +"卖二手车，联系电话 18858967839"; // 定义要进行提取的字符串
        String  phoneNumber [] = str.split(regex);
        for(int i=0;i<phoneNumber.length;i++) {
            if(phoneNumber[i].matches(regex1))
                System.out.println(phoneNumber[i]);
        }

        /*
        String  number1 [] = str.split(regex);
        */
    }
}
```

```
13566891234
15958984810
18858967839
```

图 8-7　提取手机号码运行结果

上面的程序通过正则表达式"((13\\d)|(15\\d)|(18\\d))\\d{8}"表示以 13、15、18 开头的 11 位手机号码。

8.3 StringBuffer 类

前面我们学习了 String 类，用 String 类创建的字符串对象是不可修改的，除非生成一个新的 String 字符串，也就是说原 String 字符串不能被修改、删除或替换字符串中的某个

字符，因此有时使用起来不太方便。

本节介绍的 StringBuffer 类，可以创建一个能被修改的字符串序列，StringBuffer 对象调用 append()方法可以追加字符序列，例如：

```
StringBuffer   buffer=new  StringBuffer("我的兴趣有：");
```

如果 buffer 调用 append()方法追加一个字符串序列，具体效果如图 8-8 和图 8-9 所示。

```
buffer.append("旅游");
```

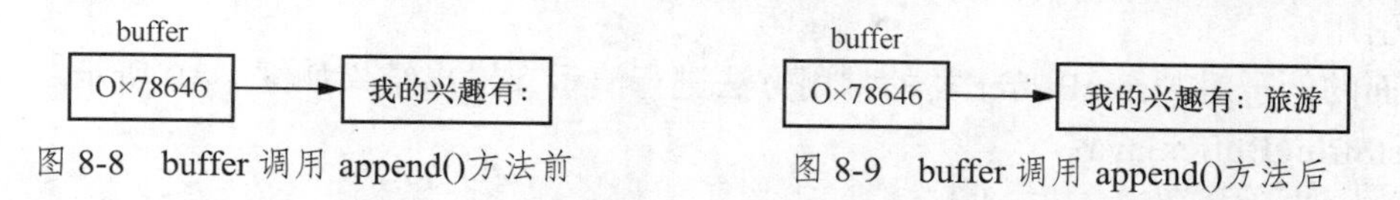

图 8-8　buffer 调用 append()方法前　　图 8-9　buffer 调用 append()方法后

StringBuffer 类有 3 个构造方法。

（1）StringBuffer()构造初始容量为 16 的字符串缓冲区。

（2）StringBuffer(int size)构造指定容量的字符串缓冲区。

（3）StringBuffer(String s)将内容初始化为指定字符串内容。

StringBuffer 类的常用方法有以下几种。

1. append()方法

使用 StringBuffer 类的 append()方法可以将其他 Java 类型数据转换为字符串后，再追加到 StringBuffer 对象中。

```
StringBuffer append(String s)
StringBuffer append(int n)
StringBuffer append(Object o)
StringBuffer append(long n)
StringBuffer append(boolean n)
StringBuffer append(float n)
StringBuffer append(double n)
StringBuffer append(char n)
```

2. public char charAt(int n)和 public void setCharAt(int n, char ch)

char charAt(int n)得到参数 n 指定的位置上的单个字符。当前对象实体中的字符串序列的第一个位置为 0，第二个位置为 1，以次类推。n 的值必须是非负的，并且小于当前对象实体中字符串序列的长度。

setCharAt (int n, char ch)将当前 StringBuffer 对象实体中的字符串位置 n 处的字符用参数 ch 指定的字符替换。n 的值必须是非负的，并且小于当前对象实体中字符串序列的长度。

3. StringBuffer insert(int index,String str)

StringBuffer 对象使用 insert(int index, String str)方法将参数 str 指定的字符串插入参数 index 指定的位置，并返回当前对象的引用。

4. public StringBuffer reverse()

StringBuffer 对象使用 reverse()方法将该对象实体中的字符翻转，并返回当前对象的引用。

5. StringBuffer delete(int startIndex,int endIndex)

delete(int startIndex, int endIndex)从当前 StringBuffer 对象实体中的字符串中删除一个子字符串，并返回当前对象的引用。这里，startIndex 指定了需删除的第一个字符的索引，而 endIndex 指定了需删除的最后一个字符的下一个字符的索引。因此要删除的子字符串是从 startIndex 到 endIndex−1。

deleteCharAt(int index)方法删除当前 StringBuffer 对象实体的字符串中 index 位置处的一个字符。

6. StringBuffer replace(int startIndex,int endIndex, String str)

replace(int startIndex,int endIndex,String str)方法将当前 StringBuffer 对象实体中的字符串的一个子字符串用参数 str 指定的字符串替换。被替换的子字符串由索引 startIndex 和 endIndex 指定，即从 startIndex 到 endIndex-1 的字符串被替换。该方法返回当前 StringBuffer 对象的引用。

下面的例子对 StringBuffer 类的常用方法进行演示，输出结果如图 8-10 所示。

TestStringBuffer.java：

```
public class TestStringBuffer {
    public static void main(String args[]) {
        StringBuffer str=new StringBuffer();
        str.append("放假了");
        System.out.println("str:"+str);
        System.out.println("length:"+str.length());
        System.out.println("capacity:"+str.capacity());
        str.setCharAt(0 ,'今');
        str.setCharAt(1 ,'天');
        System.out.println(str);
        str.insert(2, " 是五月一日");
        System.out.println(str);
        int index=str.indexOf("了");
        str.replace(index,str.length()," ok");
        System.out.println(str);
    }
}
```

```
str:放假了
length:3
capacity:16
今天了
今天 是五月一日了
今天 是五月一日 ok
```

图 8-10　输出结果

上面的程序对 StringBuffer 类字符串进行各种操作，并从“了”开始用“ok”替换并输出。

8.4 日期时间类

在程序的开发中我们经常会遇到对日期时间类的操作，Java 为日期时间类的操作提供了很好的支持。从 Java SE 8 开始提供了一个新日期时间 API，它定义在 java.time 包中。常用的类包括 LocalDate、LocalTime、LocalDateTime、Instant、Period、Duration 等。

LocalDate 和 LocalTime 类

8.4.1 LocalDate 类

LocalDate 对象用来表示带年月日的日期，它不带时间信息。使用 LocalDate 对象记录职工的入职日期、产品的出厂日期等。可以使用以下方法创建 LocalDate 对象。

（1）public static LocalDate now()：获得默认时区系统时钟的当前日期。

（2）public static LocalDate of(int year, int month, int dayOfMonth)：通过指定的年、月、日值获得一个 LocalDate 对象。月份的有效值为 1 ~ 12，日的有效值为 1 ~ 31。若指定的值非法，将抛出 java.time.DateTimeException 对象。

（3）public static LocalDate of(int year, Month month, int dayOfMonth)：通过指定的年、月、日值获得一个 LocalDate 对象。

下面的语句可创建两个 LocalDate 对象。

```
LocalDate localDate = LocalDate.now();
LocalDate localDate1 = new LocalDate.of(2000,1,20);
```

日期时间 API 中大多数类创建的对象都是不可变的，即对象一经创建就不能改变，这些对象是线程安全的。创建日期时间对象使用工厂方法而不是构造方法，如 now()方法、of()方法、from()方法、with()方法等。这些类也没有修改方法。表 8-3 所示为 LocalDate 类的常用方法。

表 8-3　LocalDate 类的常用方法

方　法　名	返回值类型	方法解释
now()、of()	LocalDate	用静态方法根据当前日期或指定的年、月、日构造 LocalDate 对象
getYear()	int	获取当前日期的年份
getMonth()	Month	获取当前日期的月份
getMonthValue()	int	获取当前日期是第几月
getDayOfWeek()	DayOfWeek	表示该对象表示的日期是星期几
getDayOfYear()	int	表示该对象表示的日期是今年第几天
withYear(int year)	LocalDate	修改当前对象的年份
withMonth(int month)	LocalDate	修改当前对象的月份
withDayOfMonth(int dayOfMonth) LocalDate	LocalDate	修改当前对象在当月的日期
isLeapYear()	boolean	是否是闰年
lengthOfMonth()	int	这个月有多少天
lengthOfYear()	int	该对象表示的年份有多少天（365 或者 366 天）
plusYears(long yearsToAdd)	LocalDate	当前对象增加指定的年份数
plusMonths(long monthsToAdd)	LocalDate	当前对象增加指定的月份数
plusWeeks(long weeksToAdd)	LocalDate	当前对象增加指定的周数
plusDays(long daysToAdd)	LocalDate	当前对象增加指定的天数
minusYears(long yearsToSubtract)	LocalDate	当前对象减去指定的年数
minusMonths(long monthsToSubtract)	LocalDate	当前对象减去指定的月数
minusWeeks(long weeksToSubtract)	LocalDate	当前对象减去指定的周数
minusDays(long daysToSubtract)	LocalDate	当前对象减去指定的天数
compareTo(ChronoLocalDate other)	int	比较日期的大小，值为正则当前对象时间较晚
isAfter(ChronoLocalDate other)	boolean	比较当前对象日期是否在 other 对象日期之后
isEqual(ChronoLocalDate other)	boolean	比较两个日期对象是否相等
isBefore(ChronoLocalDate other)	boolean	比较当前对象日期是否在 other 对象日期之前

DateDemo.java：

```
import java.time.LocalDate;
import java.time.Month;
public class DateDemo {
    public static void main(String[] args) {
        // 1.初始化，获取当前日期
        LocalDate now = LocalDate.now();
        System.out.println("现在日期是："+now);
        // 2.设置指定的年月日，参数类型为 int
        LocalDate of = LocalDate.of(2022, 10, 11);
        System.out.println("今天是："+now.getYear()+"年 "+now.getMonthValue()+"月
"+now.getDayOfMonth()+"日");
        LocalDate birthday=LocalDate.of(2001, Month.MARCH, 15);
        System.out.println("我的出生日期是："+birthday);
    }
}
```

运行结果如图 8-11 所示。

```
现在日期是：2023-02-26
今天是：2023年 2月26日
我的出生日期是：2001-03-15
22:30
```

图 8-11　运行结果

上面的程序创建了一个 LocalDate 类的当前日期对象和指定的日期对象并输出。

8.4.2　LocalTime 类

LocalTime 对象用来表示本地时间，它包含时、分、秒，最小是纳秒。例如 15:30:25:12345678。它不包含日期和时区信息。可以使用以下方法创建 LocalTime 对象。

（1）public static LocalTime now()：获得默认时区系统时钟的当前时间。

（2）public static LocalTime now(ZoneId zone)：获得指定时区系统时钟的当前时间。

（3）public static LocalTime of(int hour, int minute, int second)：根据给定的时、分、秒创建一个 LocalTime 实例。

（4）public static LocalTime of(int hour, int minute, int second, int nanoOfSecond)：根据给定的时、分、秒和纳秒创建一个 LocalTime 实例。

下面的语句可创建两个 LocalTime 对象。

```
LocalTime rightNow = LocalTime.now();
LocalTime bedTime = LocalTime.of(07, 30); //LocalTime.of(7, 30, 0)
```

表 8-4 所示为 LocalTime 类的常用方法。

表 8-4　LocalTime 类的常用方法

方 法 名	返回值类型	方 法 解 释
now(),of()	LocalTime	用静态方法根据当前日期或指定的时、分构造 LocalTime 对象
getHour()	int	获取小时字段
getMinute()	int	获取分钟字段
getSecond()	int	获取秒字段
compareTo(LocalTime other)	int	与另一个时间比较

续表

方 法 名	返回值类型	方法解释
getDayOfYear()	int	表示该对象表示的日期是今年第几天
isAfter(LocalTime other)	boolean	检查时间是否在指定时间之后
isBefore(LocalTime other)	boolean	检查时间是否在指定时间之前
plusHours(long hoursToAdd)	LocalTime	返回增加了小时数的 LocalTime 副本

DateTimeDemo.java：

```
import java.time.LocalTime;
public class DateTimeDemo {
    public static void main(String[] args) {
        // TODO Auto-generated method stub
        LocalTime localTime = LocalTime.now();
        System.out.println("当前时间：" + localTime);
        System.out.println("增加 1 小时：" + localTime.plusHours(1));
        System.out.println("增加 30 分钟：" + localTime.plusMinutes(30));
        System.out.println("增加 30 秒：" + localTime.plusSeconds(30));
        System.out.println("减少 1 小时:" + localTime.minusHours(1));
        System.out.println("减少 30 分钟:" + localTime.minusMinutes(30));
        System.out.println("减少 30 秒：" + localTime.minusSeconds(30));
    }
}
```

运行结果如图 8-12 所示。

```
当前时间：18:38:32.556
增加1小时：19:38:32.556
增加30分钟：19:08:32.556
增加30秒：18:39:02.556
减少1小时:17:38:32.556
减少30分钟:18:08:32.556
减少30秒：18:38:02.556
```

图 8-12 运行结果

上面的程序创建了一个 LocalTime 类的当前时间对象，对该对象进行修改后输出。

8.4.3 LocalDateTime 类

LocalDateTime 类用来处理日期和时间，该类对象实际是 LocalDate 和 LocalTime 对象的组合，用来表示一个特定事件的开始时间等，如 2023 年放暑假的开始时间是 2023 年 7 月 2 日下午 12 点。

除了 now()方法外，LocalDateTime 类还提供了 of()方法用于创建对象。

（1）public static LocalDateTime now()：获得默认时区系统时钟的当前日期和时间对象。

（2）public static LocalDateTime of(int year, int month, int dayOfMonth, int hour, int minute)：通过指定的年月日和时分获得日期时间对象，秒和纳秒设置为 0。

（3）public static LocalDateTime of(int year, int month, int dayOfMonth, int hour, int minute, int second)：通过指定的年月日和时分秒获得日期时间对象。

（4）public static LocalDateTime now(ZoneId zone)：获得指定时区系统时钟的当前日期

和时间对象。

LocalDateTime 类定义 from()方法可从另一种时态格式转换成 LocalDateTime 实例，也定义了在 LocalDateTime 实例上加、减小时、分钟、周和月等，下面的代码演示了这几个方法的使用方法。

LocalDateTimeDemo.java：

```
import java.time.LocalDateTime;
public class LocalDateTimeDemo {
    public static void main(String[] args) {
        // 自动生成方法
        LocalDateTime now = LocalDateTime.now();
        System.out.println(now);
        LocalDateTime of1 = LocalDateTime.of(2000, 1, 1, 0, 0);
        System.out.println(of1);
        LocalDateTime localDateTime = now.plusYears(20);
        System.out.println("20 年后的今天是："+localDateTime);
        LocalDateTime localDateTime1 = now.plusMonths(10);
        System.out.println("10 个月后的今天是："+localDateTime1);
    }
}
```

运行结果如图 8-13 所示。

```
2023-02-26T18:54:37.992
2000-01-01T00:00
20年后的今天是：2043-02-26T18:54:37.992
10个月后的今天是：2023-12-26T18:54:37.992
```

图 8-13　运行结果

上面的程序创建了一个 LocalDateTime 类的当前日期时间对象，并对该对象进行修改输出。

8.4.4　Instant 类、Period 类与 Duration 类

Instant 类表示时间轴上的一点，或者表示从 1970-01-01 00:00:00 到当前时间的毫秒值。静态方法 Instant.now()返回当前的瞬间时间点。

```
Instant timestamp = Instant.now();
```

Instant 类定义了一些实例方法，如加减时间，下面的代码在当前时间上加了 1 小时：

```
Instant.now() .plusSeconds(60*60);
```

下面的例子展示了 Intant 类的一些用法。

InstantDemo.java：

```
import java.time.Instant;
public class InstantDemo {
    public static void main(String[] args) {
        // 自动生成方法
        Instant ins=Instant.now();
        System.out.println(ins);
        Instant oneHourBefore=Instant.now().minusSeconds(60*60);
        System.out.println(oneHourBefore);//提前 1 小时
        Instant oneHourAfter=Instant.now().plusSeconds(60*60);
        System.out.println(oneHourAfter);//往后 1 小时
    }
}
```

运行结果如图 8-14 所示。

上面的程序利用 Instant 类进行日期时间的输出。

```
2023-02-26T11:22:00.717Z
2023-02-26T10:22:00.717Z
2023-02-26T12:22:00.717Z
```

图 8-14 运行结果

Period 类与 Duration 类都表示时间量或两个日期之间的差，两者之间的差异为：Period 基于日期值，而 Duration 基于时间值。

Period 类与 Duration 类表示的都是一段持续时间，如果需要对比时间，就需要一个固定的时间值，所以就需要 LocalDate 类与 Instant 类来配合使用：Period 对应使用 LocalDate，它们的作用范围域都是日期（年/月/日），Duration 对应使用 Instant，它们的作用范围域都是时间（天/时/分/秒/毫秒/纳秒）。

Duration 类常用 between()方法：计算两个时间的间隔，默认的单位是秒。

例如：

```
Instant start=Instant.now();          //算法开始执行的时刻
runAlgorithm();                       //执行算法
Instant end=Instant.now();            //算法结束执行的时刻
Duration between =Duration.between(start,end);
Long millis=between.toMillis();       //得到算法执行的毫秒数
```

Period 类常用方法为 between()，用于计算两个时间之间的间隔。

```
LocalDate s=LocalDate.of(2000,03,05);
LocalDate now=LocalDate.now();
Period be=Period.between(s,now);
System.out.println(be.getYears());
System.out.println(be.getMonth());
System.out.println(be.getDays());
```

8.5 Math 类

在编程时，经常会涉及数学运算，如计算平方根、求绝对值、求随机数等。java.lang 包中的 Math 类包含许多用来进行科学计算的静态方法，这些方法可以直接通过类名调用。另外，Math 类还有两个静态常量：PI 和 E。它们的值分别约是 3.14 和 2.72。

Math 类

以下是 Math 类的常用方法。

public static long abs(double a)返回 a 的绝对值。

public static double max(double a,double b)返回 a、b 中的最大值。

public static double min(double a,double b)返回 a、b 中的最小值。

public static double random()产生一个 0 到 1 之间的随机数（不包括 0 和 1）。

public static double pow(double a,double b)返回 a 的 b 次幂。

public static double sqrt(double a)返回 a 的平方根。

public static double log(double a)返回 a 的自然对数（底数是 e）。

public static double sin(double a)返回 a 的正弦值。

public static double asin(double a)返回 a 的反正弦值。

下面的例子用于输出 1 到 100 之间的随机偶数，运行结果如图 8-15 所示。

TestRandom.java：

```
public class TestRandom {
    /**
     * 定义产生偶数的方法
```

```
        * num1 起始范围参数
        * num2 终止范围参数
        * return s 返回范围内的随机偶数
        */
        public static int GetEvenNum(double num1, double num2) {
            // 产生 num1 ~ num2 之间的随机数
            int s = (int) num1 + (int) (Math.random() * (num2 - num1));
            if (s % 2 == 0) { // 判断随机数是否为偶数
                return s; // 返回
            }
            else
                // 如果是奇数
                return s + 1; // 将结果加 1 后返回
        }
        public static void main(String[] args) {
            // 调用产生随机数方法
            System.out.println("任意一个 1 ~ 100 的偶数: " + GetEvenNum(1, 100));
        }
    }
```

```
任意一个1~100的偶数：62
```

图 8-15 运行结果

上面的程序利用 Math.random()进行运算时要注意，该方法返回的随机值是 0 ~ 1 的随机小数（不包括 0 和 1）。

8.6 BigInteger 类

程序有时需要处理大整数，java.math 包中的类提供了任意精度的整数运算。下面是创建 BigInteger 对象的基本语法：

```
BigInteger b1 = new BigInteger (String val);
```

构造了一个十进制的 BigInteger 对象 b1，当字符串参数 val 中含有非数字字符时，该构造方法会抛出 NumberFormatException 对象。

创建了 BigInteger 对象后，就可以调用 BigInteger 类中的方法进行运算，包括基本的数学运算和位运算，以及一些取相反数、取绝对值等操作，下面列举了 BigInteger 类的几种常用运算方法。

public BigInteger add(BigInteger val)返回当前大整数对象与参数指定的大整数对象的和。

public BigInteger subtract(BigInteger val)返回当前大整数对象与参数指定的大整数对象的差。

public BigInteger multiply(BigInteger val)返回当前大整数对象与参数指定的大整数对象的积。

public BigInteger divide(BigInteger val)返回当前大整数对象与参数指定的大整数对象的商。

public BigInteger remainder(BigInteger val)返回当前大整数对象与参数指定的大整数对

象的余数。

public BigInteger abs( )返回当前大整数对象的绝对值。

public BigInteger pow(int n)返回当前大整数对象的 *n* 次方。

public int compareTo(BigInteger val)返回当前大整数对象与参数指定的大整数对象的比较结果，返回值是 1、-1 或 0，分别表示当前大整数对象大于、小于或等于参数指定的大整数。

public String toString( )返回当前大整数对象的十进制形式的字符串表示。

public BigInteger negate( )返回当前大整数对象的相反数。

下面的例子调用 BigInteger 对象的各种方法实现大整数的加、减、乘、除等运算，并输出运算结果。运行结果如图 8-16 所示。

TestBigInteger.java：

```
import java.math.*;
publicclass TestBigInteger {
    publicstaticvoid main(String args[]){
        //实例化一个大整数
        BigInteger b1 = new BigInteger("5");
        //取大整数做加 3 操作
        System.out.println("加 3 操作"+b1.add(new BigInteger("3")));
        //取大整数做减 3 操作
        System.out.println("减 3 操作"+b1.subtract(new BigInteger("3")));
        //取大整数做乘以 3 操作
        System.out.println("乘以 3 操作"+b1.multiply(new BigInteger("3")));
        //取大整数做除以 3 操作
        System.out.println("除以 3 操作"+b1.divide(new BigInteger("3")));
        //取大整数做 3 方操作
        System.out.println("做 3 方操作"+b1.pow(3));
        //取相反数操作
        System.out.println("取相反数操作"+b1.negate());
    }
}
```

```
加3操作8
减3操作2
乘以3操作15
除以3操作1
做3方操作125
取相反数操作-5
```

图 8-16　BigInteger 运算结果

上面的程序利用 BigInteger 类实现加、减、乘、除等运算。

8.7 Scanner 类

Scanner 类是 Java 5 中新增加的类，它是一个可以使用正则表达式来解析基本数据类型和字符串的简单文本扫描器，可以通过 Scanner 类来获取用户的输入。下面是创建 Scanner 对象的基本语法：

```
Scanner s = new Scanner(System.in);
```

Scanner 使用分隔符模式将输入分解为不同的数据，默认情况下该分隔符模式与空白

（空格或回车）匹配。然后可以使用不同的 next()方法将得到的标记转换为不同类型的值。通过 reader 对象调用下列方法，读取用户在命令行输入的各种类型数据：nextByte()，nextDouble()，nextFloat，nextInt()，nextLine()，nextLong()。

上述方法执行时都会造成堵塞，等待用户在命令行中输入数据并按回车键确认。例如，用户输入 12.34，hasNextFloat()的值是 true，而 hasNextInt()的值是 false。NextLine()等待用户输入一个文本行并且按回车键，该方法得到一个 String 类型的数据。

下面的例子输入多个实数，求和及平均值，以输入非数字结束输入操作，运行结果如图 8-17 所示。

TestScanner.java：

```
import java.util.Scanner;
public class TestScanner {
    public static void main(String args[]){
        System.out.println("请输入若干个数,每输入一个数要按回车键确认");
        System.out.println("最后输入一个非数字结束输入操作");
        Scanner reader=new Scanner(System.in);
        double sum=0;
        int m=0;
        while(reader.hasNextDouble()){
            double x=reader.nextDouble();
            m=m+1;
            sum=sum+x;
        }
        System.out.printf("%d 个数的和为%f\n",m,sum);
        System.out.printf("%d 个数的平均值是%f\n",m,sum/m);
    }
}
```

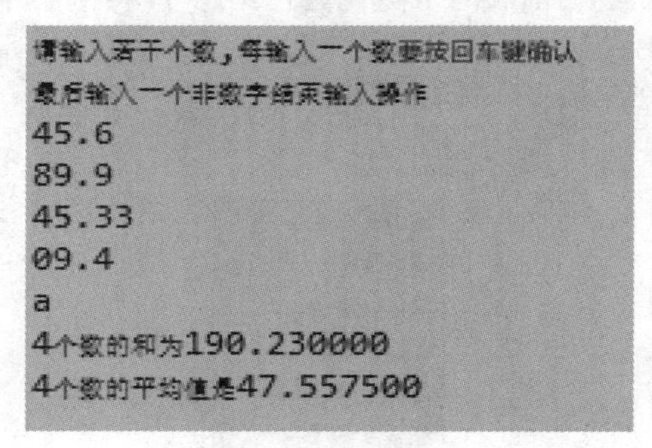

图 8-17　运行结果

上面的程序利用 Scanner 类实现数据的输入，并对输入的数据求和与求平均值。

8.8 System 类

java.lang 包中的 System 类中有许多静态方法，这些方法用于设置和 JVM 相关的数据，在后文中还会用到 System 类中的某些方法，本节介绍 System 类中的 exit(int status)方法。如果一个 Java 程序希望立刻关闭运行当前程序的 JVM，那么就可以让 System 类调用 exit(int status)，并向该方法的参数传递数字 0 或非零的数字。传递数字 0 表示正常关闭虚拟机，否则表示非正常关闭虚拟机。

下面的例子用于在输出“I love China”后关闭虚拟机，如图 8-18 所示。

TestSystem.java：

```
public class TestSystem {
    public static void main(String[] args) {
        System.out.println("I love China");
        System.exit(0);
        System.out.println("I love you");
    }
}
```

```
I love China
```

图 8-18　关闭虚拟机

上面的程序利用 System 类的 exit(0)方法强行关闭 JVM，退出程序的运行。

由于 System.exit(0);语句已经关闭 JVM，所以 System.out.println("I love you");语句没有机会被执行，因此不会输出“I love you”。

8.9 案例实战：输出年历

1. 案例描述

利用所学的 Java 中的日期时间类设计一个“输出年历”程序，输入一个年份，按月输出当年的日历。

2. 运行结果

运行结果如图 8-19 所示。

图 8-19　运行结果

3. 案例目标

- 学会分析“输出年历”案例实现的逻辑思路。
- 能够独立完成“输出年历”程序的源代码编写、编译以及运行。
- 通过“输出年历”程序掌握 LocalDate 类的用法。

4. 案例思路

（1）把日期设定为输入年份当年的 1 月 1 日，获取当月 1 日是星期几，然后输出当月的第一个星期，接着输出当月的下一个星期，直到当月日期输出完毕。

（2）重复输出下一个月的信息。

5. 案例实现

代码如下所示。

PrintCalendar.java：

```
1   import java.time.LocalDate;
2   import java.time.format.TextStyle;
3   import java.util.Locale;
4   import java.util.Scanner;
5   public class PrintCalendar {
6       public static void main(String[] args) {
7           // 自动生成方法
8           Scanner input=new Scanner(System.in);
9           System.out.println("请输入 一个年份: ");
```

```
10          int year=input.nextInt();
11          for(int month=1;month<=12;month++) {
12              LocalDate dates=LocalDate.of(year, month, 1);
13              String monthName=dates.getMonth().getDisplayName(TextStyle.FULL,
Locale.getDefault());
14              int daysOfMonth=dates.lengthOfMonth();
15              System.out.println(year+"年          "+monthName);
16              System.out.println("-----------------------");
17              System.out.printf("%6s%6s%6s%6s%6s%6s%6s%n","一","二","三",
"四","五","六","七");
18              int dayOfWeek=dates.getDayOfWeek().getValue();
19              for(int i=2;i<=dayOfWeek;i++) {
20                  System.out.printf("%3s","");
21
22              }
23              for(int i=1;i<=daysOfMonth;i++) {
24                  System.out.printf("%3d",i);
25                  if((dayOfWeek+i-1)%7==0)
26                      System.out.println();
27              }
28              System.out.printf("%n%n");
29          }
30      }
31  }
```

第 12 行代码设定日期为当年某月的 1 日，第 13 行代码计算出当月月份的中文表示，第 14 行代码计算出当月月份的天数，第 18 行代码计算出当月月份 1 日是星期几。

8.10 小结

（1）Java 提供了处理字符序列的 String 类，使用 String 类中的常用方法，可以实现对字符序列的各种处理。

（2）使用正则表达式能够检索检索、替换那些符合某个模式(规则)的文本。

（3）StringBuffer 类可以创建一个能被修改的字符串序列。使用 StringBuffer 类中的常用方法能够实现对字符序列的插入、删除、替换等处理。

（4）Java 提供了一系列日期时间类，使用如 LocalDate 类、LocalTime 类等类中的常用方法，可以对日期、时间数据进行处理。

（5）Math 类包含许多用来进行科学计算的静态方法，可以实现计算平方根、求绝对值、求随机数等各种数学运算。

（6）BigInteger 类中的方法能够实现对大整数的四则运算。

（7）Scanner 类是一个可以使用正则表达式来解析基本数据类型和字符串的简单文本扫描器，可用来获取用户的输入。

8.11 习题

（1）"BlueCar".indexOf("Car")的值是多少？

（2）怎样将数值字符串转换成其所表示的整数型或浮点型数值？

（3）用 StringBuffer 类的方法把字符串"abcd"变成"abcd,ef,gk"。

（4）参考本章案例实战，请编程输出 2022 年 8 月的日历。

（5）用 Math 类的 random()方法编程输出 10 ~ 99 的随机数。

第二部分　提高篇

第9章　异常处理

主要内容

- 异常概述
- 异常的使用
- 自定义异常类

在程序设计和运行中出现错误是不可避免的。尽管 Java 设计规范，提供了编写整洁、安全的代码的方法，同时程序员也尽量避免错误的产生，但各种因素导致程序出现错误被迫中止运行的现象仍然存在。为此 Java 提供了一套完善的异常处理机制来帮助程序员检查可能出现的错误，保证程序的可读性和可维护性。Java 将这些不同的错误称为不同的异常并将它们封装到相应的类中，出现错误时就会抛出异常对象。本章主要对 Java 的异常处理机制进行讲解。

异常概述

9.1 异常概述

硬件问题、资源耗尽、输入错误以及程序代码编写不严谨等都会导致程序运行时产生异常，这些异常会导致程序中断而不能正常运行，所以需要对异常的情况进行妥善处理。本节主要讲解异常的基础知识。

9.1.1 什么是异常

Java 中的异常实际上是一个对象，这个对象描述了代码中出现的异常情况。在代码运行异常时，出现异常的方法创建并抛出一个表示异常的对象，然后在相应的异常处理模块中进行处理。示例如下。

```
public class ExceptionDemo{
    public static void main(String args[ ]){
        String str=null;      //字符串的内容为 null
        int strLength=str.length();      //获取字符串的长度
        System.out.println("strLength 的长度: "+strLength);
    }
}
```

这段代码的功能是得到一个字符串的长度并把它输出出来，但是字符串并没有被实例化而是只有一个 null 值，代码编译是没有问题的，但是程序不能正常运行，会产生如下错误。

```
Exception in thread "main" java.lang.NullPointerException
    at ExceptionDemo.main(ExceptionDemo.java:4)
```

由于程序中没有实例化 str，所以使用 String 类型的方法 length()是不合理的，会抛出一个 NullPointerException 对象。上述错误提示描述了程序的异常以及异常抛出的地点，在 main()方法中，ExceptionDemo.java 的第 4 行。另外一个示例如下。

```
public class ExceptionDemo1{
    public static void printLength(){
        String str=null;      //设置字符串的内容为null
        int strLength=str.length();      //获取字符串的长度
        System.out.println("strLength的长度："+strLength);
    }
    public static void main(String args[ ]){
        printLength();
    }
}
```

程序编译通过，运行会产生如下错误。

```
Exception in thread "main" java.lang.NullPointerException
   at ExceptionDemo1.printLength(ExceptionDemo1.java:4)
   at ExceptionDemo1.main(ExceptionDemo1.java:8)
```

错误提示中给出了异常的信息，从提示的信息看，是第 8 行调用 printLength()方法时产生了异常，具体的异常位置在第 4 行“int strLength=str.length();”。异常提示信息方便了程序的调试。

9.1.2 异常的分类

Java 中，所有的异常类都是内置类 Throwable 的子类，所以 Throwable 在异常类型层次结构的顶部。Throwable 有两个子类，一个是 Exception，另一个是 Error，如图 9-1 所示。

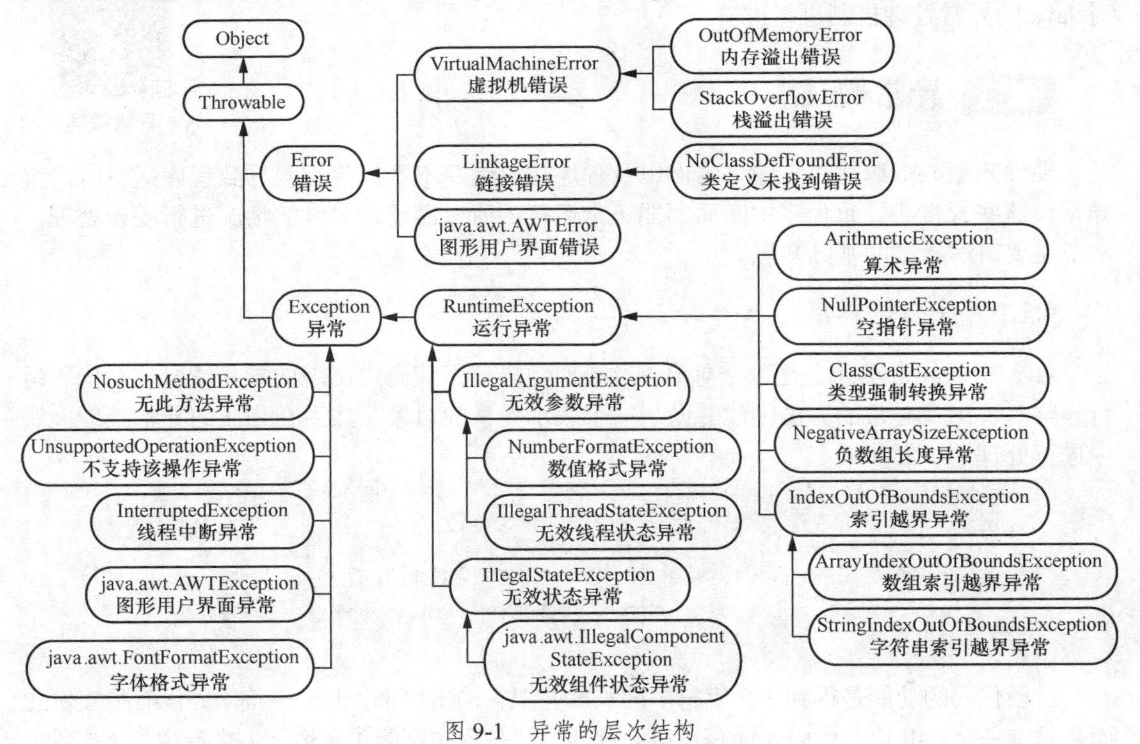

图 9-1　异常的层次结构

Error 类定义了 Java 运行时的内部错误。通常用 Error 类来指明与运行环境相关的错误。应用程序不应该抛出这类错误，发生这类错误时通常是无法处理的。

Exception类定义了程序中应该捕获的异常。Exception类有许多子类，其中，重要的一个子类是RuntimeException类，别的子类还有NosuchMethodException类、InterruptedException类等。

RuntimeException 类主要用来描述程序运行时产生的异常，例如前面程序演示的NullPointerException，通过API可以查看它的层次，即它是RuntimeException的一个子类，当应用程序试图在需要对象的地方使用null时，抛出该异常对象。RuntimeException还包括其他的一些子类。

1. IndexOutOfBoundsException

某排序索引（例如对数组、字符串或向量的排序）超出范围时抛出IndexOutOfBoundsException对象。例如：

```
int array1={1,2,3};
array1[3]=9;
```

长度为3的数组索引为0、1、2，当试图访问array1[3]时抛出IndexOutOfBoundsException对象。

2. ArithmeticException

当出现异常的运算条件时，抛出ArithmeticException对象，例如一个整数除以零时。

除了以上的异常外，还有其他一系列的异常，这里不一一列举。对于Exception类，除RuntimeException以外其他的异常类在程序中出现是必须要处理的（用try{...}catch(...){...}捕获），而不像RuntimeException中的异常会由运行时系统处理或者程序员用try{...}catch(...){...}捕获。

对异常还可以有如此分类，RuntimeException 的子类通常指一些运行时错误引起的异常，所以可以处理它或不处理它，而Error是无法处理的，所以把它们统称为非检查异常；其他的异常则被称为检查异常，是能处理而且必须要处理的。

9.2 异常的处理

异常的处理

前面介绍了异常的基础知识，这一节主要介绍Java中异常的基本处理方法，包括异常捕获、finally语句、printStatckTrace()方法以及方法中异常的抛出等。

9.2.1 异常捕获

知道什么是异常和有哪些异常后，现在就来学习一下如何进行异常处理。对异常的处理包括很多种，先来学习一下异常捕获。Java使用try-catch语句来进行异常捕获，Java中严格规定了该语句的使用格式，它的基本使用格式如下。

```
try{
    //可能出现异常代码
}
catch(异常类型1 异常对象){
    //对异常1的处理
}
catch(异常类型2 异常对象){
    //对异常2的处理
}
......
```

```
catch(异常类型 n 异常对象){
    //对异常对象 n 的处理
}
finally{
    //扫尾工作程序语句
}
```

在 try-catch 语句中捕获并处理异常，把可能出现异常的语句放入 try 语句中，紧接在 try 语句后的是各个异常的 catch 处理模块，最后是完成扫尾工作的 finally 语句，其中 finally 语句可以有，也可以没有，根据需要而定。

一个 try 语句可以有多个 catch 语句与之配套，catch 语句必须紧跟在 try 语句后，中间不能有其他的任何代码。

```
public class UseTryCatchDemo{
    public static void main(String args[ ]){
        String str=null;
        int strLength=0;
        try{
            strLength=str.length();
        }
        catch(NullPointerException e){
            System.out.println("在求字符串长度的时候产生异常");
        }
        System.out.println("strLength 的长度: "+strLength);
    }
}
```

程序的运行结果如下。

```
在求字符串长度的时候产生异常
strLength 的长度: 0
```

在程序中，把求字符串长度的语句放在了 try 语句中，当程序运行到语句 strLength=str.length();时抛出 NullPointerException 对象，该异常对象被 catch 语句捕获后，由 catch 语句进行处理，处理完后继续执行下面的输出语句。注意 9.1 节的程序中，没有异常处理语句的时候并不执行最后的输出语句，而在上面的程序中，经过异常处理，执行了最后的输出语句，使程序正常结束。

当有多个 catch 语句的时候，程序运行时会自动根据抛出的异常类型去调用相应的 catch 语句，这样可以准确处理出现的异常。示例如下。

```
public class UseTryCatchDemo2{
    public static void main(String args[ ]){
        int[ ]array1={1,2,3};
        try {
            array1[3]=5;
        }
        catch(NullPointerException e){
            System.out.println("在求字符串长度的时候产生空指针异常");
        }
        catch(ArrayIndexOutOfBoundsException e){
            System.out.println("出现数组索引越界异常");
        }
        System.out.println("程序正常退出");
    }
}
```

程序的运行结果如下。

```
出现数组索引越界异常
程序正常退出
```

程序中紧跟 try 语句的两个 catch 语句，分别捕获空指针异常 NullPointerException 和数组索引越界异常 ArrayIndexOutOfBoundsException。由于在 try 语句中访问数组越界，所以会抛出一个数组索引越界异常，程序运行的时候会自动根据该异常调用捕获数组索引越界异常的 catch 语句。

需要注意的是，如果有多个 catch 语句，并且它们之间的异常有继承关系，那么捕获子类异常的 catch 语句必须放在前面，捕获父类异常的 catch 语句必须放在后面，否则父类异常捕获语句会捕获所有子类异常，而使放在后面的子类异常 catch 语句永远不会执行。这在 Java 中会被当作编译错误处理，示例如下。

```
public class CatchDemo{
    public static void main(String args[ ]){
        try{
        int a=15/0;
        }
        catch(Exception e){
            System.out.println("捕获 Exception");
        }
        catch(ArithmeticException e) {
            System.out.println("捕获 ArithmeticException");
        }
    }
}
```

程序编译后报错如下。

```
CatchDemo.java:11: 已捕捉到异常 java.lang.ArithmeticException    catch
(ArithmeticException e)
```

这是因为 Exception 是 ArithmeticException 类的父类，第一个语句捕获 Exception 对象致使第二个 catch 语句成为不可达的语句。需要把二者调换，把捕获子类异常的 catch 语句放在前面，把捕获父类异常的 catch 语句放在后面，程序才能正常编译运行。

```
public class CatchDemo{
    public static void main(String args[ ]){
        try  {
            int a=15/0;
        }
        catch(ArithmeticException e)  {
            System.out.println("捕获 ArithmeticException");
        }
        catch(Exception e) {
            System.out.println("捕获 Exception");
        }
    }
}
```

程序的运行结果如下。

```
捕获 ArithmeticException
```

9.2.2 printStackTrace()方法：获取异常的堆栈信息

对异常处理进行简单介绍后，接下来讲解几个非常重要的方法，异常对象可以调用这些方法得到或输出有关异常的信息：

```
public String getMessage();          //得到异常出错信息
public void printStackTrace();       //输出异常详细信息
public String toString();            //得到异常出错信息
```

异常类中的方法 printStackTrace()在 Throwable 类中定义，它的作用是把 Throwable 对象的堆栈信息输出至输出流。示例如下。

```
public class TestprintStackTraceDemo{
    public static void main(String args[ ]){
        method1();                   //调用 method1()方法
    }
    static void method1() {
        method2();                   //调用 method2()方法
    }
    static void method2() {
        method3();                   //调用 method3()方法
    }
    static void method3() {
        String str=null;             //字符串的值为 null
        int n=str.length();          //获取字符串的长度
    }
}
```

程序的运行结果如下。

```
Exception in thread "main" java.lang.NullPointerException     at
TestprintStackTraceDemo.method3(TestprintStackTraceDemo.java:16)    at
TestprintStackTraceDemo.method2(TestprintStackTraceDemo.java:11)    at
TestprintStackTraceDemo.method1(TestprintStackTraceDemo.java:7)    at
TestprintStackTraceDemo.main(TestprintStackTraceDemo.java:3)
```

另一个示例程序如下。

```
public class TestprintStackTraceDemo1{
    public static void main(String args[ ]){
        try{                         //对 method1()方法进行异常处理
            method1();               //调用 method1()方法
        }
        catch(NullPointerException e){
            e.printStackTrace();     //获取异常信息
        }
    }
    static void method1() {
        method2();                   //调用 method2()方法
    }
    static void method2() {
        method3();                   //调用 method3()方法
    }
    static void method3() {
        String str=null;             //字符串的值为 null
        int n=str.length();          //获取字符串的长度
    }
}
```

程序的运行结果如下。

```
java.lang.NullPointerException    at TestprintStackTraceDemo.method3
(TestprintStackTraceDemo.java:23)    at TestprintStackTraceDemo.method2
```

```
(TestprintStackTraceDemo.java:18)    at TestprintStackTraceDemo.method1
(TestprintStackTraceDemo.java:14)    at TestprintStackTraceDemo.main
(TestprintStackTraceDemo.java:5)。
```

先看第二个程序，在 try 语句后面的 catch 语句中有 e.printStackTrace();语句，它输出了异常的栈信息。对比前一个程序，可以发现二者的输出是一样的，当然程序的行数不同，并且第二个程序是正常退出的，但是二者的异常输出信息是相同的。原因是 NullPointerException 为非检查异常，并不是一定需要捕获的，Java 会处理它。示例如下。

```
public class DBDemo {
    public static void main(String[ ] args) {
        Class.forName("");
    }
}
```

程序在编译的时候会发生 Unhandled exceptiontype ClassNotFoundException 错误。因为 ClassNotFoundException 是检查异常，必须对其进行捕获，修改后示例如下。

```
public class DBDemo {
    public static void main(String[ ] args) {
        try{
            Class.forName("");
        }
        catch (ClassNotFoundException e) {
            e.printStackTrace();
        }
    }
}
```

程序编译通过，运行时屏幕显示如下内容。

```
java.lang.ClassNotFoundException:
at java.lang.Class.forName0(Native Method)
at java.lang.Class.forName(Unknown Source)
at DBDemo.main(DBDemo.java:5)
```

catch 语句捕获了产生的异常，并把异常信息输出。

9.2.3 finally 语句

在出现异常的时候，try 语句中异常出现之后的代码不会被执行。示例如下。

```
public class SimpleDemo {
    public static void main(String[ ] args) {
        String str=null;
        int strLength=0;
        try{
            strLength=str.length();
            System.out.println("出现异常之后");
        }
        catch(NullPointerException e){
            e.printStackTrace();
        }
        System.out.println("程序退出");
    }
}
```

程序的运行结果如下。

```
java.lang.NullPointerException    at SimpleDemo.main(SimpleDemo.java:6)
程序退出
```

可以看到 try 语句中的输出语句并没有被执行。在 Java 中就是这样，出现异常的时候会跳出当前执行的 try 语句，找到相应的 catch 语句执行异常处理语句，然后执行 catch 语句之后的语句。

有的时候有些语句是必须执行的，例如连接数据库的时候在使用完后必须对连接进行释放，否则系统会因为资源耗尽而崩溃。对于这些必须要执行的语句，Java 提供了 finally 语句来执行扫尾工作。

finally 语句是异常捕获里的重要语句，它规定的语句无论异常发生与否都会被执行。在一个 try-catch 语句中只能有一个 finally 语句。示例如下。

```
public class SimpleDemo1 {
    public static void main(String[ ] args) {
        String str=null;
        int strLength=0;
        try{
            strLength=str.length();
            System.out.println("出现异常之后");
        }
        catch(NullPointerException e){
            e.printStackTrace();
        }
        finally{
            System.out.println("执行 finally 语句");
        }
        System.out.println("程序退出");
    }
}
```

程序的运行结果如下。

```
java.lang.NullPointerException at SimpleDemo.main(SimpleDemo.java:6)
执行 finally 语句
程序退出
```

一般情况下 finally 语句一般放在最后一个 catch 语句后，不管程序是否抛出异常，它都会执行。示例如下。

```
public class SimpleDemo2 {
    public static void main(String[ ] args) {
        String str=null;
        int strLength=0;
        try{
            //strLength=str.length();
            //System.out.println("出现异常之后");
        }
        catch(NullPointerException e){
            e.printStackTrace();
        }
        finally{
            System.out.println("执行 finally 语句");
        }
        System.out.println("程序退出");
    }
}
```

把本该抛出异常的语句都注释了，所以它们不会被执行，程序的运行结果如下。

```
执行 finally 语句
程序退出
```

可以看到，虽然程序没有抛出异常，但是finally语句仍然被执行。

9.2.4 方法抛出异常

有一种说法是，最好的异常处理是什么都不做。这样说并不是任由系统自己处理出现的异常，而是说把出现的异常留给用户自己处理。例如写一个方法，这个方法有抛出异常的可能性，最好的办法是把对异常的处理工作留给方法的调用者，因此需要在方法定义中声明要抛出的异常。

1. 通过关键字 throws 声明抛出异常

Java 是使用 throws 关键字来声明抛出异常的。看下面的程序。

```
public class ThrowsDemo {
    static void method()throws NullPointerException,
    IndexOutOfBoundsException,ClassNotFoundException{
        String str=null;
        int strLength=0;
        strLength=str.length();
        System.out.println(strLength);
    }
    public static void main(String[ ] args) {
        try {
            method();
        }
        catch (NullPointerException e) {
            System.out.println("NullPointerException");
            e.printStackTrace();
        }
        catch (IndexOutOfBoundsException e) {
            System.out.println("IndexOutOfBoundsException");
            e.printStackTrace();
        }
        catch (ClassNotFoundException e) {
            System.out.println("ClassNotFoundException");
            e.printStackTrace();
        }
    }
}
```

程序的运行结果如下。

```
NullPointerException
java.lang.NullPointerException
at ThrowsDemo.method(ThrowsDemo.java:5)
at ThrowsDemo.main(ThrowsDemo.java:10)
```

程序声明了一个方法，它定义了可能抛出的 3 种异常。定义一个会抛出异常的方法的格式如下。

```
修饰符 返回值类型 方法名() throws 异常类型1,异常类型2{
    //方法体
}
```

这种抛出异常的方法被称为隐式抛出异常。还有一种方法被称为显示抛出异常，它是通过 throw 关键字来实现的。

2. 通过关键字 throw 抛出异常

throw 表示对异常的抛出。异常的抛出是指捕获到异常的时候并不对它进行直接处理而是把它抛出，留给上一层的调用来处理。示例如下。

```
public class ThrowDemo {
    static void connect() throws ClassNotFoundException {
        int x=(int)Math.random()*100;
```

```
        if(x%2==1)  {
            throw new ArithmeticException();
        }
        try{
            Class.forName("");
        }
        catch(ClassNotFoundException e){
            System.out.println("方法中把异常再次抛出");
            throw e;
        }
    }
    public static void main(String[ ] args) {
        try {
            connect();
        }
        catch (ClassNotFoundException e) {
            System.out.println("主方法对异常进行处理");
        }
    }
}
```

程序的运行结果如下。

```
方法中把异常再次抛出
主方法对异常进行处理
```

可以看到，在方法中程序并没有对异常进行处理而是通过 throw e;语句把异常抛出，在主方法调用的时候必须把该方法调用语句放在 try-catch 语句中，捕获上面抛出的异常并进行处理。

在 ThrowDemo 中定义了两种可能抛出的异常，那么在调用该方法的时候就必须要把方法调用语句放入 try-catch 语句中，并在 catch 语句中捕获相应的异常。注意如果只是定义抛出的第一种 ArithmeticException 对象，因为它们都是非检查异常，所以在调用的时候可以不放在 try-catch 语句中，但是如果方法抛出检查异常，则必须要放入 try-catch 语句中。

3．非检查异常和检查异常使用关键字 throws、throw 的区别

对于非检查异常，在方法抛出时可以不用关键字 throws 来声明，检查异常则必须在用 throws 关键字声明后才能进行 throw 关键字声明，抛出异常。一个示例如下。

```
public class ThrowsDemo1{
    static int amethod(int a,int b){ //throws ArithmeticException
        if(b==0)
            throw new ArithmeticException();
        else
            return a/b;
    }
    public static void main(String args[ ]){
        System.out.println(amethod(15,5));
        System.out.println(amethod(15,0));
    }
}
```

这段程序是没有问题的，因为在方法 amethod()中抛出的是 ArithmeticException，它是一个非检查异常。程序的运行结果如下。

```
Exception in thread "main" java.lang.ArithmeticException
at ThrowsDemo1.amethod(ThrowsDemo1.java:5)

at ThrowsDemo1.main(ThrowsDemo1.java:11)
```

另一个示例如下。

```
public class ThrowsDemo2{
    static void amethod(){
        System.out.println("方法内抛出异常");
```

```
        throw new IllegalAccessException();
    }
    public static void main(String args[ ]){
        amethod();
    }
}
```

编译程序时会报错，如下所示。

```
Exception in thread "main" java.lang.Error: Unresolved compilation problem:
    Unhandled exception type IllegalAccessException
    at ThrowsDemo2.amethod(ThrowsDemo2.java:5)
    at ThrowsDemo2.main(ThrowsDemo2.java:8)
```

必须对其进行捕捉或声明以便抛出 throw new IllegalAccessException();。

因为 IllegalAccessException 是一个检查异常，在方法中抛出的时候必须对它进行声明。该程序需要改进两点：一是在方法中声明可能抛出的异常；二是在调用该方法时需要将其放入 try-catch 语句中。正确的程序如下。

```
public class ThrowsDemo2{
    static void amethod() throws IllegalAccessException{
        System.out.println("方法内抛出异常");
        throw new IllegalAccessException();
    }
    public static void main(String args[ ]){
        try{
            amethod();
        }
        catch(IllegalAccessException e){
            System.out.println("捕获到异常");
        }
    }
}
```

程序的运行结果如下。

```
方法内抛出异常
捕获到异常
```

try-with-resources 语句

9.2.5 try-with-resources 语句

try-with-resources 语句是一种声明了一种或多种资源的 try 语句，它是 Java SE 7 新增的特性。资源是指在程序用完了之后必须要关闭的对象。try-with-resources 语句可保证每个声明了的资源在 try 语句结束的时候都会被关闭。任何实现了 java.lang.AutoCloseable 接口的对象和实现了 java.io.Closeable 接口的对象，都可以当作资源使口，如输入/输出流、数据库等。在 Java SE 7 以前，通常使用 finally 语句中的 close()方法关闭资源。

```
try{
    //打开资源
}
catch(Exception e){
    //处理异常
}
finally{
    //关闭资源
}
```

在调用 close()方法关闭资源时也可能抛出异常，那么也要处理这种异常。这样编写的代码会变得冗长。例如下面是读文件操作的一段典型代码。

```
BufferedReader br=null;
try{
```

```
        br= new BufferedReader(new FileReader("d:/yax.txt"));
        String fis= br.readLine();
    }
    catch(Exception e) {
        System.out.println("文件读异常");
    }
    finally{
        if(br!=null)
            try {
                br.close();
            }
        catch(IOException e) {
            //异常处理
        }
    }
```

可以看到，为了处理 br.close()方法抛出的异常，在 finally 语句中又写了 try-catch 语句，如果在一个 try 语句中打开多个资源，代码会更长。Java SE 7 提供的自动关闭资源的功能为管理资源（如文件流、数据库连接等）提供了一种更加简便的方式。这种功能是通过一种新的 try 语句实现的，称为 try-with-resources 语句。try-with-resources 语句的主要优点是可以实现当资源（如文件流）操作完成退出 try 语句时被自动关闭。

try-with-resources 语句的基本形式如下：

```
try（resource-specification）{
//使用资源
}[
 catch(Exception e){
}]
```

resource-specification 是声明和初始化资源（如文件）的语句，放在()中，包括定义变量、对变量进行操作等语句。这里可以创建多个资源，用分号分隔。当 try 语句结束时，将自动调用 close()方法关闭资源。如果是打开一个文件，那么该文件将被关闭，因此不需要显式调用 close()方法。try-with-resources 语句也可以包含 catch 和 finally 语句。例如前面的读文件操作用 try-with-resources 语句实现，如下。

```
try(BufferedReader br=new BufferedReader(new FileReader("d:/yax.txt"))){
    String fis= br.readLine();
}catch(Exception e) {
    System.out.println("文件读异常");
}
```

上述代码看起来要简洁很多，但要记住只有实现了 java.lang.AutoCloseable 接口或 java.io.Closeable 接口的类，才允许这样做，其中，输入/输出流类、数据库类实现了这两个接口。因此在使用输入/输出流和操作数据库时可以使用 try-with-resources 语句。

9.3 自定义异常类

自定义异常类

一般情况下，Java 本身提供的异常类能处理大多数的错误，但是有时候还是需要创建异常类来处理一些错误。这一节主要介绍如何创建并使用异常类。通过对本节的学习，读者可以创建自己的异常类来处理一些问题。

9.3.1 创建自己的异常类

创建自己的异常类很简单，只需要继承 Exception 类并实现一些方法即可。它的一般形式如下。

```
class类名extends Exception{
    //类体
}
```

查看 Java 的 API 文档可以发现 Exception 并没有定义任何方法。它从 Throwable 继承了一些方法，所以创建自定义的异常类时可以继承 Throwable 中的方法。Throwable 中主要的方法有以下几种。

public Throwable fillInStackTrace()：返回包含一个完全堆栈追踪的 Throwable 对象，这个对象可以被再次抛出。

public Throwable getCause()：返回此 Throwable 的 Cause；如果 Cause 不存在或未知，则返回 null。

public String getMessage()：返回此 Throwable 的详细消息字符串。

public StackTraceElement[] getStackTrace()：返回一个包含异常堆栈追踪的数组，每个元素表示一个堆栈帧。数组的第 0 个元素（假定数据的长度为非零）表示堆栈顶部，它是序列中最后的方法调用。通常，这是创建和抛出该 Throwable 的地方。数组的最后一个元素（假定数据的长度为非零）表示堆栈底部，它是序列中的第一个方法调用。

public void printStackTrace()：将异常堆栈追踪输出到标准错误流。

public void printStackTrace(PrintStream s)：将此 Throwable 及其追踪输出到指定的输出流。

public void printStackTrace(PrintWriter s)：将此 Throwable 及其追踪输出到指定的 PrintWriter。

public String toString()：返回一个包含异常描述的 String 对象。

这些方法会被继承，也可以在创建的异常类中重写这些方法。下面是一个简单的自定义异常类。

```
public class MyException extends Exception{
    MyException(){
    }
    MyException(String msg){
        //调用父类的方法
        super(msg);
    }
}
```

测试程序如下。

```
public class TestMyException{
    public static void main(String args[ ]){
        //创建自己的异常类对象
        MyException mec=new MyException("这是我自定义的异常类");
        System.out.println(mec.getMessage());
        System.out.println(mec.toString());
    }
}
```

程序的运行结果如下。

```
这是我自定义的异常类
MyException: 这是我自定义的异常类
```

9.3.2 使用自己创建的异常类

9.3.1 小节介绍了如何创建自己的异常类，这一小节将讲解如何使用自己创建的异常类。在 Circle 类中，当半径为负值时抛出异常，当半径为正值时输出圆的面积。为此定义了半径负值异常类 NagativeException，程序示例如下。

```
class NagativeException extends Exception{
    public NagativeException() {}
    public NagativeException(String message) {
        super("半径为负值: "+message);
    }
}
class Circle{
    private double radius;
    public Circle() {
        radius=5.0;
    }
    public Circle(double r) throws NagativeException{
        if(r<0)
            throw new NagativeException(r+"");
        else
            radius=r;
    }
    public void getArea(){
        System.out.println("area="+(3.14*radius*radius));
    }
}
public class NagativeExceptionDemo {
    public static void main(String args[]){
        try{
            new Circle(4.0).getArea();
            new Circle(-3.0).getArea();
            new Circle(8.0).getArea();
        }
        catch(NagativeException e){
            System.out.println(e);
        }
    }
}
```

程序的运行结果如下。

```
area=50.24
NagativeException: 半径为负值: -3.0
```

在 try-catch 语句中，当半径为 4.0 时，正常输出圆的面积；当半径为–3.0 时，抛出 NagativeException 对象。

9.4 案例实战：成绩输入异常

1. 案例描述

考试中经常需要把成绩由百分制转换成 ABCD 等级制，百分制的成绩范围为 0 ~ 100，超出这个范围时抛出成绩异常。

2. 运行结果

运行结果如图 9-2 所示。

```
90分的成绩等级为：A
IllegalScoreException: 分数超出范围（0～100）：120
```

图 9-2 运行结果

3. 案例目标

- 学会分析“成绩输入异常”案例的实现思路。
- 根据思路独立完成“成绩输入异常”程序的源代码编写、编译及运行。
- 掌握通过继承 Exception 类创建自定义异常类并在程序中使用的方法。

4. 案例思路

（1）定义数值为负值时的 IllegalScoreException 类，它是 Exception 的子类。

（2）在 ScoreExceptionDemo 类的判定成绩等级的 scoreLevel(int score)方法中，当成绩不在 0～100 范围时用 throw new IllegalScoreException("分数超出范围（0～100）："+score); 语句抛出异常。

5. 案例实现

创建成绩输入异常程序，代码如下所示。

ScoreExceptionDemo.java：

```
1  class IllegalScoreException extends Exception{
2      IllegalScoreException()  {   }
3      IllegalScoreException(String msg) {
4          //调用父类的构造方法
5          super(msg);
6      }
7  }
8  public class ScoreExceptionDemo{
9      public static void main(String args[ ]){
10         try {
11             String level=null;
12             level=scoreLevel(90);
13             System.out.println("90 分的成绩等级为："+level);
14             level=scoreLevel(120);
15             System.out.println("120 分的成绩等级为："+level);
16         }
17         catch(IllegalScoreException e) {
18             System.out.println(e);
19         }
20     }
21     static String scoreLevel(int score) throws IllegalScoreException{
22 
23         if(score>=85&&score<=100)
24             return "A";
25         else if(score>=75&&score<85)
26             return "B";
27         else if(score>=60&&score<75)
28             return "C";
29         else if(score<60&&score>=0)
30             return "D";
31         else
32             throw new IllegalScoreException("分数超出范围（0～100）："+score);
33     }
34 }
```

上述代码中，第 1～7 行代码用于自定义异常类 IllegalScoreException；第 21 行代码中定义成绩判定方法 scoreLevel(int score)声明可能会抛出 IllegalScoreException 对象；第 32

行代码用于让成绩不在 0 ~ 100 范围时抛出 IllegalScoreException 对象。

9.5 小结

（1）Java 将异常封装到一个类中，出现错误时就会抛出异常对象。所有的异常类都是内置类 Throwable 的子类，所以 Throwable 在异常类层次结构的顶部。Throwable 有两个子类，一个是 Exception，另一个是 Error。

（2）Java 使用 try-catch 语句来进行异常捕获，把可能出现异常的语句放在 try 语句中，处理异常的语句放在 catch 语句中。发生异常后转入 catch 语句中执行相应的异常处理。

（3）一般情况下，Java 本身提供的异常类能处理大多数的错误，但是有时候还是需要创建用户自己的异常类来处理一些错误。

9.6 习题

（1）Java 为什么要采用异常处理机制？异常处理的目的是什么？

（2）Java 异常处理是怎样实现的？

（3）RuntimeException 有哪些子类？举例说明运行这些异常的产生情况。

（4）关键字 throw 和 throws 分别有何用途？

（5）执行以下语句，回答产生的异常对象被谁捕获。

```
try {
    int i = Integer.parseInt("123a");
}
catch (Exception e) { }
catch (NumberFormatException e) { }
```

第10章 输入/输出流

主要内容

- 文件类
- 输入/输出流
- 文件输入/输出流
- 带缓冲区的输入/输出流
- 数据输入/输出流
- 对象序列化

当程序需要把数据存储到磁盘文件中或从磁盘文件中读取数据时，就需要使用输入/输出流，简称 I/O（Input/Output）流。I/O 流是一组有序的数据序列，根据流向的不同可分为输入流和输出流两种。I/O 流提供了一条通道，可以使用这条通道把源中的字节序列送到目的地。虽然 I/O 流经常与磁盘文件存取有关，但是程序的源和目的地也可以是键盘、鼠标、内存或显示器窗口等。

Java 中的输入流是指程序从文件、网络、压缩包、其他数据源中读取数据，如图 10-1 所示，图中的目的地是指程序（CPU 内，因为程序在 CPU 内执行）。

Java 中的输出流是把程序中的数据写入文件、网络、压缩包、其他输出目标中，如图 10-2 所示，图中的源是指程序（CPU 内，因为程序在 CPU 内执行）。

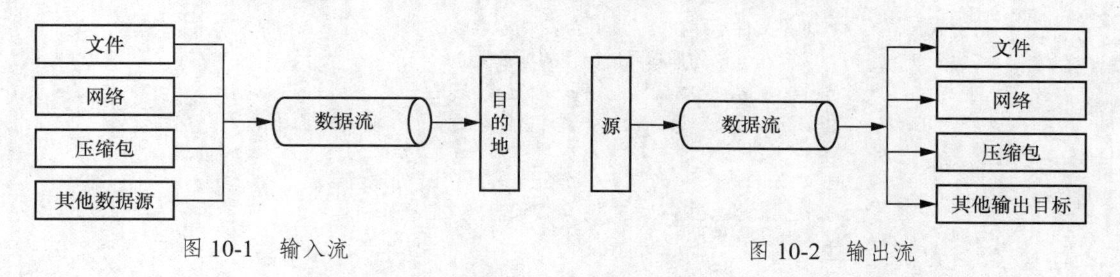

图 10-1　输入流　　　　图 10-2　输出流

在 Java 中用 java.io 包来管理所有与输入和输出有关的类与接口。其中有 5 个重要的类，分别是 InputStream、OutputStream、Reader、Writer 和 File。几乎所有的输入输出类都是继承这 5 个类而来的。

10.1 File 类

在学习 I/O 流之前，我们先来了解一下 File 类，因为很多 I/O 流的操作都与文件有关。

通过 File 类提供的各种方法，能够创建、删除、重命名文件，判断文件的读写权限以及文件是否存在，设置和查询文件的最近修改时间等。不同操作系统具有不同的文件组织方式。通过使用 File 类对象，Java 程序可以用与平台无关的、统一的方式来处理文件和目录。

10.1.1 创建 File 类对象

创建 File 类对象需要给出其所对应的文件名或目录名，File 类的构造方法如表 10-1 所示。

表 10-1 File 类的构造方法

构造方法	功能描述
public File(String path)	指定与 File 对象关联的文件或目录名，path 可以包含路径、文件和目录名
public File(String path, String name)	以 path 为路径，以 name 为文件或目录名创建 File 对象
public File(File dir, String name)	用现有的 File 对象 dir 作为目录，以 name 作为文件或目录名创建 File 对象

在使用 File 类的构造方法时，需要注意下面几点。

（1）path 参数可以是绝对路径，也可以是相对路径，也可以是磁盘上的某个目录。

（2）由于不同操作系统使用的目录分隔符不同，可以使用 System 类的一个静态变量 System.dirSep（目录分隔符）来实现在不同操作系统下都通用的路径。如：

```
"d:"+System.dirSep+"myjava"+System.dirSep+"file"
```

例如下面的程序判断 d 盘中的 ch10 目录中是否存在 count.txt 文件，如果存在将其删除，不存在则创建该文件。

TestFile.java：

```
import java.io.*;
public class TestFile { // 创建类 TestFile
    public static void main(String[] args) { // 主方法
        File file = new File("d:/ch10/count.txt"); // 创建文件对象
        if (file.exists()) { // 如果该文件存在
            file.delete(); // 将文件删除
            System.out.println("文件已删除"); // 输出的提示信息
        }
        else { // 如果文件不存在
            try { // try语句捕捉可能出现的异常
                file.createNewFile(); // 创建该文件
                System.out.println("文件已创建"); // 输出的提示信息
            }
            catch (Exception e) { // catch语句用于处理该异常
                e.printStackTrace(); // 输出异常信息
            }
        }
    }
}
```

上面的程序通过 File file = new File("d:/ch10/count.txt")；语句创建一个 File 对象，然后通过 file.exists()方法判断文件存在与否，然后进行删除和创建。

10.1.2 File 类对象属性和操作

使用 File 类对象，可以获取文件和相关目录的属性信息并可以对其进行管理和操作。表 10-2 列出了其常用的方法和功能描述。

表 10-2　File 类对象常用的方法和功能描述

方　法	功能描述
boolean canRead()	如果文件可读，返回真，否则返回假
boolean canWrite()	如果文件可写，返回真，否则返回假
boolean exists()	判断文件或目录是否存在
boolean createNewFile()	若文件不存在，则创建指定名字的空文件，并返回真，若不存在返回假
boolean isFile()	判断对象是否代表有效文件
boolean isDirectory()	判断对象是否代表有效目录
boolean equals(File f)	比较两个文件或目录是否相同
string getName()	返回文件名或目录名的字符串
string getPath()	返回文件或目录路径的字符串
long length()	返回文件的字节数，若 File 对象代表目录，则返回 0
long lastModified()	返回文件或目录最近一次修改的时间
String[] list()	将目录中的所有文件名保存在字符串数组中并返回，若 File 对象不是目录，返回 null
boolean delete()	删除文件或目录，必须是空目录才能删除，删除成功返回真，否则返回假
boolean mkdir()	创建当前目录的子目录，成功返回真，否则返回假
boolean renameTo(File newFile)	将文件重命名为指定的文件名

下面通过例子来说明如何使用 File 类常用的方法获取文件的有关信息。

TestFile1.java：

```
import java.io.*;
public class TestFile1 { // 创建类
    public static void main(String[] args) {
        File file = new File("d:/ch10/count.txt"); // 创建文件对象
        if (file.exists()) { // 如果文件存在
            String name = file.getName(); // 获取文件名称
            long length = file.length(); // 获取文件长度
            boolean hidden = file.isHidden(); // 判断文件是否是隐藏文件
            System.out.println("文件名称：" + name); // 输出信息
            System.out.println("文件长度是：" + length);
            System.out.println("该文件是隐藏文件吗？" + hidden);
        }
        else { // 如果文件不存在
            System.out.println("该文件不存在"); // 输出信息
        }
    }
}
```

通过上面的程序，判断 d 盘 ch10 目录是否存在 count.txt 文件，若存在输出 count.txt 文件的长度及是否隐藏等属性信息。

10.2 输入/输出流概述

流的基本概念

Java 中定义了各种负责输入/输出流对象的类，其中，顶层的抽象类有 4 个：字节输入流（InputStream）、字节输出流（OutputStream）、字符输入流（Reader）、字符输出流（Writer）。由于它们是抽象类不能直接定义对象，故要使用它们的子类来定义输入/输出流对象。

10.2.1 输入流

输入流包括字节输入流和字符输入流，InputStream 类是所有其他字节输入流类的父类，它的层次结构如图 10-3 所示。

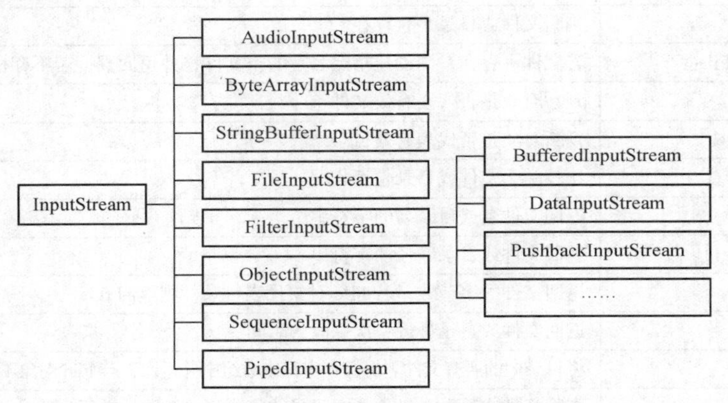

图 10-3 InputStream 类的层次结构

InputStream 的子类所规定的流对象中数据是按字节进行处理的。InputStream 类的常用方法如表 10-3 所示。

表 10-3 InputStream 类的常用方法

方　法	说　明
read()	从输入流中读取数据的下一个字节，返回 0 ~ 255 范围内的 int 字节值。如果已经到达流末尾依旧没有可用的字节，则返回值–1
read(byte[] b)	从输入流中读入一定长度的字节，并以整数形式返回字节数
mark(int readlimit)	在输入流的当前位置放置一个标记，readlimit 参数告知此输入流在标记位置失效前允许读取的字节数
reset()	将输入流指针返回到当前所做标记处
skip(long n)	跳过输入流上的 *n* 个字节并返回实际跳过的字节数
markSupported()	如果当前流支持 mark()和 reset()操作就返回 true
close()	关闭此输入流并释放与该流关联的所有系统资源

注意表 10-3 中所有方法遇到错误时都会抛出 IOException 对象，需要对这些方法进行异常处理。

Reader 类是所有其他字符输入流类的父类，它的层次结构如图 10-4 所示。

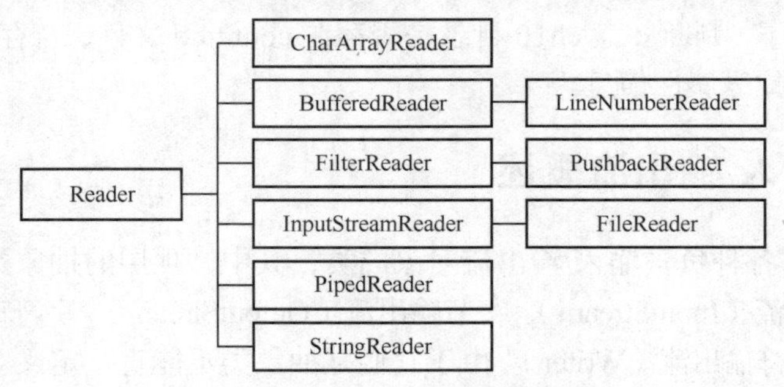

图 10-4 Reader 类的层次结构

由于 Java 中字符是按 Unicode 格式编码的，每一个字符占据两个字节，用 InputStream 类处理非英文字符数据时有时会出现乱码的情况，于是在 Java 中为方便对非英文字符的处理定义了对字符处理的 Reader 类，Reader 的子类所规定的流对象中数据是按字符进行处理的。Reader 类的常用方法如表 10-4 所示。

表 10-4　Reader 类的常用方法

方　　法	说　　明
void close()	关闭输入流
void mark()	标记输入流的当前位置
boolean markSupported()	测试输入流是否支持 mark
int read()	从输入流中读取一个字符
int read(char[] ch)	从输入流中读取字符数组
int read(char[] ch, int off, int len)	从输入流中读 len 长度的字符到 ch 内
boolean ready()	测试流是否可以读取
void reset()	重定位输入流
long skip(long n)	跳过流内的 *n* 个字符

10.2.2　输出流

输出流包括字节输出流和字符输出流，OutputStream 类是所有其他字节输出流类的父类，它的层次结构如图 10-5 所示。

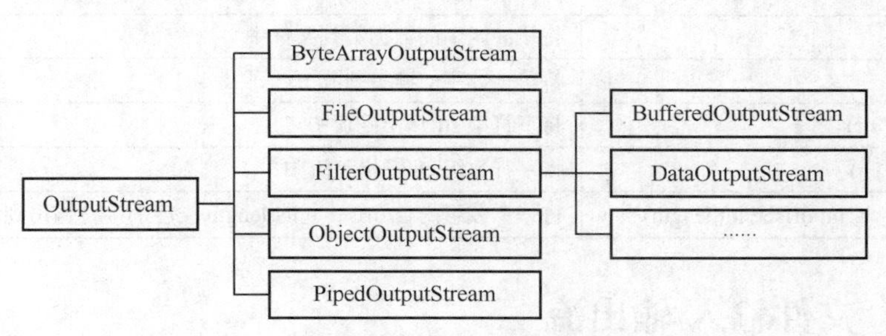

图 10-5　OutputStream 类的层次结构

OutputStream 的子类所规定的流对象中数据是按字节进行处理的。OutputStream 类的常用方法如表 10-5 所示。

表 10-5　OutputStream 类的常用方法

方　　法	说　　明
write(int　b)	将指定的字节写入此输出流
write(byte[]　b)	将 b.length 个字节从指定的 byte 数组写入此输出流
write(byte[] b,int off,int len)	将指定 byte 数组中从偏移量 off 开始的 len 个字节写入此输出流
flush()	彻底完成输出并清空缓冲区
close()	关闭此输出流并释放与该流关联的所有系统资源

注意表 10-5 中所有方法遇到错误时都会抛出 IOException 对象，需要对这些方法进行异常处理。

Writer 类是所有其他字符输出流类的父类，它的层次结构如图 10-6 所示。

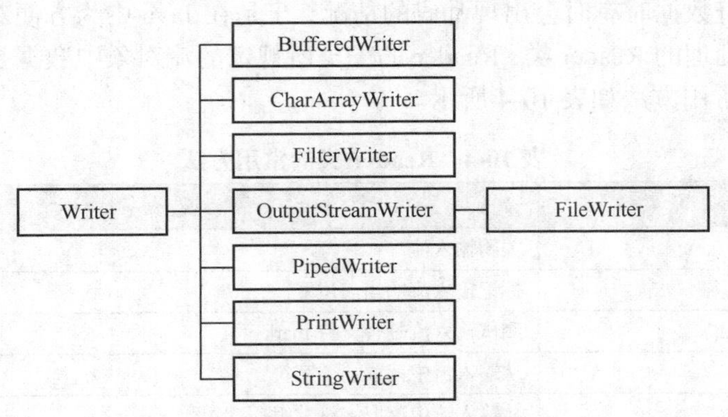

图 10-6　Writer 类的层次结构

由于 Java 中字符是按 Unicode 格式编码的，每一个字符占据两个字节，如果用 OutputStream 类处理非英文字符数据有时会出现乱码的情况，于是在 Java 中为方便对非英文字符的处理定义了对字符处理的 Writer 类，Writer 的子类所规定的流对象中数据是按字符（两个字节为一个单位）进行处理的。Writer 类的常用方法如表 10-6 所示。

表 10-6　Writer 类的常用方法

方　法	说　明
void close()	关闭输出流
void flush()	将缓冲区中的数据写到文件中
void writer(int c)	将单一数字 c 输出到流中
void writer(String str)	将字符串 str 输出到流中
void writer(char[] ch)	将字符数组 ch 输出到流中
void writer(char[] ch, int offset, int length)	将一个数组内自 offset 起的 length 长度的字符输出到流中

10.3 文件输入/输出流

有时我们把大量数据保存在磁盘文件中，程序运行时可以从磁盘文件中读取数据，同时在程序运行结束后需要把运行结果数据写入磁盘文件中长期保存。这就需要通过文件输入/输出流与指定文件建立链接，完成对文件的读/写操作。

文件字节流

10.3.1 FileInputStream 类和 FileOutputStream 类

FileInputStream 类和 FileOutputStream 类用来对磁盘文件按字节进行 I/O 处理，使用它们所提供的方法可以打开本地主机上的文件，并按顺序进行读/写。FileInputStream 类继承自 InputStream 类，FileInputStream 类的部分构造方法如下。

（1）FileInputStream(String name)。

（2）FileInputStream(File file)。

第一个构造方法通过打开一个到实际文件的链接来创建一个 FileInputStream 对象，该文件通过文件系统中的路径名 name 指定。第二个构造方法通过打开一个到实际文件的链接来创建一个 FileInputStream 对象，该文件通过文件系统中的 File 对象 file 指定。

FileInputStream 类的常用方法如表 10-7 所示。

表 10-7　FileInputStream 类的常用方法

方　法	功能描述
int available()	返回下一次对此输入流调用的方法可以不受阻塞地从此输入流读取（或跳过）的估计剩余字节数
void close()	关闭此文件输入流并释放与此流有关的所有系统资源
int read()	从此输入流中读取一个字节的数据
int read(byte[] b)	从此输入流中将最多 b.length 个字节的数据读入一个 byte 数组中
int read(byte[] b, int off, int len)	从此输入流中将最多 len 个字节的数据读入一个 byte 数组中
long skip(long n)	从输入流中跳过并丢弃 *n* 个字节的数据

FileOutputStream 类继承自 OutputStream 类，有与 FileInputStream 类相似的构造方法和常用方法，其构造方法如下。

（1）FileOutputStream(String name)。

（2）FileOutputStream(File file)。

FileOutputStream 类的常用方法如表 10-8 所示。

表 10-8　FileOutputStream 类的常用方法

方　法	功能描述
void close()	关闭此文件输入流并释放与此流有关的所有系统资源
int write(int b)	将指定字节写入此文件输出流
int write(byte[] b)	将 b.length 个字节从指定 byte 数组写入此文件输出流中
int write(byte[] b, int off, int len)	将指定 byte 数组中从偏移量 off 开始的 len 个字节写入此文件输出流

下面举例说明 FileInputStreamt 类和 FileOutputStream 类对象的应用。

TestFileStream.java：

```
import java.io.*;
public class TestFileStream { // 创建类
    public static void main(String[] args) { // 主方法
        File file = new File("count.txt"); // 创建文件对象
        try { // 捕捉异常
            // 创建 FileOutputStream 对象
            FileOutputStream out = new FileOutputStream(file);
            // 创建 byte 类型数组
            byte fos[] = "我是一个计数器，统计访问者人数".getBytes();
            out.write(fos); // 将数组中的信息写入文件中
            out.close(); // 将流关闭
        }
        catch (Exception e) { // catch 语句用于处理异常信息
            e.printStackTrace(); // 输出异常信息
        }
        try { // 创建 FileInputStream 类对象
            FileInputStream in = new FileInputStream(file);
            byte fis[] = new byte[1024]; // 创建 byte 数组
            int len = in.read(fis); // 从文件中读取信息
```

```
            // 将文件中的信息输出
            System.out.println("文件中的信息是: " + new String(fis, 0, len));
            in.close(); // 关闭流
        }
        catch (Exception e) {
            e.printStackTrace(); // 输出异常信息
        }
    }
}
```

上面的程序使用 FileOutputStream 类和 FileInputStream 类对象按字节流写入和读出。

10.3.2 FileReader 类和 FileWriter 类

使用 FileInputStream 类和 FileOutputStream 类对磁盘文件进行 I/O 处理时，是按字节流方式进行操作，在处理 Unicode 编码或汉字编码时，由于每个 Unicode 编码或汉字编码由两个字节组成，读取不当会出现乱码的情况，采用字符流 Reader 和 Writer 可以避免这个问题。但 Reader 和 Writer 这两个类是抽象类，只提供了一系列用于字符流处理的接口，不能生成这两个类的实例，只能通过使用由它们派生出来的子类对象来处理字符流。

FileReader 类继承自 Reader 类，能用字符流方式对文件进行读出，FileReader 类的构造方法如下。

（1）FileReader(String name)。

（2）FileReader(File file)。

第一个构造方法通过打开一个到实际文件的链接来创建一个 FileReader 对象，该文件通过文件系统中的路径名 name 指定。第二个构造方法通过打开一个到实际文件的链接来创建一个 FileReader 对象，该文件通过文件系统中的 File 对象 file 指定。

FileReader 类的常用方法如表 10-9 所示。

表 10-9　FileReader 类的常用方法

方　法	功 能 描 述
void close()	关闭此文件输入流并释放与此流有关的所有系统资源
int read()	从此输入流中读取一个字符数据
int read(char[] b)	从此输入流中将最多 b.length 个字符的数据读入一个 b 数组中
int read(char[] b, int off, int len)	从此输入流中将最多 len 个字符的数据读入一个 off 起始的 b 数组中
long skip(long n)	从输入流中跳过并丢弃 *n* 个字符的数据

FileWriter 类继承自 Writer 类，它的构造方法和常用方法与 FileReader 类的相似。其构造方法如下。

（1）FileWriter(String name)。

（2）FileWriter (File file)。

下面举例说明 FileReader 类和 FileWrite 类对象的应用。

TestFileStream1.java：

```
import java.io.*
public class TestFileStream1 {
    public static void main(String[] args) throws IOException{
        String filePath = "D:\\test1.txt";
```

```
        FileWriter fw = new FileWriter(filePath);
        FileReader fd = new FileReader(filePath);
        String str="中华人民共和国成立了，中国人民站起来了！";
        char ch = 'A';
        fw.write(str);
        fw.write('\n');
        fw.write('\n');                          //换行符也可以直接写入
        fw.write(ch);                            //字符可以直接写入
        fw.flush();
        fw.close();
        char[] chs = new char[1024];
        while(fd.read(chs) != -1){               //每次读 1024 个字符
            System.out.print(chs);
        }
    }
}
```

上面的程序使用 FileWrite 类和 FileReader 类对象按字符流写入和读出。

缓冲字符流

10.4 带缓冲区的输入/输出流

10.4.1 BufferedReader 类

继承自 Reader 的 BufferedReader 类作为具体的读取文件实现类，其主要作用是：从字符输入流中读取文本，缓冲各个字符，从而提供字符、数组和行的高效读取。它除了实现了 Reader 抽象类中的方法，还实现了一个重要的方法：readLine()。该方法可以直接从文件内容中读取一个文本行。它的返回值和前述 read()方法的都不一样，是一个 String 类型的返回值。

该类还提供了两个构造方法，其中之一是 BufferedReader(Reader in, int sz)，它的作用是：创建一个使用指定大小输入缓冲区的缓冲字符输入流。其中，sz 是缓冲区的大小。在 readAndWrite()方法中，正是使用了该构造方法实现了从控制台输入数据的功能。另一个构造方法是 BufferedReader(Reader in)，它的作用是创建一个使用默认大小输入缓冲区的缓冲字符输入流。

10.4.2 BufferedWriter 类

继承自 Writer 的 BufferedWriter 类作为具体的写入文件实现类，其主要作用是：将文本写入字符输出流，缓冲各个字符，从而提供单个字符、数组和字符串的高效写入。除了实现 Writer 抽象类中的方法，它还实现了一个 newLine()方法，该方法用来写入一个行分隔符。该类提供了两个构造方法。

BufferedWriter(Writer out)方法的作用是创建一个使用默认大小输出缓冲区的缓冲字符输出流。

BufferedWriter(Writer out, int sz)方法用来创建一个使用指定大小输出缓冲区的新缓冲字符输出流，sz 为缓冲区大小。

下面举例说明 BufferedReader 类和 BufferedWriter 类对象的应用。

TestFileReader2.java：

```
import java.io.*;
public class TestFileReader2{ // 创建类
    public static void main(String args[]) { // 主方法
        // 定义字符串数组
```

```
        String content[] = { "好久不见", "最近好吗", "常联系" };
        File file = new File("count.txt"); // 创建文件对象
        try {
            FileWriter fw = new FileWriter(file); // 创建FileWriter类对象
            // 创建BufferedWriter类对象
            BufferedWriter bufw = new BufferedWriter(fw);
            for (int k = 0; k < content.length; k++) {//循环遍历数组
                bufw.write(content[k]); // 将字符串数组中的元素写入磁盘文件中
                bufw.newLine(); // 将数组中的单个元素以单行的形式写入文件
            }
            bufw.close(); // 将BufferedWriter流关闭
            fw.close(); // 将FileWriter流关闭
        }
        catch (Exception e) { // 处理异常
            e.printStackTrace();
        }
        try {
            FileReader fr = new FileReader(file); // 创建FileReader类对象
            // 创建BufferedReader类对象
            BufferedReader bufr = new BufferedReader(fr);
            String s = null; // 创建字符串对象
            int i = 0; // 声明int类型变量
            // 如果文件的文本行数不为null，则进入循环
            while ((s = bufr.readLine()) != null) {
                i++; // 将变量做自增运算
                System.out.println("第" + i + "行:" + s); // 输出文件数据
            }
            bufr.close(); // 将BufferedReader流关闭
            fr.close(); // 将FileReader流关闭
        }
        catch (Exception e) { // 处理异常
            e.printStackTrace();
        }
    }
}
```

上面的程序使用BufferedWriter类和BufferedReader类对象按缓冲流进行写入和读出。

10.5 数据输入/输出流

DataInputStream类和DataOutputStream类分别实现DataInput和DataOutput两个接口（这两个接口规定了基本数据类型的输入输出方法）中定义的独立于具体机器的带格式的读写操作，因此数据输入流DataInputStream和数据输出流DataOutputStream允许应用程序从底层输入/输出流读写Java的基本数据类型，如boolean、int、float等。它们的构造方法如下。

```
DataInputStream(InputStream in);  //创建新输入流，从指定的输入流in读数据
DataOutputStream(OutputStream out);  //创建新输出流，向指定的输出流out写数据
```

DataInputStream类的常用方法如表10-10所示。

表10-10 DataInputStream类的常用方法

方法	功能描述
byte readByte()	从此输入流中读取一个字节数据
char readChar()	从此输入流中读取一个字符数据

续表

方　法	功能描述
int readInt()	从此输入流中读取 4 个字节并返回一个 int 类型数据
String readLine()	从此输入流中读取一个文本行
String readUTF()	从此输入流中读取一个使用 UTF-8 编码的字符串

DataOutputStream 类的常用方法如表 10-11 所示。

表 10-11　DataOutputStream 类的常用方法

方　法	功能描述
void writeByte(int v)	将参数 v 的 8 个低位写入输出流中
void writeChar(int v)	将一个 char 数据写入输出流中
void writeInt(int v)	将一个 int 数据写入输出流中
void writeUTF(String str)	以与机器无关的方式使用 UTF-8 编码将一个字符串写入输出流中

下面举例说明 DataInputStream 类和 DataOutputStream 类对象的应用。

TestDataStream .java：

```
import java.io.*;
public class TestDataStream {
    public static void main(String[] args) {
        //使用 DataInputStream 类和 DataOutputStream 类写入文件且从文件里读取数据
        try {
            //Data Stream 写到输入流中
            DataOutputStream dos = new DataOutputStream(new FileOutputStream(
"datasteam.txt"));
            dos.write("世界".getBytes()); // 按 UTF-8 编码（编者的系统默认的编码方式）写入
            //dos.write("世界".getBytes("GBK")); //指定其他编码方式
            dos.writeChars("世界"); // 依照 Unicode 码写入
            //依照 UTF-8 写入（UTF-8 编码长度可变。开头 2 字节是由 writeUTF() 函数写入的长度信
息，方便 readUTF() 函数读取）
            dos.writeUTF("世界");
            dos.flush();
            dos.close();
            //Data Stream 读取
            DataInputStream dis = new DataInputStream(new FileInputStream(
"datasteam.txt"));
            //读取字节数据
            byte[] b = new byte[6];
            dis.read(b);
            System.out.println(new String(b, 0, 6));
            //读取字符数据
            char[] c = new char[2];
            for (int i = 0; i < 2; i++) {
                c[i] = dis.readChar();
            }
            System.out.println(new String(c, 0, 2));
            //读取 UTF 数据
            System.out.println(dis.readUTF());
            dis.close();
        }
```

```
        catch (IOException e) {
            e.printStackTrace();
        }
    }
}
```

上面的程序使用 DataOutputStream 类和 DataInputStream 类对象按数据流进行写入和读出。

10.6 对象序列化

对象序列化的作用是将对象持久地保存到磁盘中或直接传输对象到网络中。Java 通过序列化（Serialization）实现这一功能，要序列化对象，即将其保存至磁盘中，可以使用 ObjectOutputStream 类，要反序列化（Deserialization）对象，即从磁盘中读取对象，可以使用 ObjectInputStream 类。

10.6.1 对象序列化与对象流

1. Serializable 接口

将程序中的对象输出到外部设备（如磁盘）中，称为对象序列化；反之，从外部设备将对象读入程序中，称为对象反序列化。一个类的对象要序列化，必须实现 java.io.Serializable 接口，该接口的定义如下。

```
public interface Serializable{}
```

Serializable 接口只是标识性接口，其中没有定义任何方法。一个类的对象要序列化，除了必须实现 Serializable 接口外，还需要创建对象输出流和对象输入流，然后通过对象输出流将对象状态保存下来，通过对象输入流恢复对象的状态。

2. ObjectInputStream 类和 ObjectOutputStream 类

java.io 包中定义了 ObjectInputStream 和 ObjectOutputStream 两个类，分别称为对象输入流和对象输出流。ObjectInputStream 类继承自 InputStream 类，实现了 ObjectInput 接口，ObjectInput 接口又继承了 DataInput 接口。ObjectOutputStream 类继承自 OutputStream 类，实现了 ObjectOutput 接口，ObjectOutput 接口又继承了 DataOutput 接口。

10.6.2 向 ObjectOutputStream 中写入对象

若要将对象写到外部设备，需要建立 ObjectOutputStream 类，该类的构造方法为：

```
public ObjectOutputStream(OutputStream out)
```

参数 out 为一个字节输出流对象。创建了对象输出流后，就可以调用它的 writeObject() 方法将一个对象写入流中，该方法的格式为：

```
public final void writeObject(Object obj) throws IOException
```

若写入的对象不是可序列化的，该方法会抛出 NotSerializableException 对象。由于 ObjectOutputStream 类实现了 DataOutput 接口，该接口中定义了多个方法来写入基本数据类型，如 writeInt()、writeFloat()及 writeDouble()等，可以使用这些方法向对象输出流中写入基本数据类型。

下面的代码将一些数据和对象写到对象输出流中。

```
FileOutputStream fos = new FileOutputStream("d:/test/data.txt");
ObjectOutputStream oos = new ObjectOutputStream(fos);
```

```
Oos.writeInt(2023);
Oos. writeObject ("大家好! ");
oos.writeObject(LocalDate.now());
```

ObjectOutputStream 必须建立在另一个字节流上,该例是建立在 FileOutputStream 上的。然后向文件中写入一个整数、一个字符串和一个 LocalDate 对象。

10.6.3 从 ObjectInputStream 中读出对象

若要从外部设备上读取对象，需要建立 ObjectInputStream 类，该类的构造方法为：

```
public ObjectInputStream(InputStream in)
```

参数 in 为字节输入流对象。调用 ObjectInputStream 类的 readObject()方法可以将一个对象读出，该方法的格式为：

```
public final Object readObject() throws IOException
```

在使用 readObject()方法读出对象时，其类型和顺序必须与写入时的一致。由于该方法返回 Object 类型，因此在读出对象时需要进行适当的类型转换。

ObjectInputStream 类实现了 DataInput 接口,该接口中定义了读取基本数据类型的方法,如 readInt()、readFloat()及 readDouble()，使用这些方法可以从 ObjectInputStream 类中读取基本数据类型。

下面的代码在 InputStream 对象上建立一个对象输入流对象。

```
File InputStream fis = new FileInputStream ("d:/test/data.txt");
ObjectInputStream ois = new ObjectInputStream(fis);
int i = ois.readInt();
String today = (String)ois.readObject();
LocalDate date = (LocalDate)ois.readObject();
```

与 ObjectOutputStream 一样，ObjectInputStream 也必须建立在另一个流上，本例中就是建立在 FileInputStream 上的。接下来使用 readInt()方法和 readObject()方法读出整数、字符串和 LocalDate 对象。

下面的例子说明如何实现对象的序列化和反序列化，这里的对象是 Student 类对象，它实现了 Serializable 接口。

Student.java：

```
import java.io.Serializable;
public class Student implements Serializable {
    private static final long serialVersionUID = 8357489L;
    private int age;
    private String name;
    public Student(int age, String name) {
        this.age = age;
        this.name = name;
    }
    public String toString() {
        return "学生姓名: " + name +"\n"    +"学生年龄: " + age ;
    }
}
```

程序中除了定义 Student 类对象和构造方法外，还定义了一个叫 serialVersionUID 的静态变量，它相当于 Java 类的身份证，主要用于版本控制。serialVersionUID 的作用是序列化时保持版本的兼容性，即在版本升级时反序列化仍保持对象的唯一性，用户可以不定义该变量，由 JVM 根据类的相关信息计算出一个 serialVersionUID 变量值。

下面的程序实现将 Student 类对象序列化和反序列化。

ObjectSerialize.java：

```
import java.io.*;
public class ObjectSerialize {
    public static void main(String[] args) {
        serial();
        deserial();
    }
    //序列化方法
    private static void serial(){
        Student student = new Student(21, "张强");
        try {
            //FileOutputStream是文件字节输出流，
            //专用于输出原始字节流，如图像数据等，其继承自OutputStream类，拥有输出流的基本特性
            FileOutputStream fileOutputStream = new FileOutputStream
("d:/test/data.txt");
            //对象的序列化流，作用：把对象转换成字节数据输出到文件中保存
            //对象的输出过程称为序列化，可实现对象的持久存储
            ObjectOutputStream objectOutputStream= new ObjectOutputStream
(fileOutputStream);
            objectOutputStream.writeObject(student);
            objectOutputStream.flush();
        }
        catch (Exception exception) {
            exception.printStackTrace();
        }
    }
    //反序列化方法
    private static void deserial() {
        try {
            FileInputStream fis = new FileInputStream("d:/test/data.txt");
            //ObjectInputStream反序列化流
            //将之前使用ObjectOutputStream序列化的原始数据恢复为对象，以流的方式读取对象
            //构造方法ObjectInputStream(InputStream in) 创建从指定 InputStream 读取的
ObjectInputStream
            ObjectInputStream ois = new ObjectInputStream(fis);
            Student student = (Student) ois.readObject();
            ois.close();
            System.out.println(student.toString());
        }
        catch (IOException | ClassNotFoundException e) {
            e.printStackTrace();
        }
    }
}
```

程序的运行结果如图 10-7 所示。

在进行对象序列化时需要注意的事项如下。

学生姓名：张强
学生年龄：**21**

图 10-7　运行结果

（1）当一个对象序列化时，只能保存对象的非静态成员变量，不能保存方法和静态成员变量。

（2）对象 A 引用了对象 B，若对象 A 被序列化了，B 也会被序列化。

（3）如果一个可序列化对象包含一个不可序列化对象的引用，那么整个序列化操作就会失败，失败就会抛出 NotSerializableException 对象，所以，本身对象和引用对象都要实现 Serializable 接口才可以进行序列化。

（4）成员变量或者引用标记为 transient，那么对象仍可序列化，只是不会被序列化

到文件中。

10.7 案例实战：文件的加密解密

1. 案例描述

编写一个简单的文件加密解密程序。文件加密解密有多种方法，如数据字节移位法、数据字节异或运算法。本案例使用数据字节异或运算法，对文件的内容使用异或运算加密后保存到指定的文件中。要对文件解密，读取文件中的加密内容，再次使用异或运算解密得到原文件内容即可。

2. 运行结果

文件加密效果如图10-8所示，文件解密效果如图10-9所示。

```
请输入源文件名：
d:/test/yax.jpg
请输入加密文件名：
d:/test/y1.jpg
请输入一个整数作为密钥：
88
文件加密完成!
```

图10-8 文件加密效果

```
请输入要解密文件名：
d:/test/yy.jpg
请输入解密后文件名：
d:/test/yax1.jpg
请输入整数密钥：
88
创建解密后文件!
文件解密完成!
```

图10-9 文件解密效果

3. 案例目标

- 学会分析“文件的加密解密”案例的设计思路。
- 根据设计思路完成“文件加密解密”程序的编写、编译和运行。
- 掌握File类、InputStream类、OutputStream类、FileInputStream类和FileOutputStream类的使用。

4. 案例思路

本案例使用异或运算进行加密、解密的原理可以描述为：两个操作数中，如果相应位相同，则结果为0，否则为1。例如：

01000001 ^ 00001111 = 01001110

异或运算的特点是：用同一个数 b 对数 a 进行两次异或运算，结果仍然为原值 a。也就是，如果 $c = a \wedge b$，那么 $a = c \wedge b$，即用同一个数 b 对数 a 进行两次异或运算的结果又是数 a。

利用异或运算的这个性质，可以实现简单的字节加密、解密操作。本案例设计思路如下。

（1）程序首先要求用户输入要加密的文件名、加密后的文件名以及加密使用的密钥，也就是要在读取的字节上做异或运算的整数。

（2）使用FileInputStream和FileOutputStream创建输入流（源文件）和输出流（加密文件），从源文件读取每个字节然后对它做异或运算，将结果写入加密文件。

（3）文件解密的过程与加密的过程类似。使用FileInputStream和FileOutputStream创建输入流（要解密的文件）和输出流（解密后的文件），从输入流读取每个字节然后对它做异或运算，将结果写入解密后的文件。这里要注意，解密使用的密钥需与加密使用的密钥相同，否则得不到源文件。

5. 案例实现

文件加密程序如下。

FileEncription.java：

```
1  import java.io.FileInputStream;
2  import java.io.FileOutputStream;
3  import java.io.IOException;
4  import java.io.File;
5  import java.util.Scanner;
6  public class FileEncription {
7      public static void main(String args[ ])  throws IOException{
8          FileInputStream in = null;
9          FileOutputStream  out=null;
10         int dataByte=0;//文件字节内容
11         Scanner input=new Scanner(System.in);
12         String sourceFile=null;
13         String destinationFile=null;
14         int numOfEncAndDec ;
15         System.out.println("请输入源文件名：");
16         sourceFile=input.nextLine();
17         System.out.println("请输入加密文件名：");
18         destinationFile=input.nextLine();
19         System.out.println("请输入一个整数作为密钥：");
20         numOfEncAndDec=input.nextInt();
21         File srcFile=new File(sourceFile);
22         File destFile=new File(destinationFile);
23         if(!srcFile.exists()) {
24             System.out.println("源文件不存在！");
25             System.exit(0);
26         }
27         if(!destFile.exists()) {
28             System.out.println("创建加密文件！");
29             destFile.createNewFile();
30         }
31         FileInputStream fis=null;
32         FileOutputStream fos=null;
33         try {
34             fis = new FileInputStream(srcFile);
35             fos = new FileOutputStream(destFile);
36             while((dataByte = fis.read())!=-1) {
37                 //对读出的字节做异或运算，然后写入加密文件
38                 fos.write(dataByte^numOfEncAndDec);
39             }
40         }
           catch(IOException e) {
41             System.out.println("文件读写操作异常！");
42         }
43         finally {
44             fis.close();
45             fos.flush();
46             fos.close();
47         }
48         System.out.println("文件加密完成！");
49     }
50 }
```

上述程序中，第 15～19 行代码用于读入源文件名、加密文件名和整个整数密钥；第 36 行代码表示没有读取文件末尾；第 38 行代码对读出的字节做异或运算，然后写入加密文件。

文件解密程序如下。

FileDecription.java：

```
1  import java.io.FileInputStream;
2  import java.io.FileOutputStream;
3  import java.io.IOException;
4  import java.io.File;
5  import java.util.Scanner;
6  public class FileDecription {
7      public static void main(String args[ ])  throws IOException{
8          FileInputStream in = null;
9          FileOutputStream  out=null;
10         int dataByte=0;//文件字节内容
11         Scanner input=new Scanner(System.in);
12         String sourceFile=null;
13         String destinationFile=null;
14         int numOfEncAndDec ;
15         System.out.println("请输入要解密文件名：");
16         sourceFile=input.nextLine();
17         System.out.println("请输入解密后文件名：");
18         destinationFile=input.nextLine();
19         System.out.println("请输入整数密钥：");
20         numOfEncAndDec=input.nextInt();
21         File srcFile=new File(sourceFile);
22         File destFile=new File(destinationFile);
23         if(!srcFile.exists()) {
24             System.out.println("要解密文件不存在！");
25             System.exit(0);
26         }
27         if(!destFile.exists()) {
28             System.out.println("创建解密后文件！");
29             destFile.createNewFile();
30         }
31         FileInputStream fis=null;
32         FileOutputStream fos=null;
33         try {
34             fis = new FileInputStream(srcFile);
35             fos = new FileOutputStream(destFile);
36             while((dataByte = fis.read())!=-1) {
37                 //对读出的字节做异或运算，然后写入解密后的文件
38                 fos.write(dataByte^numOfEncAndDec);
39 
40             }
41         }
42         catch(IOException e) {
43             System.out.println("文件读写操作异常！");
44         }
45         finally {
46             fis.close();
47             fos.flush();
48             fos.close();
49 
50         }
51         System.out.println("文件解密完成！");
52 
53         }
54     }
55 }
```

上述程序中，第 15～19 行代码用于读入要解密的文件名、解密后的文件名和整个整数

密钥；第 36 行代码表示没有读取文件末尾；第 38 行代码对读出的字节做异或运算，然后写入解密后的文件。

10.8 小结

（1）通过 File 类提供的各种方法，能够创建、删除、重命名文件，判断文件的读写权限以及文件是否存在，设置和查询文件的最近修改时间等。

（2）Java 中定义了各种负责输入/输出流对象的类，其中，顶层的抽象类有 4 个：字节输入流（InputStream）、字节输出流（OutputStream）、字符输入流（Reader）、字符输出流（Writer）。由于它们是抽象类不能直接定义对象，故要使用它们的子类来定义输入/输出流对象。

（3）FileInputStream 类和 FileOutputStream 类用来对磁盘文件按字节进行 I/O 处理，使用它们所提供的方法可以打开本地主机上的文件，并按顺序进行读/写。FileReader 类和 FileWriter 类用来对磁盘文件按字符进行 I/O 处理。

（4）BufferedReader 类作为具体的读取文件实现类，其主要作用是：从字符输入流中读取文本，缓冲各个字符，从而提供字符、数组和行的高效读取。BufferedWriter 类作为具体的写入文件实现类，该类的主要作用是：将文本写入字符输出流，缓冲各个字符，从而提供单个字符、数组和字符串的高效写入。

10.9 习题

（1）编写一个程序，其功能是将两个文件中的内容合并到一个文件中。

（2）Java 中定义了各种负责输入/输出流对象的类，其中顶层的抽象类有哪几个？它们的层次结构是怎样的？

（3）编写一个全盘搜索文件的小程序。

（4）简述字节流和字符流的区别。

第 11 章 泛型和集合

主要内容

- 泛型
- 集合类概述
- Collection 接口
- List 接口
- Set 接口
- Collection 接口及其子接口的常见实现类
- 遍历集合元素
- Map

本章主要介绍 Java 的泛型和集合，包括泛型方法、泛型类和泛型接口的使用、集合框架（Collection、List、Set、Map）的使用。

泛型

11.1 泛型

Java 泛型（Generics）是 JDK 5 中引入的一个新特性，泛型提供了编译时类型安全检测机制，该机制允许程序员在编译时检测到非法的类型。泛型的本质是参数化类型，也就是说所操作的数据类型被指定为一个参数。

假定我们有这样一个需求：写一个排序方法，能够对整数型数组、字符串数组甚至其他任何类型的数组进行排序，该如何实现？答案是可以使用泛型。使用泛型，我们可以写一个方法来对一个对象数组排序。然后，调用该泛型方法来对整数型数组、浮点型数组、字符串数组等进行排序。

11.1.1 泛型方法

泛型方法

编写一个泛型方法，让该方法在调用时可以接收不同类型的参数。根据传递给泛型方法的参数类型，编译器适当地处理每一个调用方法。

下面是定义泛型方法的规则。

所有泛型方法声明都有一个类型参数声明部分（由尖括号<>分隔），该类型参数声明部分在方法返回类型之前（如下面例子中的 <E>）。

定义格式：

```
public <泛型类型> 返回类型 方法名（泛型类型 变量名）{
```

```
    ......
}
```

每一个类型参数声明部分都包含一个或多个类型参数，参数间用逗号隔开。一个泛型参数，也被称为一个类型变量，是用于指定一个泛型类型名称的标识符。

类型参数能被用来声明返回值类型，并且能作为泛型方法得到的实际参数类型的占位符。

泛型方法体的声明和其他方法一样。注意类型参数只能是引用数据类型，不能是基本数据类型（如 int、double、char 等）。

Java 中的泛型标记符如下。

E - Element（在集合中使用，因为集合中存放的是元素）。

T - Type（Java 类）。

K - Key（键）。

V - Value（值）。

N - Number（数值类型）。

？ - 表示不确定的 Java 类型。

下面的例子演示了如何使用泛型方法输出不同类型的数组元素。

GenericMethodDemo.java：

```
public class GenericMethodDemo {
    // 泛型方法 printArray()
    public static < E > void printArray( E[] inputArray ){
        // 输出数组元素
        for ( E element : inputArray ){
            System.out.printf( "%s ", element );
        }
    }
    public static void main( String args[] ){
        // 创建不同类型的数组：Integer, Double 和 Character
        Integer[] intArray = { 2, 1, 8, 11, 16 };
        Double[] doubleArray = { 4.0, 3.2, 3.3, 1.1 };
        Character[] charArray = { 'H', 'E', 'L', 'L', 'O' , '!'};
        System.out.println( "整型数组元素为:" );
        printArray( intArray  ); // 传递一个整型数组
        System.out.println( "\n 双精度型数组元素为:" );
        printArray( doubleArray ); // 传递一个双精度型数组
        System.out.println( "\n 字符型数组元素为:" );
        printArray( charArray ); // 传递一个字符型数组
    }
}
```

运行结果如图 11-1 所示。

```
整型数组元素为：
2 1 8 11 16
双精度型数组元素为：
4.0 3.2 3.3 1.1
字符型数组元素为：
H E L L O !
```

图 11-1　运行结果

从程序中可以看出泛型方法 printArray(E[] inputArray)中参数类型 E 是一种可变类型，可以是 Integer、Double、Character 等各种引用数据类型。

11.1.2 泛型类

泛型类

泛型类的声明和非泛型类的声明类似，不同之处是在类名后面添加了类型参数声明部分，和泛型方法一样，泛型类的类型参数声明部分也包含一个或多个类型参数，参数间用逗号隔开。一个泛型参数，也被称为一个类型变量，也是用于指定一个泛型类型名称的标识符。因为它们接收一个或多个参数，这些类被称为参数化的类或参数化的类型。

定义格式：

```
public class 类名 <泛型类型 1,泛型类型 2,……> {
}
```

下面的例子演示了如何定义一个泛型类。

Box.java：

```
public class Box<T> {
    private T t;
    public void set(T t) {
        this.t = t;
    }
    public T get() {
        return t;
    }
    public static void main(String[] args) {
        Box<Integer> integerBox = new Box<Integer>();
        Box<String> stringBox = new Box<String>();
        integerBox.set(new Integer(100));
        stringBox.set(new String("hello"));
        System.out.printf("整型值为 :%d\n\n", integerBox.get());
        System.out.printf("字符串为 :%s\n", stringBox.get());
    }
}
```

运行结果如图 11-2 所示。

```
整型值为 :100

字符串为 :hello
```

图 11-2 运行结果

从程序中可以看出在定义泛型 Box 时，参数类型 T 是一种可变类型，可以是 Integer、String 等各种引用数据类型，系统会根据实际的类型进行相应的处理。

11.1.3 泛型接口

泛型接口

泛型接口是指在定义接口时带有一个或多个类型参数的接口。

定义格式：

```
public interface 接口名 <泛型类型 1,泛型类型 2,……> {
}
```

下面的例子演示了如何定义一个泛型接口。

Pair.java：

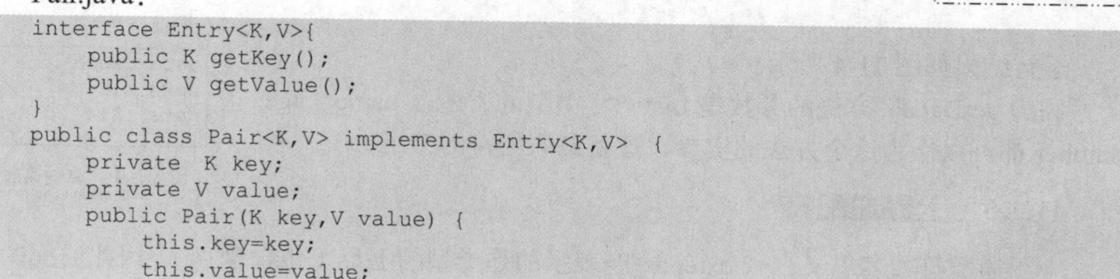

```
interface Entry<K,V>{
    public K getKey();
    public V getValue();
}
public class Pair<K,V> implements Entry<K,V>  {
    private  K key;
    private V value;
    public Pair(K key,V value) {
        this.key=key;
        this.value=value;
```

```
    }
    public void setKey(K key) {
        this.key=key;
    }
    public K getKey() {
        return key;
    }
    public void setValue(V value) {
        this.value=value;
    }
    public V getValue() {
        return value;
    }
    public static void main(String[] args) {
        // TODO Auto-generated method stub
        Pair<Integer,String > p1=new Pair<Integer,String >(01,"one");
        Pair<String,String > p2=new Pair<String,String >("beijing","shanghai");
        System.out.println(p1.getValue());
        System.out.println(p1.getKey());
    }
}
```

运行结果如图 11-3 所示。

从程序中可以看出在定义泛型接口时，参数类型 K 和 V 是一种可变类型，可以是 Integer、String 等各种引用数据类型，系统会根据实际的类型进行相应的处理。

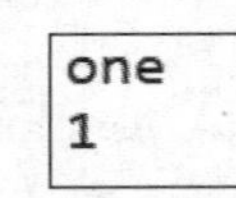

图 11-3　运行结果

11.1.4　通配符的使用

在泛型中，类型通配符？表示任意类型，如果没有明确指定类型，那么就是 Object 以及任意的 Java 类型。

例如 List<?>可以代表 List<String>、List<Integer>等所有 List<具体类型实参>。

下面的例子演示了通配符？的使用。

GenericTest.java：

```
import java.util.*;
public class GenericTest {
    public static void main(String[] args) {
        List<String> name = new ArrayList<String>();
        List<Integer> age = new ArrayList<Integer>();
        List<Number> number = new ArrayList<Number>();
        name.add("icon");
        age.add(18);
        number.add(314);
        getData(name);
        getData(age);
        getData(number);
    }
    public static void getData(List<?> data) {
        System.out.println("data :" + data.get(0));
    }
}
```

运行结果如图 11-4 所示。

因为 getData() 方法的参数是 List<?> 类型的，所以 name、age、number 都可以作为这个方法的实参，这就是通配符的作用。

```
data :icon
data :18
data :314
```

图 11-4　运行结果

11.1.5　上界通配符

上界通配符顾名思义，<? extends T>表示的是类型的上界（包含自身），因此通配的参数化类型可能是 T 或 T 的子类。

假如要定义一个 getAverage()方法，它返回一个列表中所有数字的平均值，这里希望该方法能够处理 Integer 列表、Double 列表等各种数字列表。但是，如果把 List<Number>作为 getAverage()方法的参数，它将不能处理 List<Integer>列表或 List<Double>列表。为了使该方法更具有通用性，可以限定传给该方法的参数是 Number 对象或其子类对象的列表，这里 Number 类型就是列表中元素类型的上界（Upper Bound）。具体表示如下：

```
List<? extends Number> numberList。
```

下面的例子演示了<? extends T> 上界通配符的使用。

BoundedTypeDemo.java：

```
import java.util.*;
public class BoundedTypeDemo{
    public static double getAverage(List<? extends Number> numberList) {
        double total = 0.0;
        for(Number number :numberList) {
            total += number.doubleValue();
        }
        return total/numberList.size();
    }
    public static void main(String[] args) {
        List<Integer> integerList = new ArrayList<Integer>();
        List<Double> doubleList = new ArrayList<Double>();
        integerList.add(5);
        integerList.add(15);
        integerList.add(16);
        System.out.println(getAverage(integerList));
        doubleList.add(4.5);
        doubleList.add(0.5);
        System.out.println(getAverage(doubleList));
    }
}
```

运行结果如图 11-5 所示。

```
12.0
2.5
```

图 11-5　运行结果

程序中 getAverage()方法的定义要求类型参数为 Number 类或其子类对象，这里的 Number 就是上界类型。因此，若给 getAverage()方法传递 List<Integer>和 List<Double>类型都是正确的，传递一个非 List<Number>对象（如 List<Date>）将产生编译错误。

也可以通过使用 super 关键字替代 extends 指定一个下界（Lower Bound），例如：

```
List<? super Double> doubleList
```

这里，? super Double 的含义是“Double 类型或其父类型的某种类型”。Double 类型构成类型的一个下界。

11.2 集合类概述

集合类概述

Java 的 java.util 包中提供了一些集合类，这些集合类又被称为容器。提到容器不难会想到数组，集合类与数组的不同之处是，数组的长度是固定的，集合的长度是可变的。常用的集合有 List 集合、Set 集合、Map 集合，其中 List 集合与 Set 集合实现了 Collection 接口。各接口还提供了不同的实现子类。常用集合类的继承关系如图 11-6 所示。

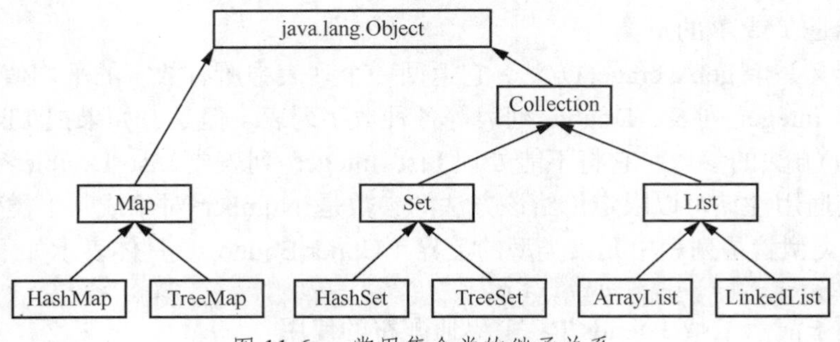

图 11-6　常用集合类的继承关系

11.3 Collection 接口

Collection 接口是层次结构中的根接口，组成 Collection 集合的每个单位数据，被称为元素。Collection 接口通常不能直接使用，但该接口提供了添加和删除元素、管理数据的方法。由于 List 集合与 Set 集合都实现了 Collection 接口，因此这些方法对 List 集合与 Set 集合是通用的。Collection 接口的常用方法如表 11-1 所示。

表 11-1　Collection 接口的常用方法

方　法	功能描述
add(E e)	将指定对象添加到集合中
remove(Object o)	将指定的对象从集合中移除，移除成功返回 true，不成功返回 false
contains(Object o)	查看该集合中是否包含指定的对象，包含返回 true，不包含返回 false
size()	返回集合中存放的对象的个数。返回值为 int 类型的
clear()	移除该集合中的所有对象，清空该集合
iterator()	返回一个包含所有对象的 iterator 对象，用来循环遍历
toArray()	返回一个包含所有对象的数组，类型是 Object
toArray(T[] t)	返回一个包含所有对象的指定类型的数组

11.4 List 接口

List 是 Collection 的子接口，它强调元素的插入顺序，可以包含重复的元素。它扩展了 Collection 接口并提供了按索引访问元素的方式，可以利用索引在集合的指定位置插入、删除和访问元素。实现 List 接口的类有 ArrayList、LinkedList、Stack、Vector。其中 Stack 和 Vector 是早期集合类，它们是线程安全（同步的）集合类，一般性能会稍差于非同步的集合类。ArrayList 是利用数组实现的，LinkedList 是利用链表实现的。List 除了有 Collection 定义的方法之外，还定义了一些它自己的方法，如表 11-2 所示。需要再次注意，当类集不能被修改时，其中的几种方法会抛出 UnsupportedOperationException 对象。当一个对象与另一个不兼容，例如：当企图将一个不兼容的对象加入一个类集中时，将抛出 ClassCastException 对象。

对于由 Collection 定义的 add()和 addAll()方法，List 增加了方法 add(int, Object) 和 addAll(int, Collection)。这些方法在指定的索引处插入元素。由 Collection 定义的 add(Object) 和 addAll(Collection)的语义也被 List 改变了，用于在列表的尾部增加元素。

表 11-2 由 List 定义的方法

方 法	描 述
Void add(int index,Object obj)	将 obj 插入调用列表，插入位置的索引由 index 传递。任何已存在的、在插入点以及插入点之后的元素将后移。因此，没有元素被覆盖
boolean addAll(int index, Collection c)	将 c 中的所有元素插入调用列表中，插入点的索引由 index 传递。在插入点以及插入点之后的元素将后移。因此，没有元素被覆盖。如果调用列表改变了，则返回 true；否则返回 false
Object get(int index)	返回存储在调用类集内指定索引处的对象
int indexOf(Object obj)	返回调用列表中 obj 的第一个实例的索引。如果 obj 不是列表中的元素，则返回–1
int lastIndexOf(Object obj)	返回调用列表中 obj 的最后一个实例的索引。如果 obj 不是列表中的元素，则返回–1
ListIterator listIterator()	返回调用列表开始的迭代对象
ListIterator listIterator(int index)	返回调用列表在指定索引处开始的迭代对象
Object remove(int index)	删除调用列表中 index 位置的元素并返回删除的元素。删除后，列表被压缩。也就是说，被删除元素后面的元素的索引减 1
Object set(int index,Object obj)	用 obj 对调用列表内由 index 指定的位置进行赋值
List subList(int start,int end)	返回一个列表，该列表包括调用列表中从 start 到 end–1 的元素。返回列表中的元素也被调用对象引用

为了获得指定位置的存储对象，可以利用 get(索引)的形式得到。为了给列表中的一个元素赋值，可以调用 set()方法，指定被改变的对象的索引。调用 indexOf()或 lastIndexOf()方法可以得到一个对象的索引。通过调用 subList()方法，可以获得列表的一个指定了开始索引和结束索引的子列表。

对于 List 而言，除了有 for-each 遍历方式和迭代器遍历方式之外，还可以利用 get()方法通过循环完成遍历，循环次数由 size()决定，此遍历操作是 List 接口独有的。

11.5 Set 接口

Set 继承于 Collection 接口，由于其不允许元素重复，没有顺序概念，相对于 Collection 无须扩展方法，限制 add 类方法不要放入重复对象元素就可以（判断两个对象是否重复的标准是两个对象通过 equals()方法比较查看是否相等，并且两个对象的 hashCode()方法返回值相同）。因此，如果试图将重复元素加到集合中，add()方法将返回 false。

实际创建时要使用 Set 的实现类，包括 EnumSet、HashSet、LinkedHashSet、TreeSet，其中，LinkedHashSet 体现插入顺序，TreeSet 体现元素排序。性能方面 HashSet > LinkedHashSet > TreeSet，但是对于遍历查找则可能相反。

11.6 Collection 接口及其子接口的常见实现类

现在，大家已经熟悉了类集接口，下面开始讨论实现它们的标准类。一些类提供了完整的可以被使用的工具。另一些类是抽象的，提供主框架工具，作为创建具体类集的起始点。标准的 Collection 实现类如表 11-3 所示。

除了 Collection 接口之外，还有几个从以前版本遗留下来的类，如 Vector、Stack 和 Hashtable，均被重新设计成支持类集的形式。这些内容将在本章的后面讨论。

表 11-3　Collection 实现类

类	描　述
AbstractCollection	实现大多数 Collection 接口
AbstractList	扩展 AbstractCollection 并实现大多数 List 接口
AbstractSequentialList	为了被类集使用而扩展 AbstractList，该类集是连续的而不是用随机方式访问其元素
LinkedList	通过扩展 AbstractSequentialList 来实现链接表
ArrayList	通过扩展 AbstractList 来实现动态数组
AbstractSet	扩展 AbstractCollection 并实现大多数 Set 接口
HashSet	为了使用散列表扩展 AbstractSet
TreeSet	实现存储在树中的一个集合。扩展 AbstractSet

11.6.1　ArrayList 类

List 接口及实现类

ArrayList 类扩展了 AbstractList 类且支持 List 接口。ArrayList 支持可随需要而增长的动态数组。在 Java 中，标准数组是定长的。数组在被创建之后，它们不能被加长或缩短，这也就意味着开发者必须事先知道数组可以容纳多少元素。但是，一般情况下，只有在运行时才能知道需要多大的数组。为了解决这个问题，类集框架定义了 ArrayList。

本质上，ArrayList 是对象引用的一个变长数组。也就是说，ArrayList 能够动态地增加或减小其大小。数组列表以一个原始大小被创建。若超过了它的大小，类集自动增大。当对象被删除后，数组就可以缩小。

动态数组也被从以前版本遗留下来的类 Vector 所支持。关于这一点，将在后文介绍。

ArrayList 有如下构造方法：

```
ArrayList()
ArrayList(Collection<E> c)
ArrayList(int capacity)
```

其中，第一个构造方法建立一个空的数组列表；第二个构造方法建立一个数组列表，该数组列表由集合 c 中的元素进行初始化；第三个构造方法建立一个数组列表，该数组列表有指定的初始容量（Capacity）。容量是用于存储元素的基本数组的大小。当元素被追加到数组列表时，容量会自动增加。

下面的程序是 ArrayList 的一个简单应用。先创建一个数组列表，接着添加 String 类型的对象，然后数组列表被显示出来，将其中的一些元素删除后，再一次显示数组列表，程序如下所示。

ArrayListDemo.java：

```
import java.util.*;
public class ArrayListDemo{
    public static void main(String args[]){
        // 创建一个 ArrarList 对象
        ArrayList<String> al = new ArrayList<String>();
        System.out.println("a1 的初始化大小: " + al.size());
        // 向 ArrayList 对象中添加新内容
        al.add("C");        // 0 位置
        al.add("A");        // 1 位置
        al.add("E");        // 2 位置
```

```
        al.add("B");      // 3 位置
        al.add("D");      // 4 位置
        al.add("F");      // 5 位置
        // 把 A2 加在 ArrayList 对象的第 2 个位置
        al.add(1, "A2");  // 加入之后的内容: C A2 A E B D F
        System.out.println("a1 加入元素之后的大小: " + al.size());
        // 显示 ArrayList 数据
        System.out.println("a1 的内容: " + al);
        // 从 ArrayList 中移除数据
        al.remove("F");
        al.remove(2);    // C A2 E B D
        System.out.println("a1 删除元素之后的大小: " + al.size());
        System.out.println("a1 的内容: " + al);
    }
}
```

运行结果如下。

```
a1 的初始化大小: 0
a1 加入元素之后的大小: 7
a1 的内容: [C, A2, A, E, B, D, F]
a1 删除元素之后的大小: 5
a1 的内容: [C, A2, E, B, D]
```

注意，a1 开始时是空的，添加元素后，它的大小增加了。当有元素被删除后，它的大小又会变小。System.out.println("a1 的内容：" + al);语句中，使用由 toString()方法提供的默认的转换显示类集的内容，toString()方法是从 AbstractCollection 继承来的。它对简短的程序来说足够了，但很少使用这种方法去显示实际中的类集内容。通常编程者会提供自己的输出程序。但在下面的几个例子中，仍采用由 toString()方法创建的默认输出。

尽管当对象被存储在 ArrayList 对象中时，其大小会自动增加。然而，也可以通过调用 ensureCapacity(int minCapacity)方法来人为地增加 ArrayList 的大小。如果事先知道将在当前能够容纳的类集中存储许许多多的内容，你可能会想这样做。在开始时，通过一次性地增加它的大小，就能避免后面的再分配。因为再分配是很花时间的，避免不必要的处理可以提高性能。

ArrayListToArray.java：

```
import java.util.*;
public class ArrayListToArray{
    public static void main(String args[]){
        // 创建一个 ArrayList 对象 al
        ArrayList<Integer> al = new ArrayList<Integer>();
        // 向 ArrayList 中加入对象
        al.add(new Integer(1));
        al.add(new Integer(2));
        al.add(3);
        al.add(4);
        System.out.println("ArrayList 中的内容: " + al);
        // 得到对象数组
        Object ia[] = al.toArray();
        int sum = 0;
        // 计算数组内容
        for (int i = 0;i < ia.length; i++)
            sum += ((Integer) ia[i]).intValue();
        System.out.println("数组累加结果是: " + sum);
```

```
    }
}
```

运行结果如下。

```
ArrayList 中的内容：[1, 2, 3, 4]
数组累加结果是：10
```

程序开始时创建一个整数的类集。接下来，toArray()方法被调用，它获得了一个 Object 对象数组。这个数组的内容被置成整型接下来对这些值进行求和操作。

11.6.2 LinkedList 类

LinkedList 类扩展了 AbstractSequentialList 类并实现了 List 接口。它提供了一个链接列表的数据结构。它具有如下两个构造方法。

```
LinkedList()
LinkedList(Collection<E> c)
```

第一个构造方法建立一个空的链接列表。第二个构造方法建立一个链接列表，该链接列表由另一个集合 c 中的元素进行初始化。

除了继承的方法之外，LinkedList 类本身还定义了一些有用的方法，这些方法主要用于操作和访问列表。

使用 addFirst()方法、offerFirst()方法、add(0, obj)方法或 push()方法可以在列表头中增加元素。它们的形式如下所示：

```
void addFirst(E obj)
boolean offerFirst(E e)
void add(int index, E e)
void push(E e)
```

使用 addLast()方法、offer()方法或 offerLast()方法可以在列表的尾部增加元素。它们的形式如下所示：

```
void addLast(E obj)
boolean offer(E e)
boolean offerLast(F e)
```

调用 getFirst()方法、element()方法、get(0)方法、peek()方法或 peekFirst()方法可以获得第一个元素，且不从列表中删除该元素。它们的形式如下所示：

```
E getFirst()
E element()
E get(int index)
E peek()
E peekFirst()
```

调用 getLast()方法、get(link.size()-1)方法或 peekLase()方法可以得到最后一个元素。注意，这些方法都是获得但不移除。它们的形式如下所示：

```
E getLast()
E get(int index)
E peekLast()
```

为了获取并删除第一个元素，可以使用 remove()方法、remove(0)方法、removeFirst()方法、poll()方法、pollFirst()或 pop()方法。它们的形式如下所示：

```
E remove()
E remove(int index)
E removeFirst()
E poll()
E pollFirst()
E pop()
```

为了删除最后一个元素，可以调用 remove(link.size()-1)方法、removeLast()方法或

pollLast()方法。它们的形式如下所示：

```
E remove(int index)
E removeLast()
E pollLast()
```

调用 removeFirstOccurrence(e)方法可以删掉从前往后找第一次出现该元素的元素，调用 removeLastOccurrence(e)方法可以删掉从后往前找第一次出现该元素的元素。它们的形式如下所示：

```
boolean removeFirstOccurrence(Object e)
boolean removeLastOccurrence(Object e)
```

利用正常迭代器 Iterator 可以正序遍历整个集合，利用 iterator()方法的格式如下所示：

```
//LinkedList 正常迭代器访问方式
Iterator<String> it = link.iterator();
while(it.hasNext()){
    System.out.print(it.next() + "  ");
}
System.out.println();
```

利用 ListIterator 可以从指定位置向前或向后遍历集合，利用 listIterator(int index)方法的格式如下所示：

```
//LinkedList 从指定位置开始向后遍历
ListIterator<String> lit = link.listIterator(3);
while(lit.hasNext()){
    System.out.print(lit.next() + "  ");
}
System.out.println();
//LinkedList 从指定位置开始向前遍历
ListIterator<String> rlit = link.listIterator(3);
while(rlit.hasPrevious()){
    System.out.print(rlit.previous() + "  ");
}
System.out.println();
```

利用正常迭代器 Iterator 可以逆序遍历整个集合，利用 descendingIterator()方法的格式如下所示：

```
//LinkedList 反向迭代器
Iterator<String> dit = link.descendingIterator();
while(dit.hasNext()){
    System.out.print(dit.next()+ "  ");
}
System.out.println();
```

下面例子是对几个 LinkedList 支持的方法的说明。

LinkedListDemo.java：

```
import java.util.*;
public class LinkedListDemo{
    public static void main(String args[]){
        // 创建 LinkedList 对象
        LinkedList<String> ll = new LinkedList<String>();
        // 加入元素到 LinkedList 中
        ll.add("F");
        ll.add("B");
        ll.add("D");
        ll.add("E");
        ll.add("C");
        // 在链表的最后一个位置加入数据
        ll.addLast("Z");
```

```
            // 在链表的第一个位置上加入数据
            ll.addFirst("A");
            // 在链表的第二个元素的位置上加入数据
            ll.add(1, "A2");
            System.out.println("ll 最初的内容: " + ll);
            // 从 LinkedList 中移除元素
            ll.remove("F");
            ll.remove(2);
            System.out.println("从 ll 中移除内容之后: " + ll);
            // 移除第一个和最后一个元素
            ll.removeFirst();
            ll.removeLast();
            System.out.println("ll 移除第一个和最后一个元素之后的内容: " + ll);
            // 取得并设置值
            Object val = ll.get(2);
            ll.set(2, (String) val + " Changed");
            System.out.println("ll 被改变之后: " + ll);
        }
    }
```

运行结果如下。

```
ll 最初的内容: [A, A2, F, B, D, E, C, Z]
从 ll 中移除内容之后: [A, A2, D, E, C, Z]
ll 移除第一个和最后一个元素之后的内容: [A2, D, E, C]
ll 被改变之后: [A2, D, E Changed, C]
```

因为 LinkedList 类实现了 List 接口，调用 add(Object)将项目追加到列表的尾部，如同 addLast()方法所做的那样。使用 add()方法的 add(int, Object)形式，插入项目到指定的位置，如程序中调用 add(1, "A2")的示例。

注意如何通过调用 get()和 set()方法使 ll 中的第三个元素发生改变。为了获得一个元素的当前值，通过 get()方法传递存储该元素的索引值。为了对这个索引位置赋一个新值，通过 set()方法传递索引和对应的新值。

11.6.3 ArrayList 和 LinkedList 的比较

（1）ArrayList 是实现了基于动态数组的数据结构，LinkedList 是基于链表的数据结构。

（2）对 ArrayList 和 LinkedList 而言，在列表末尾增加一个元素所花的开销都是固定的。对 ArrayList 而言，主要是在内部数组中增加一项，指向所添加的元素，偶尔可能会导致对数组进行重新分配；而对 LinkedList 而言，这个开销是统一的，都是分配一个内部 Entry 对象。

（3）在 ArrayList 的中间插入或删除一个元素意味着这个列表中剩余的元素都会被移动；而在 LinkedList 的中间插入或删除一个元素的开销是固定的。

（4）LinkedList 不支持高效的随机元素访问。

（5）ArrayList 的空间浪费主要体现在列表的结尾要预留一定的容量空间，而 LinkedList 的空间花费体现在它的每一个元素都需要消耗相同的空间。

可以这样说：当操作是在一列数据的后面添加数据而不是在前面或中间，并且需要随机地访问其中的元素时，使用 ArrayList 会提供比较好的性能；当操作是在一列数据的前面或中间添加或删除数据，并且按照顺序访问其中的元素时，就应该使用 LinkedList 了。

11.6.4 HashSet 类

HashSet 是 Set 接口的典型实现类，大多数时候使用 Set 集合就是使用这个实现类，HashSet 按 Hash 算法来存储集合中的元素，在散列（Hashing）中，一个关键字的信息内容被用来确定唯一的一个值，称为散列码（Hash Code）。散列码被用来当作与关键字相连的数据的存储索引。关键字到其散列码的转换是自动执行的——看不到散列码本身。程序代码也不能直接索引散列表。散列法的优点在于即使对于大的集合，它也允许一些基本操作，如 add()、contains()、remove()和 size()方法的运行时间保持不变。因此具有很好的存取和查找性能。

HashSet 的特点如下。

- 不能保证元素的排列顺序，顺序有可能发生变化。
- HashSet 不是同步的。
- 集合元素值可以是 null。

HashSet 使用散列的方式存放内容，本身没有顺序。但是无论是怎样的顺序，添加相同的一批元素，存放的顺序相同。因此，散列存储也是一种特定的顺序存储。当向 HashSet 集合中存入一个元素，HashSet 会调用该对象的 hashCode()方法来得到该对象的 hashCode 值，然后根据该 hashCode 值来决定该对象在 HashSet 中的存储位置。如果有两个元素通过 equals()方法比较返回 true，但它们的 hashCode()方法返回值不相等，HashSet 将把它们存储在不同位置，也就可以添加成功。

HashSet 类的构造方法为：

```
HashSet()
HashSet(Collection<E> c)
HashSet(int capacity)
HashSet(int capacity, float fillRatio)
```

第一种形式构造一个默认的散列集合。第二种形式用 c 中的元素初始化散列集合。第三种形式用 capacity 初始化散列集合的容量。第四种形式用它的参数初始化散列集合的容量和填充比（也称为加载容量）。填充比必须介于 0.0 与 1.0 之间，它决定在散列集合向上调整大小之前，有多少能被充满。具体地说，就是当元素的个数大于散列集合容量乘以它的填充比时，散列集合被扩大。对于没有获得填充比的构造方法，默认使用 0.75。

HashSet 没有定义任何超类和接口提供的其他方法。

重要的是，散列集合并不能确定其元素的排列顺序，因为散列法的处理通常不让自己参与创建排序集合。如果需要排序存储，另一种类集——TreeSet 将是一个更好的选择。下面是一个 HashSet 类的使用范例。

HashSetDemo.java：

```
import java.util.*;
public class HashSetDemo{
    public static void main(String args[]){
         // 创建 HashSet 对象
         HashSet<String> hs = new HashSet<String>();
         // 将元素加入 HastSet 中
         hs.add("B");
         hs.add("A");
         hs.add("D");
         hs.add("E");
         hs.add("C");
```

```
        hs.add("F");
        hs.add("A");
        System.out.println(hs);
    }
}
```

运行结果如下。

```
[D, A, F, C, B, E]
```

如前文解释的那样，元素并没有按添加顺序进行存储，而是散列存储。另外，示例中添加了两次 A，但是结果只有一次。

因为 Set 中不能出现重复的元素，所以对于自定义类而言，通常需要复写 equals()和 hashCode()方法来确保元素的唯一性。还需要复写 toString 实现自己的输出。

11.6.5 TreeSet 类

TreeSet 是 SortedSet 接口的唯一实现类，TreeSet 可以确保集合元素处于排序状态。它使用树来进行存储，访问和检索是很快的。在存储了大量的、需要进行快速检索的排序信息的情况下，TreeSet 是一个很好的选择。

TreeSet 支持两种排序方式。

自然排序：TreeSet 会调用集合元素的 compareTo()方法来比较元素之间的大小关系，然后将集合元素按升序排列。

定制排序：在创建 TreeSet 集合对象时，提供一个 Comparator 接口实现类对象与该 TreeSet 集合关联，由 Comparator 实现类对象负责集合元素的排序逻辑。

TreeSet 类的构造方法为：

```
TreeSet()
TreeSet(Collection<E> c)
TreeSet(Comparator<E> comp)
TreeSet(SortedSet<E> ss)
```

第一种形式构造一个空的树集合，该树集合将根据其元素的自然顺序按升序排序。第二种形式构造一个包含 c 元素的树集合。第三种形式构造一个空的树集合，它按照由 comp 指定的比较方法进行排序（比较方法将在本章后面介绍）。第四种形式构造一个包含 ss 元素的树集合。下面是一个 TreeSet 类的使用范例。

TreeSetDemo.java：

```
import java.util.*;
public class TreeSetDemo{
    public static void main(String args[]){
        // 创建一个 TreeSet 对象
        TreeSet<String> ts = new TreeSet<String>();
        // 将元素加入 TreeSet 中
        ts.add("C");
        ts.add("A");
        ts.add("B");
        ts.add("E");
        ts.add("F");
        ts.add("D");
        ts.add("A");
        System.out.println(ts);
    }
}
```

运行结果如下。

```
[A, B, C, D, E, F]
```

正如前文解释的那样，因为 TreeSet 按树存储其元素，元素被按照自然顺序自动排列，且不允许出现重复的元素。

因为 Set 不能出现重复的元素，所以对于自定义类而言，通常需要复写 equals()和 hashCode()方法来确保元素的唯一性。还需要复写 toString()实现自己的输出。且 TreeSet 还有排序功能。

对于自动排序功能而言，Java 提供了一个 Comparable 接口，该接口里定义了一个 compareTo()方法。Java 的一些常用类已经实现了 Comparable 接口，并提供了比较大小的标准。如 BigDecimal、BigInteger、数值类型对应的包装类，Character、Boolean、String、Date、Time 对应的系统类等。但是对于自定义类而言，我们需要自己实现 Comparable 接口，然后复写该接口的 compareTo()方法来定义自己的排序方法（对于比较的过程中出现相同的因子，会只显示一个）。

对于定制排序功能而言，在创建 TreeSet 对象时提供一个 Comparator 实现类对象与该 TreeSet 集合关联，由 Comparator 实现类对象负责集合元素的排序逻辑。所以我们要定义一个 Comparator 的实现类，在该实现类中复写 Comparator 的 compareTo()方法来定制自己的排序规则。

11.6.6 HashSet、TreeSet 和 LinkedHashSet 的比较

HashSet 采用散列函数对元素进行排序，是专门为快速查询而设计的。存入 HashSet 的对象必须定义 hashCode()方法。

TreeSet 采用红黑树的数据结构对元素排序，能保证元素的次序，使用它可以从 Set 中提取有序的序列。

LinkedHashSet 内部使用散列以加快查询速度，同时使用链表维护元素插入的次序，在使用迭代器遍历 Set 时，结果会按元素插入的次序显示。LinkedHashSet 在迭代访问 Set 中的全部元素时，性能比 HashSet 好，但是插入性能稍微逊色于 HashSet。

11.7 遍历集合元素

遍历集合元素

通常开发者希望通过循环输出集合中的元素，可以采用的方法有以下几种。

（1）直接利用 System.out.println(list);的形式输出，此时实际调用的是集合的 toString()方法，对于自定义类而言，需要复写 toString()来实现自己的输出。

（2）利用 for-each 结构遍历输出。

（3）对于 List 而言，它可以利用循环和 get(i)方法来循环输出。

（4）利用迭代器。

iterator 是一个用于实现 Iterator 接口或者实现 ListIterator 接口的对象。Iterator 接口可以通过循环输出类集内容。ListIterator 接口扩展了 Iterator 接口，允许双向遍历列表，并可以修改单元。Iterator 接口定义的方法如表 11-4 所示。ListIterator 接口定义的方法如表 11-5 所示。

表 11-4 Iterator 接口定义的方法

方法	描述
boolean hasNext()	如果存在更多的元素，则返回 true，否则返回 false
Object next()	返回下一个元素。如果没有下一个元素，则抛出 NoSuchElementException 对象
void remove()	删除当前元素，如果试图在调用 next()方法之后，调用 remove()方法，则抛出 IllegalStateException 对象

表 11-5 ListIterator 接口定义的方法

方法	描述
void add(Object obj)	将 obj 插入列表中的一个元素之前，该元素在下一次调用 next()方法时，被返回
boolean hasNext()	如果存在下一个元素，则返回 true，否则返回 false
boolean hasPrevious()	如果存在上一个元素，则返回 true，否则返回 false
Object next()	返回下一个元素，如果不存在下一个元素，则抛出一个 NoSuchElementException 对象
int nextIndex()	返回下一个元素的索引，如果不存在下一个元素，则返回列表的大小
Object previous()	返回上一个元素，如果上一个元素不存在，则抛出一个 NoSuchElementException 对象
int previousIndex()	返回上一个元素的索引，如果上一个元素不存在，则返回-1
void remove()	从列表中删除当前元素。如果 remove()方法在 next()方法或 previous()方法调用之前被调用，则抛出一个 IllegalStateException 对象
void set(Object obj)	将 obj 赋给当前元素。这是上一次调用 next()方法或 previous()方法最后返回的元素

下面通过一个例子来说明对集合元素的遍历。

testCollection.java：

```
import java.util.ArrayList;
import java.util.Iterator;
public class testCollection {
    public static void main(String[] args) {
        // 创建一个 ArrayList 对象
        ArrayList<String> list = new ArrayList<String>();
        // 将元素加入 ArrayList 中
        list.add("北京");
        list.add("上海");
        list.add("杭州");
        list.add("西安");
        list.add("成都");
        //直接输出集合中的所有元素
        System.out.println(list);
        //利用循环和 get(i)方法来循环输出
        for(int i=0;i<list.size();i++) {
            System.out.print(list.get(i)+" ");
        }
        System.out.println();
        //利用 for-each 结构遍历输出
        for(String l:list) {
            System.out.print(l+" ");
        }
        System.out.println();
        //利用迭代器遍历输出
        Iterator  iterator=list.iterator();
        while(iterator.hasNext()) {
            System.out.print(iterator.next()+" ");
        }
    }
}
```

使用迭代方法进行遍历，在通过迭代方法访问类集之前，必须得到一个迭代方法。每一个 Collection 类都提供一个 iterator()方法，该方法返回一个类集的迭代方法对象。通过使用这个迭代方法对象，可以一次一个地访问类集中的每一个元素。通常，使用迭代方法和循环输出类集的内容，步骤如下。

（1）通过调用类集的 iterator()方法获得类集的迭代方法对象。

（2）建立一个调用 hasNext()方法的循环，只要 hasNext()返回 true，就进行循环迭代。

（3）在循环内部，通过调用 next()方法来得到每一个元素。

其对应的迭代器的工作原理如图 11-7 所示。

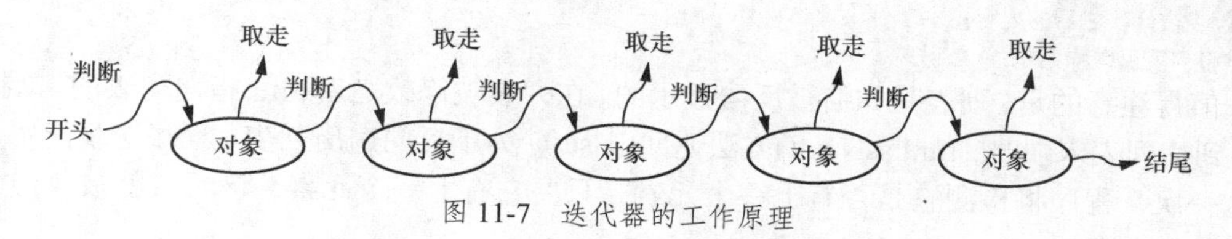

图 11-7　迭代器的工作原理

对于执行 List 的类集，也可以通过调用 ListIterator 来获得迭代方法。正如前文解释的那样，列表迭代方法提供了前向或后向访问类集的能力，并可以修改元素。否则，ListIterator 如同 Iterator 功能一样。程序 IteratorDemo.java 是一个实现上述描述的例子，说明了 Iterator 和 ListIterator 的使用方法。在范例中使用的是 ArrayList 类，但是原则上它是适用于任何类型的类集的。当然，ListIterator 只适用于那些实现了 List 接口的类集。

IteratorDemo.java：

```
import java.util.*;
public class IteratorDemo{
    public static void main(String args[]){
        // 创建一个 ArrayList 数组
        ArrayList<String> al = new ArrayList<String>();
        // 将元素加入 ArrayList 中
        al.add("C");
        al.add("A");
        al.add("E");
        al.add("B");
        al.add("D");
        al.add("F");
        // 使用 Iterator 显示 al 中的内容
        System.out.print("al 中原始内容是：");
        Iterator<String> itr = al.iterator();
        while (itr.hasNext()){
            System.out.print(itr.next() + " ");
        }
        System.out.println();
        // 在 ListIterator 中修改内容
        ListIterator<String> litr = al.listIterator();
        while (litr.hasNext()){
            litr.set(litr.next() + "+");// 用 set()方法修改其内容
        }
        System.out.print("al 被修改之后的内容：");
        itr = al.iterator();
        while (itr.hasNext()){
            System.out.print(itr.next() + " ");
        }
        System.out.println();
```

```
        // 下面是将列表中的内容反向输出
        System.out.print("将列表反向输出: ");
        // hasPreviours()由后向前输出
        while (litr.hasPrevious())        {
            System.out.print(litr.previous() + " ");
        }
        System.out.println();
    }
}
```

运行结果如下。

```
a1 中原始内容是: C A E B D F
a1 被修改之后的内容: C+ A+ E+ B+ D+ F+
将列表反向输出: F+ D+ B+ E+ A+ C+
```

值得注意的是，列表是如何被反向显示的。在列表被修改之后，litr 指向列表的末端（记住，到达列表末端时，litr.hasNext()方法返回 false）。为了反向遍历列表，程序继续使用 litr，但这一次，程序将检测它是否有上一个元素，只要它有上一个元素，该元素就被获得并被显示出来。

11.8 Map

除了类集，从 Java 2 开始还在 java.util 中增加了映射。映射（Map）是一个存储关键字和值的关联，或者说是“关键字/值”对的对象，即给定一个关键字，可以得到它的值。关键字和值都是对象，关键字必须是唯一的，但值是可以被重复的。有的映射可以接收 null 关键字和 null 值，有的则不能。

Map 接口及实现类

11.8.1 Map 接口及其子接口

映射接口定义了映射的特征和本质。表 11-6 所示为支持映射的接口。

表 11-6 支持映射的接口

接　口	描　述
Map	映射唯一关键字到值
SortedMap	扩展 Map 以便关键字按升序保持
Map.Entry	描述映射中的元素（“关键字/值”对）。是 Map 的一个内部类

下面依次对每个接口进行讨论。

11.8.2 Map 接口

Map 接口映射唯一关键字到值。关键字（Key）是以后用于检索值的对象。给定一个关键字和一个值，可以存储这个值到一个 Map 对象中。当这个值被存储以后，就可以使用它的关键字来检索它。Map 接口定义的方法如表 11-7 所示。当调用的映射中没有项存在时，其中的几种方法会抛出一个 NoSuchElementException 对象。而当对象与映射中的元素不兼容时，抛出一个 ClassCastException 对象。如果试图使用映射不允许使用的 null 对象，则抛出一个 NullPointerException 对象。当试图改变一个不允许修改的映射时，则抛出一个 UnsupportedOperationException 对象。

表 11-7 Map 接口定义的方法

方　法	描　述
void clear()	从此映射中移除所有映射关系
boolean containsKey(Object key)	如果此映射包含指定关键字的映射关系，则返回 true
boolean containsValue(Object value)	如果此映射将一个或多个关键字映射到指定值，则返回 true
Set<Map.Entry<K,V>> entrySet()	返回此映射中包含的映射关系的 Set 视图
boolean equals(Object o)	比较指定的对象与此映射是否相等
V get(Object key)	返回指定关键字所映射的值；如果此映射不包含该关键字的映射关系，则返回 null
int hashCode()	返回此映射的 Hash 值
boolean isEmpty()	如果此映射未包含关键字的值映射关系，则返回 true
Set<K> keySet()	返回此映射中包含的关键字的 Set 视图
V put(K key, V value)	添加元素或将指定的值与此映射中的指定关键字关联（修改）
void putAll(Map<? extends K,? extends V> m)	从指定映射中将所有映射关系复制到此映射中
V remove(Object key)	如果存在一个关键字的映射关系，则将其从此映射中移除
int size()	返回此映射中的关键字的值映射关系数
Collection<V> values()	返回此映射中包含的值的 Collection 视图

若要获得映射的集合“视图”，可以使用 entrySet()方法，它返回一个包含映射中元素的集合（Set）。若要得到关键字的集合“视图”，可以使用 keySet()方法。若要得到值的集合“视图”，可以使用 values()方法。集合“视图”是将映射集成到集合框架内的手段。

11.8.3 SortedMap 接口

SortedMap 接口扩展了 Map 接口，它可确保各项按关键字升序排序。由 SortedMap 接口定义的方法如表 11-8 所示。当调用的映射中没有项时，其中的几种方法会抛出一个 NoSuchElementException 对象。当对象与映射中的元素不兼容时，则会抛出一个 ClassCastException 对象。当试图使用映射不允许使用的 null 对象时，则抛出一个 NullPointerException 对象。

表 11-8 SortedMap 接口定义的方法

方　法	描　述
Comparator<? super K> comparator()	返回对此映射中的键进行排序的比较器；如果此映射使用关键字的自然顺序，则返回 null
K firstKey()	返回此映射中当前的第一个（最低）关键字
SortedMap<K,V> headMap(K toKey)	返回此映射的部分视图，其关键字的值严格小于 toKey
K lastKey()	返回映射中当前的最后一个（最高）关键字
SortedMap<K,V> subMap(K fromKey, K toKey)	返回此映射的部分视图，其关键字的值的范围为从 fromKey（包括）到 toKey（不包括）
SortedMap<K,V> tailMap(K fromKey)	返回此映射的部分视图，其关键字大于等于 fromKey

11.8.4 Map.Entry 接口

Map.Entry 接口是 Map 内部定义的一个接口，专门用来保存<key, value>的内容，其关系如图 11-8 所示。

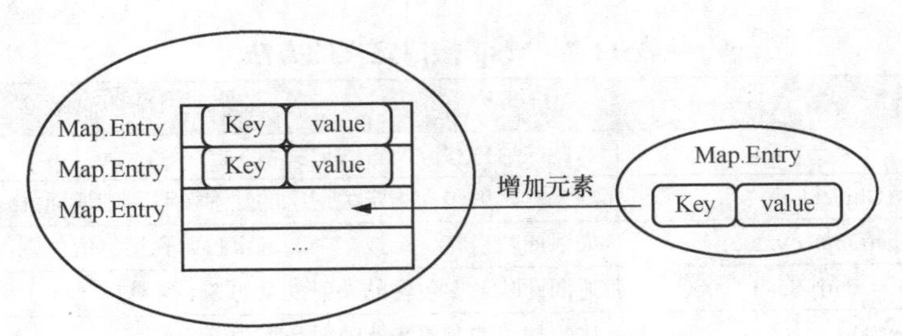

图 11-8　Map.Entry 接口与 Map 接口的关系

调用 Map 接口定义的 entrySet()方法，返回一个包含映射输入的集合（Set）。集合元素都是 Map.Entry 对象。表 11-9 所示为该接口定义的方法。

表 11-9　Map.Entry 接口定义的方法

方　法	描　述
boolean equals(Object o)	比较指定对象与此项的相等性
K getKey()	返回与此项对应的键
V getValue()	返回与此项对应的值
int hashCode()	返回此映射项的 Hash 值
V setValue(V value)	用指定的值替换与此项对应的值（可选操作）

11.8.5　Map 接口及其子接口的实现类

有几个类提供了 Map 接口及其子接口的实现。Map 接口的实现类如表 11-10 所示。

表 11-10　Map 接口的实现类

类	描　述
AbstractMap	实现大多数的 Map 接口
HashMap	将 AbstractMap 扩展到使用散列表
TreeMap	将 AbstractMap 扩展到使用树

11.8.6　HashMap 类

HashMap 类使用散列表实现 Map 接口。HashMap 类允许一些基本操作，如 get()和 put()的运行时间保持恒定，即便是大型集合，也是这样的。HashMap 类的构造方法为：

```
HashMap()
HashMap(Map<K, V> m)
HashMap(int capacity)
HashMap(int capacity, float fillRatio)
```

第一种形式构造一个默认的散列映射。第二种形式用 m 元素初始化散列映射。第三种形式将散列映射的容量初始化为 capacity。第四种形式用参数同时初始化散列映射的容量和填充比。容量和填充比的含义与前面介绍的 HashSet 类中的容量和填充比相同。

HashMap 接口实现了 Map 接口并扩展了 AbstractMap 接口。它本身并没有增加任何新的方法。应该注意的是散列映射并不保证它的元素的顺序。因此，元素加入散列映射的顺序并不一定是它们被迭代方法读出的顺序。

下面的程序说明了 HashMap 类的应用。它将名字映射到账目资产平衡表。注意集合“视图”是如何获得和被使用的。

HashMapDemo.java：

```
import java.util.*;
public class HashMapDemo{
    public static void main(String args[]){
        // 创建 HashMap 对象
        HashMap<String, Double> hm = new HashMap<String, Double>();
        // 将元素加入 HashMap 中
        hm.put("John Doe", new Double(3434.34));
        hm.put("Tom Smith", new Double(123.22));
        hm.put("Jane Baker", new Double(1378.00));
        hm.put("Todd Hall", 99.22);
        hm.put("Ralph Smith", -19.08);
        // 返回包含映射中项的集合
        Set<Map.Entry<String, Double>> set = hm.entrySet();
        // 用 Iterator 得到 HashMap 中的项
        Iterator<Map.Entry<String, Double>> it = set.iterator();
        // 显示元素
        while (it.hasNext()){
            // Map.Entry 可以操作映射的输入
            Map.Entry<String, Double> me = it.next();
            System.out.print(me.getKey() + ": ");
            System.out.println(me.getValue());
        }
        System.out.println();
        // 让 John Doe 中的值增加 1000
        double balance = ((Double) hm.get("John Doe")).doubleValue();
        // 用新的值替换掉旧的值
        hm.put("John Doe", new Double(balance + 1000));
        System.out.println("John Doe 现在的资金: " + hm.get("John Doe"));
    }
}
```

运行结果如下。

```
Todd Hall: 99.22
Ralph Smith: -19.08
Tom Smith: 123.22
John Doe: 3434.34
Jane Baker: 1378.0
John Doe 现在的资金: 4434.34
```

程序先创建一个散列映射，然后将名字的映射增加到平衡表中。接下来，映射的内容通过使用由调用方法 entrySet()获得的集合“视图”显示出来。关键字和值通过调用由 Map.Entry 定义的 getKey()和 getValue()方法显示。注意存款是如何被制成 John Doe 的账目的。put()方法自动用新值替换与指定关键字相关联的原先的值。因此，在 John Doe 的账目被更新后，散列映射将仍然仅保留一个“John Doe”账目。

对于 Map 接口来说，其本身是不能直接使用迭代（例如：Iterator、for-each）进行输出的，因为 Map 中的每个位置存放的均是一对值（key value），而 Iterator 中每次只能找到一个值。所以若非要使用迭代进行输出，必须按照如下的步骤完成（以 Iterator 输出方法为例）。

（1）将 Map 的实例通过 entrySet()方法变为 Set 接口对象。

（2）通过 Set 接口为 Iterator 实例化。

（3）通过 Iterator 迭代输出，每个内容都是 Map.Entry 的对象。

（4）通过 Map.Entry 进行关键字与值的分离。

11.8.7 TreeMap 类

TreeMap 类通过使用树实现 Map 接口。TreeMap 提供了按排列顺序存储“关键字/值”对的有效手段，同时允许快速检索。应该注意的是，不像散列映射，树映射保证它的元素按照关键字升序排列。

TreeMap 类的构造方法为：

```
TreeMap( )
TreeMap(Comparator<K> comp)
TreeMap(Map<K, V> m)
TreeMap(SortedMap<K, V> sm)
```

第一种形式构造一个空的树映射，该映射使用其关键字的自然顺序来排序。第二种形式构造一个空的基于树的映射，该映射通过使用 Comparator comp 来排序（比较方法 Comparator 将在本章后面进行讨论）。第三种形式用从 m 开始的输入初始化树映射，该映射使用关键字的自然顺序来排序。第四种形式用从 sm 开始的输入来初始化一个树映射，该映射将按与 sm 相同的顺序来排序。

TreeMap 接口实现了 SortedMap 接口并且扩展了 AbstractMap 接口。它本身并没有另外定义其他方法。

重新运行前面的范例，以便在其中使用 TreeMap 类：

TreeMapDemo.java：

```
import java.util.*;
public class TreeMapDemo{
    public static void main(String args[]){
        // 创建 TreeMap 对象
        TreeMap<Integer, String> tm = new TreeMap<Integer, String>();
        // 将元素加入 TreeMap 中
        tm.put(new Integer(8000), "张三");
        tm.put(new Integer(8500), "李四");
        tm.put(7500, "王五");
        tm.put(5000, "赵六");
        Collection<String> col = tm.values();
        Iterator<String> i = col.iterator();
        System.out.println("按工资由低到高顺序输出：");
        while (i.hasNext()){
            System.out.println(i.next());
        }
    }
}
```

运行结果如下。

按工资由低到高顺序输出：

```
赵六
王五
张三
李四
```

程序对关键字进行了排序。然而，在这种情况下，是用名字而不是用姓进行排序。可以通过在创建映射时，指定一个比较方法来改变这种排序。

TreeSet 类和 TreeMap 类都按排列顺序存储元素。然而，精确定义采用何种“排列顺序”的是比较方法。通常在默认的情况下，这些类通过使用被 Java 称为“自然顺序”的顺序存储它们的元素，而这种顺序通常也是所需要的（A 在 B 的前面，1 在 2 的前面，等）。如果需要用不同的方法对元素进行排序，可以在构造集合或映射时，指定一个 Comparator 实现类对象。这样做为开发者提供了一种精确控制如何将元素存储到排序类集和映射中的功能。Comparator 接口有一个方法 compare()。原型如下：

```
int compare(Object obj1, Object obj2)
```

obj1 和 obj2 是被比较的两个对象。当两个对象相等时，该方法返回 0；当 obj1 大于 obj2 时，返回一个正值；否则，返回一个负值。如果用于比较的对象的类型不兼容，该方法抛出一个 ClassCastException 对象。通过覆盖 compare()，可以改变对象排序的方式。例如，通过创建一个颠倒输出的比较方法，可以实现逆向排序。

下面是一个说明定制的比较方法能力的例子。该例子实现 compare()方法以便它按正常顺序的逆向进行操作。因此，它使一个树集合按逆向的顺序进行存储。

ComparatorDemo.java：

```
import java.util.*;
class MyComp implements Comparator<String>{
    @Override
    public int compare(String o1, String o2){
        return o2.compareTo(o1);
    }
}
public class ComparatorDemo{
    public static void main(String args[]){
        // 创建一个 TreeSet 对象
        TreeSet<String> ts = new TreeSet<String>(new MyComp());
        // 向 TreeSet 对象中加入内容
        ts.add("C");
        ts.add("A");
        ts.add("B");
        ts.add("E");
        ts.add("F");
        ts.add("D");
        // 得到 Iterator 的实例化对象
        Iterator<String> it = ts.iterator();
        // 显示全部内容
        while (it.hasNext()){
            System.out.print(it.next() + " ");
        }
    }
}
```

运行结果如下。

```
F E D C B A
```

仔细观察实现了 Comparator 并覆盖了 compare()方法的 MyComp 类。在 compare()方法内部，用 String 类中的 compareTo()比较两个字符串。o2.compareTo(o1)逆序、o1.compareTo(o2)正序。

下面是一个更实际的范例，是用 TreeMap 程序实现前面介绍的存储账目资产平衡表。下面的程序按姓对账目进行排序。为了实现这种功能，程序使用了比较方法来比较每一个账目下姓的排序，得到的映射是按姓进行排序的。

TreeMapDemo2.java：

```
import java.util.*;
class Employee implements Comparator<String>{
```

```
    public int compare(String a, String b){
        return a.compareTo(b);
    }
}
public class TreeMapDemo2{
    public static void main(String args[]){
        // 创建一个TreeMap对象
        TreeMap<String, Double> tm = new TreeMap<String, Double>(new Employee());
        // 向Map对象中插入元素
        tm.put("Z、张三", 3534.34);
        tm.put("L、李四", 126.22);
        tm.put("W、王五", 1578.40);
        tm.put("Z、赵六", 99.62);
        tm.put("S、孙七", -29.08);
        Set<Map.Entry<String, Double>> set = tm.entrySet();
        Iterator<Map.Entry<String, Double>> itr = set.iterator();
        while(itr.hasNext()){
            Map.Entry<String, Double> me = itr.next();
            System.out.print(me.getKey() + ": ");
            System.out.println(me.getValue());
        }
        System.out.println();
        double balance = ((Double)tm.get("Z、张三")).doubleValue();
        tm.put("Z、张三", new Double(balance + 2000));
        System.out.println("张三最新的资金数为： " + tm.get("Z、张三"));
    }
}
```

运行结果如下。

```
L、李四：126.22
S、孙七：-29.08
W、王五：1578.4
Z、张三：3534.34
Z、赵六：99.62
张三最新的资金数为：5534.34
```

11.9 案例实战：斗地主洗牌发牌

1. 案例描述

扑克牌游戏“斗地主”，相信许多人都会玩，本案例要求编写一个“斗地主洗牌发牌”程序，要求按照斗地主的规则完成洗牌发牌的过程。一副扑克总共有54张牌，牌面由花色和数字组成（包括J、Q、K、A字母）组成，花色有♠、♥、♦、♣ 4种，分别表示黑桃、红桃、方块、梅花，小☺、大☻分别表示小王和大王。斗地主游戏共有3位玩家参与，首先将这54张牌的顺序打乱，每人轮流摸一次牌，剩余3张留作底牌，然后在控制台输出3位玩家的牌和3张底牌。

2. 运行结果

运行结果如图11-9所示。

3. 案例目标

- 学会分析“斗地主洗牌发牌”案例的实现思路。

```
张三的牌：[♥4, ♠2, ♦8, ♠Q, ♦9, ♥K, ♥6, ♦K, ♦Q, ♦10, ♣2, ♦J, 小☺, ♠A, ♥8, ♣4, ♥9]
李四的牌：[♣5, ♣7, ♦2, ♥2, ♠4, ♦7, ♠8, ♥Q, ♣9, ♠7, ♥A, ♠J, ♣10, ♥5, 大☻, ♣3, ♦4]
王五的牌：[♣8, ♦3, ♣K, ♣A, ♥7, ♦5, ♣6, ♠5, ♠10, ♦A, ♠K, ♦6, ♠9, ♥3, ♠6, ♣J, ♣Q]
底牌：[♥J, ♥10, ♠3]
```

图 11-9 运行结果

- 根据思路独立完成“斗地主洗牌发牌”程序的源代码编写、编译及运行。
- 掌握 List 集合和 Map 集合的特点及常用方法的使用。
- 掌握集合遍历的方式。

4. 案例思路

（1）要实现纸牌洗牌发牌程序，首先需要完成纸牌的组装。牌面是由花色（包括♠、♥、♦、♣花色）和数字（包括 J、Q、K、A 字母）两部分组成，可以创建两个 ArrayList 集合作为花色集合与数字集合，存储时需要注意。比 10 大的牌的数字用 J、Q、K 表示，1 用 A 表示。

（2）将花色集合与数字集合进行嵌套循环，将花色与数字组合，形成 52 张牌，并赋予其编号。将组合后的牌存放到一个 HashMap 集合中，集合的 Key 值是编号，Value 值是组装完成的纸牌。还有两张牌是大小王（小☺表示小王、大☻表示大王）。由于组装规则不一致，需单独使用 add()方法将这两张牌加入 HashMap 集合中。

（3）创建一个数字集合，用这个数字集合代替纸牌完成洗牌和发牌操作。由于纸牌的数量是 54 张，所以创建集合的范围是 0 ~ 53。

（4）可以使用 Collections 类的 shuffle()方法完成打乱数字集合的操作，实现洗牌效果。由于只有 3 个人，所以可以使用 for 循环，通过将数字与 3 取余的方法，将代表不同纸牌的数字分配给不同的人与底牌，实现发牌效果。

（5）洗牌和发牌结束后，可以通过 Collections 类的 sort()方法完成排序，之后通过 for-each 循环遍历 HashMap 集合，根据数字查找对应的纸牌字符串，并存入创建的字符串集合中，最后展示字符串集合。

5. 案例实现

代码如下所示。

PokerDemo.java：

```
1   import java.util.ArrayList;
2   import java.util.Collections;
3   import java.util.HashMap;
4   public class PokerDemo {
5       public static void main(String[] args) {
6           // 准备 4 种花色
7           ArrayList<String> color = new ArrayList<String>();
8           color.add("♠");
9           color.add("♥");
10          color.add("♦");
11          color.add("♣");
12          // 准备数字，用 ArrayList 将纸牌由小到大排序
13          ArrayList<String> number = new ArrayList<String>();
14          for (int i = 3; i <= 10; i++) {
15              number.add(i + "");
16          }
17          number.add("J");
```

```
18          number.add("Q");
19          number.add("K");
20          number.add("A");
21          number.add("2");
22          // 定义一个 map 集合：用来将数字与每一张牌进行对应
23          HashMap<Integer, String> map = new HashMap<Integer, String>();
24          int index = 0;//纸牌编号
25          for (String thisNumber : number) {//循环纸牌数字
26              for (String thisColor : color) {//循环纸牌花色
27                  // 将花色与数字组合，形成 52 张牌，并赋予其编号
28                  map.put(index++, thisColor + thisNumber);
29              }
30          }
31          //  加入大小王
32          map.put(index++, "小☺");
33          map.put(index++, "大☻");
34          //  一副 54 张的牌，ArrayList 里边为数字范围为 0 ~ 53 的新牌
35          ArrayList<Integer> cards = new ArrayList<Integer>();
36          for (int i = 0; i <= 53; i++) {
37              cards.add(i);// 此时的 cards 顺序为 0 ~ 53
38          }
39          // 洗牌，使用 Collections 工具类中的 shuffle()方法
40          Collections.shuffle(cards);
41          // 创建 3 个玩家和底牌
42          ArrayList<Integer> iPlayer = new ArrayList<Integer>();
43          ArrayList<Integer> iPlayer2 = new ArrayList<Integer>();
44          ArrayList<Integer> iPlayer3 = new ArrayList<Integer>();
45          ArrayList<Integer> bottomPoker = new ArrayList<Integer>();
46          //  遍历这副洗好的牌，遍历过程中，将牌发到 3 个玩家和底牌中
47          for (int i = 0; i < cards.size(); i++) {
48              if(i<51){
49                  //分发 51 张牌
50                  switch (i%3){
51                      case 0: iPlayer.add(cards.get(i));break;
52                      case 1: iPlayer2.add(cards.get(i));break;
53                      case 2: iPlayer3.add(cards.get(i));break;
54                  }
55              }
56              else{
57                  // 留取 3 张底牌
58                  bottomPoker.add(cards.get(i));
59              }
60          }
61          //  对每个人手中的牌排序，使用 Collections 工具类中的 sort()方法
62          Collections.sort(iPlayer);
63          Collections.sort(iPlayer2);
64          Collections.sort(iPlayer3);
65          //  对应数字形式的每个人手中的牌，定义字符串形式的牌
66          ArrayList<String> sPlayer = new ArrayList<String>();
67          ArrayList<String> sPlayer2 = new ArrayList<String>();
68          ArrayList<String> sPlayer3 = new ArrayList<String>();
69          ArrayList<String> sSecretCards = new ArrayList<String>();
70          //  循环主键，从 map 集合中获取纸牌
71          for (Integer key : iPlayer) {
72              sPlayer.add(map.get(key));
73          }
74          for (Integer key : iPlayer2) {
```

```
75                  sPlayer2.add(map.get(key));
76              }
77              for (Integer key : iPlayer3) {
78                  sPlayer3.add(map.get(key));
79              }
80              for (Integer key : bottomPoker) {
81                  sSecretCards.add(map.get(key));
82              }
83              //看牌
84              System.out.println("玩家 1: " + sPlayer);
85              System.out.println("玩家 2: " + sPlayer2);
86              System.out.println("玩家 3: " + sPlayer3);
87              System.out.println("底牌: " + sSecretCards);
88          }
89      }
```

第 8 ~ 21 行代码将 4 种花色和 13 个纸牌编号分别放到两个 ArrayList 集合中；第 23 ~ 33 行代码用 for-each 循环拼出 52 张纸牌，并将其依照从小到大的顺序放入 Map 集合中，并将大小王添加到其中；第 35 ~ 38 行代码创建了代替纸牌的数字集合，将其与纸牌中的序号对应，将数字集合中的顺序打乱，此时集合相当于纸牌编号集合；第 42 ~ 60 行代码完成了将纸牌编号发给 3 位玩家并留 3 张纸牌编号作为底牌的操作；第 62 ~ 64 行代码将 3 位玩家手中纸牌编号进行排序；第 66 ~ 88 行代码通过循环 3 位玩家手中的纸牌编号，将纸牌字符串从 Map 集合中取出放入字符串集合。最后输出字符串集合，分别得到 3 个玩家的纸牌和底牌。

11.10 小结

（1）Java 泛型是 JDK 5 中引入的一个新特性，泛型提供了编译时类型安全检测机制，该机制允许在编译时检测到非法的类型。泛型的本质是参数化类型，也就是说所操作的数据类型被指定为一个参数。泛型的应用有泛型方法、泛型类、泛型接口。

（2）Java 的 java.util 包中提供了一些集合类，这些集合类又被称为容器。提到容器不难会想到数组，集合类与数组的不同之处是，数组的长度是固定的，集合的长度是可变的；数组用来存放基本数据类型的数据，集合用来存放对象的引用。常用的集合有 List 集合、Set 集合、Map 集合，其中 List 集合与 Set 集合实现了 Collection 接口。

11.11 习题

（1）将范围为 1 ~ 200 的所有正整数存放在一个 List 集合中，并将集合中索引位置是 50 的对象从集合中移除。

（2）分别向 Set 集合以及 List 集合中添加“H”“a”“p”“p”“y” 5 个元素，观察重复值“p”能否在 List 集合以及 Set 集合中被成功添加。

（3）创建集合，创建 Emp 对象，并将创建的 Emp 对象添加到集合中（Emp 对象的 id 作为 Map 集合的键），并将 id 为 005 的对象从集合中移除。

第12章 图形界面设计

主要内容

- GUI 概述
- Java Swing
- 常用窗体
- Swing 常用组件
- 常用面板
- 常用布局管理器

在本章之前的设计中，所有应用程序都用命令行界面（非图形界面）运行。其实 Java 也提供了强大的用于开发图形界面的 API，这些 API 主要在 java.awt 包和 javax.swing 包中。

12.1 GUI 概述

GUI 是指在程序中采用图形的方式，利用菜单、按钮、文本框等界面元素，帮助用户向计算机系统发出指令、启动操作，并将程序运行结果以图形化的形式显示给用户。或者说 GUI 是指用户与计算机之间交互的图形化操作界面。

GUI 概述

图形编程内容主要包括抽象窗口工具箱（Abstract Window Toolkit，AWT）和 Swing 两个内容。AWT 是用来创建 Java GUI 的基本工具，当初 Sun 公司想通过这个工具包中的组件实现 Java 程序中图形界面的跨平台开发。AWT 组件通常称为重型组件，因为它在运行时需要调用一些与平台相关的本地组件为其服务，这就导致用 AWT 组件开发的 GUI 在不同的平台上可能会出现不同的运行效果，如窗口大小、字体效果会发生变化。为了弥补这个缺陷，Sun 公司与 Netscape 公司进行合作，共同开发了 Java 基础类库（Java Foundation Class，JFC），在 JDK 1.2 之后新增加了 Swing 工具包作为 AWT 的扩展。由于 Swing 中的组件类全部用 Java 编写，不直接使用本地组件，所以通常称为轻型组件。用 Swing 中的组件中的类开发 GUI 解决了 AWT 中跨平台界面显示不一致的问题，使一个程序可以运行于多种操作系统平台。

12.2 Java Swing

Java Swing 包作为 Java AWT 的扩展，其中有很多类与 Java AWT 包的类存在继承关系，同时在功能上进行了增强。Java AWT 和 Java Swing 包中的一部分类的继承关系如图 12-1 所示。

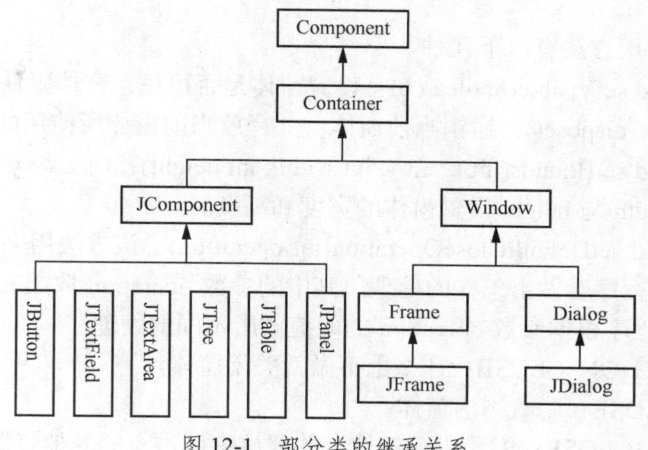

图 12-1　部分类的继承关系

在学习 GUI 编程时，应该首先理解两个概念：组件（Component）和容器（Container）。javax.swing 包中的 JComponent 类是 Component 类的间接子类，javax.swing 包中的 JFrame 类是 Window 类的间接子类。学习 GUI 编程就是学会对 Component 类的各种直接、间接子类的熟练运用。下面是一些 GUI 编程中经常用到的基础知识。

（1）Java 把 Component 类的子类或间接子类创建的对象称为组件。

（2）Java 把 Container 类的子类或间接子类创建的对象称为容器。

（3）可以向容器添加组件。Container 类提供了一个 public 方法——add()，调用这个方法可以将组件添加到容器中。

（4）调用 removeAll()方法可以移除容器中的全部组件；调用 remove(Component c)方法可以移除容器中参数 c 指定的组件。

（5）容器本身也是一个组件，因此可以把一个容器添加到另一个容器中，实现容器的嵌套。

12.3 常用窗体

窗体作为 Swing 应用程序中组件的承载体，提供了操作系统与应用程序的交互。Swing 中的常用窗体包括 JFrame 和 JDialog。

12.3.1 JFrame 窗体

JFrame 窗体是 Swing 应用程序中各个组件的载体，或者说 JFrame 窗体实际上是一个底层容器，该容器可以被直接显示、绘制在操作系统所控制的平台上，如显示器上。在开发应用程序时可以通过 javax.swing.JFrame 类来创建一个窗体，然后在窗体中添加组件、为组件设置事件。

JFrame 类的常用构造方法有以下两种。

（1）JFrame()：创建一个无标题的窗体。

（2）JFrame(String s)：创建标题为 s 的窗体。

用以上两种构造方法创建的窗体初始时都是不可见的，要通过 setVisible(true)方法使窗体可见。

JFrame 类的常用方法有以下几种。

（1）public void setVisible(boolean b)：设置窗体是否可见，窗体默认是不可见的。

（2）public void dispose()：撤销当前窗体，并释放当前窗体所使用的资源。

（3）public void setBounds(int x, int y, int width, int height)：由 x 与 y 设置窗体距离屏幕左上角的坐标，width 与 height 设置窗体的宽度和高度。

（4）public void setDefaultCloseOperation(int operation)：该方法用来设置单击窗体右上角的关闭图标后，程序会做出怎样的处理。其中的参数 operation 取 JFrame 类中的下列 int 类型 static 常量，程序根据参数 operation 的取值做出不同的处理。

DO_NOTHING_ON_CLOSE：什么也不做就关闭窗体。

HIDE_ON_CLOSE：隐藏当前窗体。

DISPOSE_ON_CLOSE：隐藏当前窗体，并释放窗体占有的其他资源。

EXIT_ON_CLOSE：关闭窗体并结束窗体所在的应用程序。

下面例子在主类的 main()方法中创建一个窗体，并在窗体中添加一个标签组件。

JF.java：

```
import java.awt.*;
import javax.swing.*;
public class JF {
    public static void main(String args[]){
        JFrame jf = new JFrame("这是一个窗体"); // 实例化一个 JFrame 对象
        Container container = jf.getContentPane(); // 获取一个容器
        JLabel jl = new JLabel("大家好！"); // 创建一个 JLabel 标签
        // 使标签上的文字居中
        jl.setHorizontalAlignment(SwingConstants.CENTER);
        container.add(jl); // 将标签添加到容器中
        container.setBackground(Color.yellow);//设置容器的背景颜色
        jf.setVisible(true); // 使窗体可见
        jf.setBounds(20, 10, 400, 300); // 设置窗体的位置和大小
        // 设置窗体关闭方式
        jf.setDefaultCloseOperation(WindowConstants.EXIT_ON_CLOSE);
    }
}
```

程序中 Container container = jf.getContentPane();语句用于获取一个 Container 对象，然后在容器中添加组件或设置布局管理器。如果要将组件添加到容器中，可通过 Container 类的 add()方法进行添加。运行结果如图 12-2 所示。

图 12-2　运行结果

12.3.2 JDialog 窗体

JDialog 窗体是 Swing 组件中的对话框，它继承自 AWT 组件中的 java.awt.Dialog 类。

JDialog 窗体的功能是在一个窗体中弹出另一个窗体，它一般是一个临时的窗体，主要用于显示提示信息或接收用户输入。它与 JFrame 窗体类似，在使用时也需要调用 getContentPane()方法将窗体转换为容器，然后在容器中设置窗体的属性。

JDialog 类的常用构造方法有以下几种

（1）JDialog(Frame owner)：创建一个没有标题但将指定的 Frame 作为其所有者的无模式对话框。

（2）JDialog(Frame owner, boolean model)：创建一个具有指定所有者 Frame、模式和空标题的对话框。

（3）JDialog(Frame owner, String title)：创建一个具有指定所有者 Frame 和指定标题的无模式对话框。

（4）JDialog(Frame owner, String title, boolean model)：创建一个具有指定所有者 Frame、标题和模式的对话框。

下面举例说明 JDialog 窗体的创建，在该例子中创建 MyJDialog 类，该类继承自 JDialog 类，并在 JFrame 窗体中添加一个按钮，单击该按钮后弹出一个对话框。

MyFrame.java：

```
import java.awt.Color;
import java.awt.Container;
import java.awt.event.ActionEvent;
import java.awt.event.ActionListener;
import javax.swing.JButton;
import javax.swing.JDialog;
import javax.swing.JFrame;
import javax.swing.JLabel;
import javax.swing.WindowConstants;
class MyJDialog extends JDialog{
    //从本实例代码可以看到，JDialog 窗体和 JFrame 窗体的形式基本相同，甚至在设置窗体的特性时调用的方法名称都基本相同，如设置窗体的大小，设置窗体的关闭状态等
    public MyJDialog(MyFrame frame){//定义一个构造方法
        //实例化一个 JDialog 类对象，指定对话框的父窗体、窗体标题和类型
        super(frame,"JDialog 窗体",true);
        Container container=getContentPane();//创建一个容器
        container.add(new JLabel("这是一个对话框"));//在容器中添加标签
        container.setBackground(Color.green);
        setBounds(150,150,100,100);
    }
}
public class MyFrame extends JFrame {
    public void ConFrame(){
        JFrame jf=new JFrame();//实例化一个 JFrame 对象
        Container container=jf.getContentPane();//将窗体转换为容器
        container.setLayout(null);
        JLabel jl=new JLabel("这是一个 JFrame 窗体");//在窗体中设置标签
        jl.setHorizontalAlignment(JLabel.CENTER);//将标签中的文字置于标签中间的位置
        container.add(jl);//将标签添加到容器中
        JButton jb=new JButton("单击我");//实例化一个按钮属性
        jb.setBounds(20, 20,80, 40);
```

```
        jb.addActionListener(new ActionListener() {
            @Override
            public void actionPerformed(ActionEvent e) {
                        //使 MyJDialog 窗体可见
                new MyJDialog(MyFrame.this).setVisible(true);
            //上面一句使对话框窗体可见，这样就实现了当用户单击按钮后弹出对话框的功能
            }
        });
        container.add(jb);//将按钮属性添加到容器中
        //设置容器里面的属性特点
        container.setBackground(Color.blue);
        //设置容器的框架结构特性
        jf.setTitle("这是一个容器");//设置容器的标题
        jf.setVisible(true);//设置容器可见
        jf.setSize(450, 400);//设置容器的大小
        //设置容器的关闭方式
        jf.setDefaultCloseOperation(WindowConstants.EXIT_ON_CLOSE);
    }
    public static void main(String[] args) {
        // TODO Auto-generated method stub
        MyFrame fm=new MyFrame();
        fm.ConFrame();
    }
}
```

运行结果如图 12-3 所示。

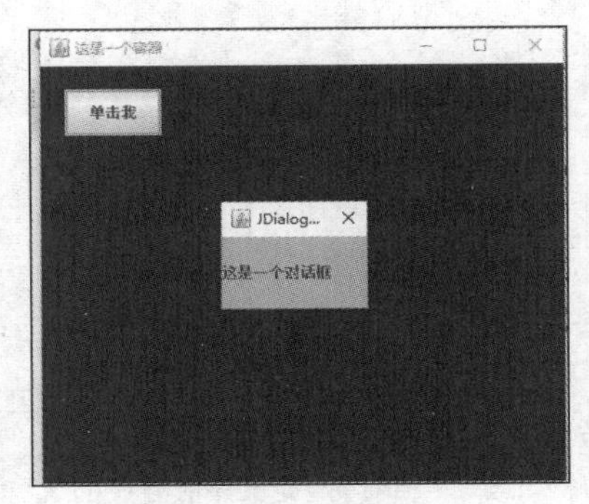

图 12-3　运行结果

从上面的程序中可以看出，JDialog 窗体和 JFrame 窗体的形式基本相同，甚至在设置窗体的特性时调用的方法名称都基本相同，如设置窗体的大小、设置窗体的关闭状态等。

12.4 Swing 常用组件

Swing 常用组件

在 Swing 程序设计中，通过标签、文本框、文本区、按钮等组件实现与用户的交互，常用的 Swing 组件如下。

1. 标签

使用 JLabel 类创建一个标签对象，用于显示文本和图片。

2. 文本框

使用 JTextField 类创建一个文本框对象，用于显示或编辑一行文本信息。

3. 文本区

使用 JTextArea 类创建一个文本区对象，用于显示或编辑多行文本信息。

4. 按钮

使用 JButton 类创建一个按钮对象，用于进行单击操作。

5. 选择框

使用 JCheckBox 类创建选择框对象，为用户提供多项选择。

6. 单选按钮

使用 JRadioButton 类创建单选按钮对象，为用户提供单项选择。

7. 下拉列表框

使用 JComboBox 类创建下拉列表框对象，供用户从中选择项目。

8. 密码框

使用 JPasswordField 类创建密码框对象，其操作与文本框基本相同，唯一不同的是密码框将用户的输入字符以“*”方式进行回显。

下面的程序中对常用的 Swing 组件进演示，运行结果如图 12-4 所示。

ComponentShow.java：

```
import java.awt.*;
import javax.swing.*;
public class ComponentShow {
    public static void main(String args[]) {
        Component1 win=new Component1();
        win.setBounds(200,200,400,280);
        win.setTitle("常用组件");
    }
}
class Component1 extends JFrame {
    JTextField text;
    JButton button;
    JCheckBox checkBox1,checkBox2,checkBox3,checkBox4;
    JRadioButton radio1,radio2;
    ButtonGroup group;
    JComboBox comBox;
    JTextArea area;
    public Component1() {
        init();
        setVisible(true);
        setDefaultCloseOperation(JFrame.EXIT_ON_CLOSE);
    }
    void init() {
        setLayout(new FlowLayout());
        add(new JLabel("文本框:"));
        text=new JTextField(20);
        add(text);
        add(new JLabel("按钮:"));
        button=new JButton("确定");
        add(button);
        add(new JLabel("选择框:"));
        checkBox1 = new JCheckBox("喜欢电影");
        checkBox2 = new JCheckBox("喜欢旅游");
        checkBox3 = new JCheckBox("喜欢运动");
        checkBox4 = new JCheckBox("喜欢看书");
        add(checkBox1);
        add(checkBox2);
```

```
        add(checkBox3);
        add(checkBox4);
        add(new JLabel("单选按钮:"));
        group = new ButtonGroup();
        radio1 = new JRadioButton("男");
        radio2 = new JRadioButton("女");
        group.add(radio1);
        group.add(radio2);
        add(radio1);
        add(radio2);
        add(new JLabel("下拉列表框:"));
        comBox = new JComboBox();
        comBox.addItem("请选择证件");
        comBox.addItem("学生证");
        comBox.addItem("教师证");
        comBox.addItem("军官证");
        comBox.addItem("老年证");
        add(comBox);
        add(new JLabel("      文本区: "));
        area = new JTextArea("请多多提宝贵的意见! ",5,25);
        add(new JScrollPanel(area));
    }
}
```

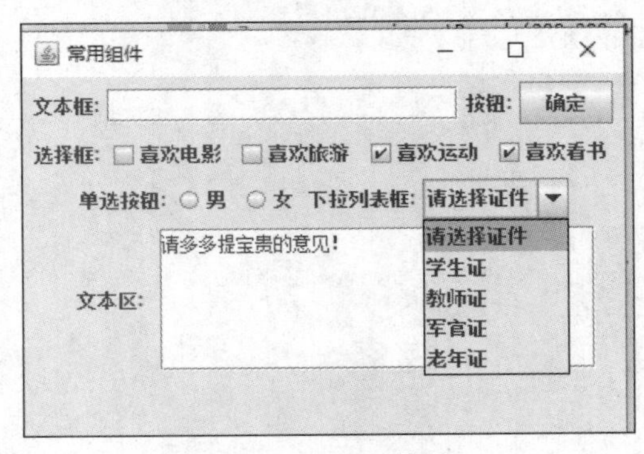

图 12-4　运行结果

上面的程序先创建一个 JFrame 窗体，然后往窗体中添加各种组件。

常用面板

12.5 常用面板

面板也是一种 Swing 容器，是一种中间容器，它可以作为容器容纳其他组件，但它也必须添加到容器中，如添加到 JFrame 对象或 JDialog 对象中，才能发挥作用。Swing 中的常用面板有 JPanel 面板和 JScrollPanel 面板。

12.5.1 JPanel 面板

Jpanel 面板的作用是把相关的组件放在同一个面板中方便进行布局，在面板中可以放入一些组件，也可以在上面绘画，将放有组件和画的 JPanel 再放入另一个容器里。JPanel 的默认布局为 FlowLayout。

JPanel 类的常用构造方法有以下几种。

（1）JPanel()：创建一个 JPanel 对象。

（2）JPanel(LayoutManager layout)：创建 JPanel 对象时指定布局 layout。

JPanel 对象添加组件的方法如下。

（1）add(组件)：添加组件。

（2）add(字符串,组件)：当面板采用 GardLayout 布局时，字符串是引用添加组件的代号。

JPanel 面板应用的例子如下所示。

Panel1.java：

```
import javax.swing.*;
import java.awt.*;
public class Panel1 extends JFrame {
    public static void main(String[] args) {
        JFrame jf = new JFrame("用户登录");
        Container c =jf.getContentPane();
        jf.setDefaultCloseOperation(WindowConstants.EXIT_ON_CLOSE);
        c.setLayout(new GridLayout(3, 2));
        // 第 1 个 JPanel，使用默认的浮动布局
        JPanel panel01 = new JPanel();
        panel01.add(new JLabel("用户名"));
        panel01.add(new JTextField(10));
        // 第 2 个 JPanel，使用默认的浮动布局
        JPanel panel02 = new JPanel();
        panel02.add(new JLabel("密    码"));
        panel02.add(new JPasswordField(10));
        // 第 3 个 JPanel，使用浮动布局，并且容器内组件居中显示
        JPanel panel03 = new JPanel(new FlowLayout(FlowLayout.CENTER));
        panel03.add(new JButton("登录"));
        panel03.add(new JButton("注册"));
        c.add( panel01);
        c.add( panel02);
        c.add( panel03);
        jf.pack();
        jf.setLocationRelativeTo(null);
        jf.setVisible(true);
    }
}
```

运行结果如图 12-5 所示。

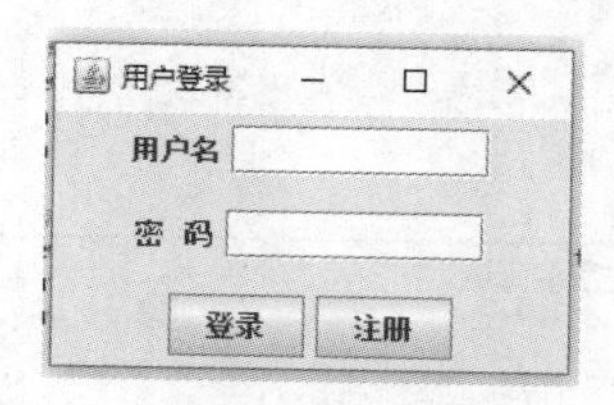

图 12-5　运行结果

上面的程序中先创建一个 JFrame 窗体，采用网格布局，然后在窗体中添加 3 个 JPanel 面板。

12.5.2　JScrollPanel 面板

当一个容器内放置了许多组件，而容器的显示区域不足以同时显示所有组件时，如果

让容器带有滚动条，通过移动滚动条的滑块，就能看到容器中相应位置上的组件。滚动面板 JScrollPanel 能实现这样的需求，JScrollPanel 是带有滚动条的面板。JScrollPanel 是 Container 的子类，也是一种容器，但是只能添加一个组件。JScrollPanel 的一般用法是先将一些组件添加到一个 JPanel 中，然后把这个 JPanel 添加到 JScrollPanel 中。这样，从界面上看，在滚动面板上，好像也有多个组件。在 Swing 中，JTextArea、JList、JTable 等组件都没有自带滚动条，都需要将它们放置于滚动面板中，利用滚动面板的滚动条，浏览组件中的内容。

JScrollPanel 类的构造方法有以下几种。

（1）JScrollPanel()：先创建 JScrollPanel 对象，然后用方法 setViewportView(Component com)为滚动面板对象放置组件对象。

（2）JScrollPanel(Component com)：创建 JScrollPanel 对象，参数 com 是要放置于 JScrollPanel 对象的组件对象。为 JScrollPanel 对象指定显示对象之后，再用 add()方法将 JScrollPanel 对象放置于窗口中。

JScrollPanel 面板的应用如下所示。

JScrollPanelTest.java：

```
import java.awt.*;
import javax.swing.*;
public class JScrollPanelTest extends JFrame {
    public JScrollPanelTest() {
        Container c = getContentPanel(); // 创建容器
        JLabel jl = new JLabel("请提意见:");
        c.setLayout(new GridLayout(2,1));
        JTextArea ta = new JTextArea(20, 50); // 创建文本区组件
        JScrollPanel sp = new JScrollPanel(ta); // 创建 JScrollPanel 面板对象
        c.add(jl);
        c.add(sp); // 将面板添加到该容器中
        setTitle("带滚动条的文字编译器");
        setBounds(50,50,200,200);
        setVisible(true);
        setDefaultCloseOperation(WindowConstants.DISPOSE_ON_CLOSE);
    }
    public static void main(String[] args) {
        new JScrollPanelTest();
    }
}
```

运行结果如图 12-6 所示。

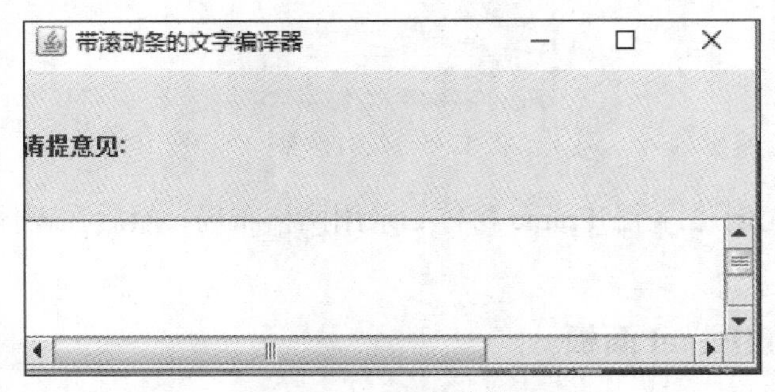

图 12-6　运行结果

上面的例子在 JFrame 窗体中添加了 JScrollPanel 面板，并在面板中放置了一个文本区对象。

12.6 常用布局管理器

Java 提供了布局管理器（LayoutManager）容器处理机制，当把 Swing 组件添加到容器中时，为了控制组件的大小、位置，需要用布局管理器对组件进行管理。利用布局管理器可以控制容器内部组件的排列顺序、大小、位置以及窗口大小。常见的布局管理器有 4 种：流布局管理器、边界布局管理器、网格布局管理器、卡片布局管理器。当然也可以以上 4 种都不用而采用绝对布局。

12.6.1 绝对布局

在 Swing 中，除了可以使用布局管理器之外，还可以采用绝对布局。所谓的绝对布局是指由程序员硬性指定组件在容器中的大小和位置。例如 c 是一个容器，b 是一个将要放入容器中的组件，采用绝对布局的步骤如下。

（1）使用 c.setLayout(null)方法取消布局管理器。

（2）使用 b.setBounds()方法设置组件的大小和位置。

下面来看一个绝对布局的例子。

AbsoluteLayout.java：

```
import javax.swing.JButton;
import javax.swing.JFrame;
import javax.swing.JPanel;
public class AbsoluteLayout extends JFrame {
    private JButton button1;//创建按钮 1
    private JButton button2;//创建按钮 2
    public AbsoluteLayout(){
        setTitle("绝对布局");//设置标题名字
        setDefaultCloseOperation(JFrame.EXIT_ON_CLOSE);//默认退出
        setBounds(100, 100, 250,150);//设置窗体的大小
        setLayout(null);//设置布局 null
        button1=new JButton("按钮 1");//给按钮命名
        button1.setBounds(6,6,90,30);//设置按钮的位置和大小
        add(button1);//加入窗体中
        button2=new JButton("按钮 2");
        add(button2);
        button2.setBounds(138, 26, 90, 30);
        setVisible(true);
    }
    public static void main(String[]args){
        AbsoluteLayout example=new AbsoluteLayout();
    }
}
```

运行结果如图 12-7 所示。

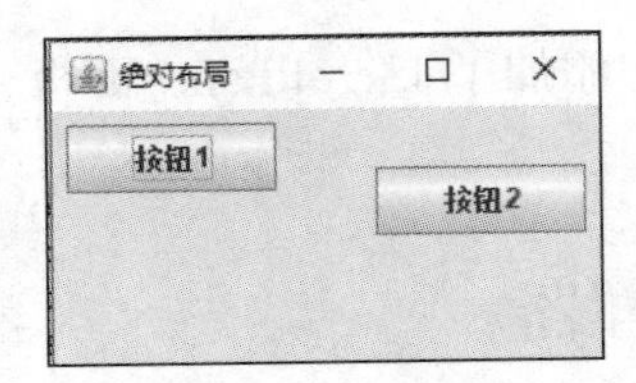

图 12-7　运行结果

本实例中按钮 1 和按钮 2 通过 setBounds(x,y,width,height)方法指定位置和大小。

12.6.2　流布局管理器

流布局管理器（FlowLayout）是 Panel 默认的布局管理器。组件的放置规律是从上到下、从左到右的，也就是说，添加组件时，先放置在第一行的左边，依次放满第一行，然后开始放置第二行，以此类推。FlowLayout 类具有以下常用的构造方法。

（1）public FlowLayout()。

（2）public FlowLayout(int alignment)。

（3）public FlowLayout(int alignment,int horizGap,int vertGap)。

构造方法中，alignment 参数表示组件的对齐方式，其值可以为 0、1、2，分别表示左、中、右对齐方式；horizGap 和 vertGap 表示组件的水平间隔和垂直间隔。

下面来看一个流布局的例子。

FlowLayout1.java：

```
import javax.swing.*;
import java.awt.*;
public class FlowLayout1 extends JFrame {
    public FlowLayout1() {
        Container c=getContentPane();
        //设置窗体为流布局，左对齐，水平间隔和垂直间隔为 5 像素
        c.setLayout(new FlowLayout(1,5,5));
        //将按钮添加到窗体中
        add(new JButton("Button 1"));
        add(new JButton("Button 2"));
        add(new JButton("Button3"));
        add(new JButton("Button 4"));
    }
    private void setLayout(FlowLayout flowLayout) {
        // 自动生成方法
    }
    public static void main(String args[]) {
        FlowLayout1 window = new FlowLayout1();
        window.setTitle("流布局");
        //该代码依据放置的组件设定窗口的大小使之正好能容纳放置的所有组件
        window.pack();
        window.setVisible(true);
        window.setDefaultCloseOperation(JFrame.EXIT_ON_CLOSE);
        window.setLocationRelativeTo(null);                    //让窗体居中显示
    }
}
```

运行结果如图 12-8 所示。

在本程序中如果要改变窗口的宽，FlowLayout 管理的组件的放置位置会随之发生变化，变化规律是：组件的大小不变，而组件的位置会根据容器的大小进行调节。如图 12-8 所示，

两个按钮都处于同一行，最后窗口变窄到一行只能放置一个按钮，原来处于一行右侧的按钮会移动到下一行。

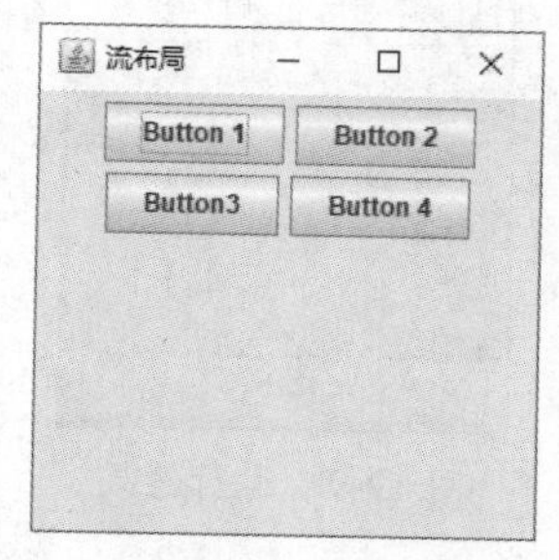

图 12-8　运行结果

12.6.3　边界布局管理器

边界布局管理器（BorderLayout）是 Window、Frame 和 Dialog 的默认布局管理器。边界布局管理器将容器分成 5 个区域：北（N）、南（S）、西（W）、东（E）和中（C）。每加入一个组件都应该指明这个组件放在哪个区域，区域分别由 BorderLayout 中的静态常量 NORTH、SOUTH、WEST、EAST、CENTER 指明。

下面来看一个边界布局的例子。

BorderLayout1.java：

```
import java.awt.*;
import javax.swing.*;
public class  BorderLayout1 extends JFrame{      //继承 JFrame
    //定义组件
    JButton jButton, jButton2,jButton3,jButton4,jButton5;
    public  BorderLayout1() {
        //创建组件
        jButton = new JButton("中间");
        jButton2 = new JButton("北边");
        jButton3 = new JButton("西边");
        jButton4 = new JButton("东边");
        jButton5 = new JButton("南边");
        //添加各个组件
        add(jButton, BorderLayout.CENTER);        //布局的中间
        add(jButton2, BorderLayout.NORTH);        //布局的北边
        add(jButton3, BorderLayout.WEST);         //布局的西边
        add(jButton4, BorderLayout.EAST);         //布局的东边
        add(jButton5, BorderLayout.SOUTH);        //布局的南边
        //设置窗体属性
        setTitle("演示边界布局管理器");
        setLocation(200, 200);
        setSize(200, 200);
        setVisible(true);
        setDefaultCloseOperation(JFrame.EXIT_ON_CLOSE);
    }
    public static void main(String[] args) {
        BorderLayout1 testBorderLayout = new  BorderLayout1();
    }
}
```

运行结果如图 12-9 所示。

图 12-9 运行结果

程序通过 add()方法在容器中添加组件，并设置组件的摆放位置。

12.6.4 网格布局管理器

网格布局管理器（GridLayout）将容器划分为网格，所以组件可以按行和列进行排列。在网格布局管理器中，每一个组件的大小都相同，并且格子中空格的个数由网格的行数和列数决定，例如一个 3 行 3 列的网格能产生 9 个大小相等的格子。组件从网格的左上角开始，按照从左到右、从上到下的顺序加入网格中，而且每一个组件都会填满整个格子，改变窗体的大小，组件也会随之而改变大小。GridLayout 类具有以下常用的构造方法。

（1）GridLayout()：创建具有默认值的网格布局，即每个组件占据一行一列。

（2）GridLayout(int rows, int cols)：创建具有指定行数和列数的网格布局。rows 为行数，cols 为列数。

（3）GridLayout(int rows, int cols, int hgap, int vgap)：创建具有指定行数、列数以及组件水平、纵向间隔一定间距的网格布局。

下面来看一个网格布局的例子。

GirdLayout1.java：

```
import java.awt.*;
import javax.swing.*;
public class GirdLayout1 extends JFrame{
    JTextField jt=new JTextField("0.0",10);
    JPanel panel = new JPanel();
    public GirdLayout1(){
        //设置为 BorderLayout
        setLayout(new BorderLayout());
        add(jt, BorderLayout.NORTH);
        add(panel, BorderLayout.CENTER);
        //网格布局
        GridLayout gridLayout = new GridLayout(4,4,3,3);
        panel.setLayout(gridLayout);
        //添加按钮
        String [] buttonNames = new String []{"7", "8","9","/","4","5","6",
"*","1","2","3","-","0",".","=","+"};
        for (String string : buttonNames) {
            panel.add(new JButton(string));
        }
        //配置结果按钮
        jt.setSize(200, 50);
        jt.setHorizontalAlignment(SwingConstants.RIGHT);
        pack();
```

```
        setTitle("GridLayoutDemo");
        setDefaultCloseOperation(JFrame.EXIT_ON_CLOSE);

    }
    public static void main(String[] args) {
        //自动生成方法
        GirdLayout1 demo = new GirdLayout1();
        demo.setVisible(true);
    }
}
```

运行结果如图 12-10 所示。

图 12-10　运行结果

程序通过网格布局管理器构建一个 4 行 4 列的计算器模型。

12.6.5　卡片布局管理器

卡片布局管理器（CardLayout）将每一个组件视为一张卡片，一次只能看到一张卡片，容器充当卡片的堆栈，容器第一次显示的是第一次添加的组件。构造方法有以下几种。

（1）public CardLayout()：创建一个新的卡片布局，水平间距和垂直间距都是 0。

（2）public CardLayout(int hgap,int vgap)：创建一个具有指定水平间距和垂直间距的新卡片布局。

还有一些比较重要的方法，如下。

void first(Container parent)：翻转到容器的第一张卡片。

void next(Container parent)：翻转到指定容器的下一张卡片。

void last(Container parent)：翻转到容器的最后一张卡片。

void previous(Container parent)：翻转到指定容器的前一张卡片。

下面来看一个卡片布局的例子。

CardLayout1.java：

```
import java.awt.*;
import javax.swing.*;
import java.awt.event.*;
public class  CardLayout1 {
    public static void main(String[] args) {
        CardLayoutClass cardLayoutClass=new CardLayoutClass("卡片布局管理器");
    }
}
//建立一个窗体类，该窗体类的对象采用卡片布局的方式
class CardLayoutClass extends Frame{
    private Panel card_panel=null;//声明一个卡片面板变量
    private Panel control_panel=null;//声明一个控制面板对象变量
```

```
    private CardLayout cardLayout=null;//声明一个卡片布局管理器对象变量
    private FlowLayout flowLayout=null;//声明一个流布局管理器对象变量
    private TextField textField=null;//声明一个文本框类型的控件
    private Label label1,label2,label3,label4;//声明 4 个标签对象变量
    private Button button_first,button_next,button_previous,button_last;
    CardLayoutClass(String title){
        super(title);
        init();
        registerListener();
    }
    public void init(){
        this.setBounds(200, 100, 300, 300);//设立当前窗体框架对象的大小和边界
        this.setBackground(Color.green);
        //对面板对象和布局管理器对象进行初始化操作
        card_panel=new Panel();
        control_panel=new Panel();
        card_panel.setBackground(Color.LIGHT_GRAY);
        control_panel.setBackground(Color.yellow);
        cardLayout=new CardLayout();
        flowLayout=new FlowLayout();
        card_panel.setLayout(cardLayout);//在卡片面板对象中设置布局管理器的类型为卡片布
局管理器
        control_panel.setLayout(flowLayout);//在控制面板对象中设置布局管理器对象为流布
局管理器
        //创建标签对象和文本框对象
        label1=new Label("第一页内容",Label.CENTER);//设置标签对象中的内容居中显示
        label2=new Label("第二页内容",Label.CENTER);
        label3=new Label("第三页内容",Label.CENTER);
        label4=new Label("第四页内容",Label.CENTER);
        textField=new TextField();//实例化一个文本框对象
        //将标签对象和文本框对象都添加到卡片面板对象中
        card_panel.add(label1);
        card_panel.add(label2);
        card_panel.add(textField);
        card_panel.add(label3);
        card_panel.add(label4);
        //对按钮对象进行初始化操作
        button_first=new Button("第一张");
        button_next=new Button("下一张");
        button_previous=new Button("上一张");
        button_last=new Button("最后一张");
        //将按钮对象添加到控制面板对象中
        control_panel.add(button_first);
        control_panel.add(button_next);
        control_panel.add(button_previous);
        control_panel.add(button_last);
        //在窗体对象中默认的布局管理器的类型为边界布局管理器
        this.add(card_panel, BorderLayout.CENTER);//将卡片面板对象放入中心位置
        this.add(control_panel, BorderLayout.SOUTH);//将控制面板对象放到南边位置
        this.setVisible(true);//设置当前窗体对象中的组件是可见的
    }
    //产生一个事件监听器对象，然后为组件对象中的 4 个按钮注册同一个事件监听器对象
    private void registerListener(){
        ButtonListener buttonListener=new ButtonListener();//实例化一个事件监听器对象
```

```
类，该监听对象用于对行为进行监听操作
            //为当前面板容器对象中的 4 个按钮添加事件监听器对象，单击按钮时将会触发事件监听器对象当
中所指定的方法
            button_first.addActionListener(buttonListener);
            button_last.addActionListener(buttonListener);
            button_next.addActionListener(buttonListener);
            button_previous.addActionListener(buttonListener);
        }
        //进行内部类的建立操作
        //建立一个事件监听器类
        class ButtonListener implements ActionListener{
            //建立一个按钮监听器对象，该对象实现了时间监听器接口
            @Override
            public void actionPerformed(ActionEvent e) {
                //当事件监听器类对象被触发时，将会自动执行该类方法，ActionEvent 为所触发的具体事件
                System.out.println("command="+e.getActionCommand());//显示执行当前事件的行
为指令
                System.out.println("source="+e.getSource());//获取事件源对象当中的信息并进行输
出操作
                Object obj=e.getSource();//获取当前事件的事件源对象，即按钮对象
                if(obj==button_first) {
                    //当前的事件源对象为第一个事件源对象时
                    cardLayout.first(card_panel);//从卡片布局管理器对象当中取出第一张卡片
进行显示操作
                }
                if(obj==button_previous){
                    //当前的事件源对象为 button_privious 事件源对象时
                    cardLayout.previous(card_panel);//从卡片面板对象当中将当前卡片的前一张
卡片取出来进行显示
                }
                if(obj==button_next){
                    cardLayout.next(card_panel);//将当前卡片对象当中的后一张卡片取出来进行显示操作
                }
                if(obj==button_last)
                {
                    cardLayout.last(card_panel);//将卡片面板对象当中的最后一张卡片对象取出
来进行显示操作
                }
            }
        }
    }
```

运行结果如图 12-11 所示。

程序通过建立一个窗体对象，在该窗体对象中添加两个面板容器对象。一个面板容器对象设置为卡片布局管理器，另一个面板容器对象设置为流布局管理器。在卡片布局管理器中添加 4 个卡片标签对象，在流布局管理器中添加 4 个按钮。然后为按钮对象添加监听器对象，使得在单击按钮时，触发特定的事件来对卡片容器对象中的标签组件进行显示操作。

图 12-11　运行结果

12.7 小结

（1）使用 Java 语言进行图形界面设计时，主要使用 Java.awt 包提供的类，如 Button（按钮）、TextFiled（文本框）、Menu（菜单）等。JDK1.2 增加了一个新的 javax.swing 包，该包提供了功能更为强大的用来设计 GUI 的类，如 JButton（按钮）、JTextFiled（文本框）等。

（2）JFrame 窗体是 Swing 应用程序中各个组件的载体，或者说 JFrame 窗体实际上是一个底层容器，该容器可以被直接显示、绘制在操作系统所控制的平台上，如显示器上。在开发应用程序时可以通过 javax.swing.JFrame 类来创建一个窗体，然后在窗体中添加组件、为组件设置事件。

（3）布局管理器可以控制容器内部组件的排列顺序、大小、位置及窗口大小。

（4）常见的布局管理器有 4 种：流布局管理器、边界布局管理器、网格布局管理器、卡片布局管理器。

12.8 习题

（1）画出 Swing 组件类的继承关系。

（2）Swing 中的常用组件有哪些？

（3）参考 ComponentShow.java 设计一个登录界面的窗体，内含一个用户名输入文本框，两个密码框，一个确定按钮，一个取消按钮。

（4）Java 中常见的布局管理器有哪些？它们各自有什么特点？

第 13 章 事件处理

主要内容

- 事件处理模型
- ActionEvent 事件
- 焦点事件
- 鼠标事件类

第 12 章主要介绍了组件的使用以及容器的布局，但这些组件本身并不响应任何功能。例如在窗体中添加一个按钮，当用户单击按钮时，按钮并没有做出相应的反应，实现什么功能。这时就需要为按钮添加事件监听器，引入 Java 事件处理机制，该监听器负责处理用户单击按钮后的功能。

事件处理模型

13.1 事件处理模型

为了使组件接收用户的操作，必须给各个组件设置事件处理机制，在事件的处理过程中，有以下 3 类对象与事件处理机制相关。

事件源（Event Source）：产生事件的来源，通常指组件，例如按钮、菜单、文本框等。

事件（Event）：封装了 GUI 组件上发生的特定事情（通常就是一次用户操作），如果程序需要获取 GUI 组件上所发生的事件相关信息，就需要通过 Event 对象来取得。

事件监视器（Event Listener）：负责监听事件源上所发生的事件，并对事件做出响应处理。

AWT 的事件处理机制如图 13-1 所示。

例如，在窗口中有一个按钮，当用户单击这个按钮时，会产生 ActionEvent 类（AWTEvent 的子类）的一个对象，这个按钮就是所谓的事件源，该 ActionEvent 类的一个对象就是单击操作所对应的事件，然后事件监听器接收触发的事件，并进行相应处理。

AWT 的事件处理机制是一种委派式事件处理方式——普通组件（事件源）将整个事件处理委托给特定的事件监听器；当该事件源发生指定的事件时，就通知所委托的事件监听器，由事件监听器来处理这个事件。

每个组件均可以针对特定的事件源指定一个或多个事件监听器，每个事件监听器也可以监听一个或多个事件源。因为同一个事件源上可能会发生多种事件，委派式事件处理方式可以把事件源上所有可能发生的事件分别授权给不同的事件监听器来处理；同时也可以让一类事件都使用同一个事件监听器来处理。

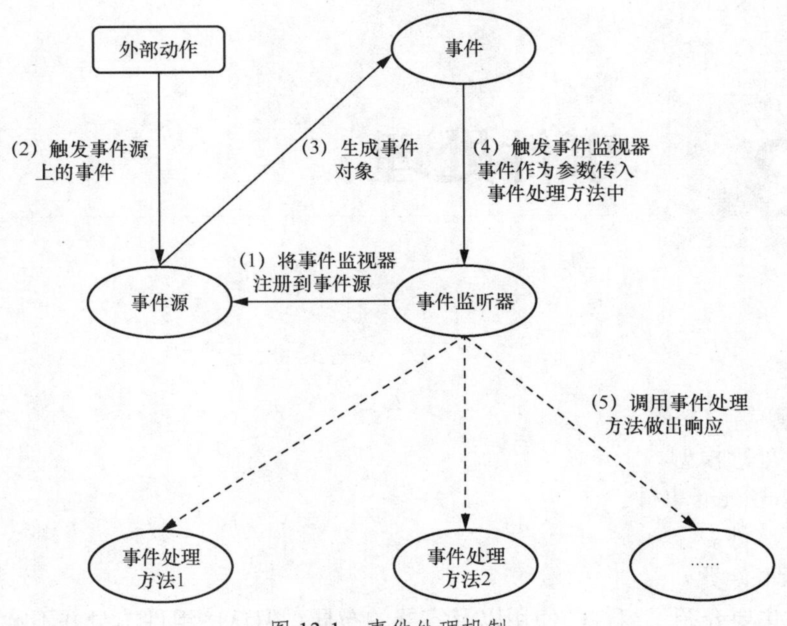

图 13-1　事件处理机制

13.2 ActionEvent 事件

ActionEvent 事件是比较常用的一种事件，很多组件都会触发这种事件，如单击按钮、选中文本框等。表 13-1 所示为 ActionEvent 事件的事件源与接口。

表 13-1　ActionEvent 事件的事件源与接口

事件名称	事件源	监听器	添加或删除相应类监听器的方法
ActionEvent	JMenu、JButton、JTextField 等	ActionListener	addActionListener()、removeActionListener()

下面的程序通过对按钮事件源添加动作监听器，使单击按钮时发生单击事件，执行 ActionListener 接口中的 actionPerformed(ActionEvent e) 方法做出相应的处理。运行结果如图 13-2 所示。

ActionEvent1.java：

```
import java.awt.*;
import java.awt.event.*;
import javax.swing.*;
class EventListener extends JFrame {
    private JButton btBlue,btYellow;
    public EventListener() {
        setTitle("Java GUI 事件监听处理");
        setBounds(100, 100, 500, 350);
        setLayout(new FlowLayout());
        btBlue = new JButton("蓝色");
        btYellow = new JButton("黄色");
        // 添加事件监听器（此处为匿名类）
        btBlue.addActionListener(new ActionListener() {
            // 事件处理
            @Override
```

```
            public void actionPerformed(java.awt.event.ActionEvent e) {
                // 自动生成方法
                Container c = getContentPane();
                c.setBackground(Color.BLUE);
            }
        });
        // 添加事件监听器
        btYellow.addActionListener(new ActionListener() {
            // 事件处理
            @Override
            public void actionPerformed(java.awt.event.ActionEvent e) {
                // 自动生成方法
                Container c = getContentPane();
                c.setBackground(Color.YELLOW);
            }
        });
        add(btBlue);
        add(btYellow);
        setVisible(true);
        setDefaultCloseOperation(JFrame.EXIT_ON_CLOSE);
    }
}
public class ActionEvent1 {

    public static void main(String argu[]) {
        new EventListener ();
    }
}
```

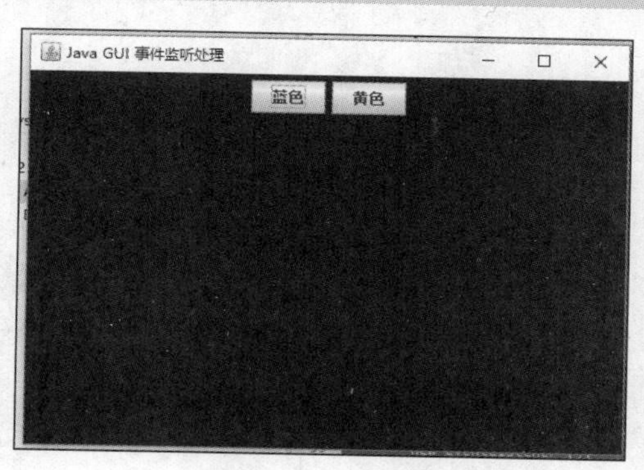

图 13-2　运行结果

上面的程序针对按钮事件源用 addActionListener()方法添加动作监听器添加动作，addActionListener()方法中的参数采用了匿名类对象。

焦点事件

13.3 焦点事件

焦点事件（FocusEvent）是指用户程序界面的组件失去焦点（即焦点从一个对象转移到另外一个对象）时，就会发生焦点事件。表 13-2 所示为 FocusEvent 事件的事件源与接口。

表 13-2　FocusEvent 事件的事件源与接口

事件名称	事件源	监听器	添加或删除相应类监听器的方法
FocusEvent	JTextArea、JTextField 等	FocusListener	addFocusListener()、removeFocusListener()

得到焦点事件的组件处于激活状态，例如界面包含文本框组件和单行文本输入区两个组件，如果文本框内部闪烁着光标，则表明该文本框拥有焦点。单击单行文本输入区时，就会触发焦点事件。使用焦点事件必须给组件增加一个 FocusListener 接口的事件处理器，该接口包含以下两个方法。

void focusGained(FocusEvent e)：当获得焦点时发生。

void focusLost(FocusEvent e)：当失去焦点时发生。

FocusEvent 类的方法有以下几种。

getOppositeComponent()：返回焦点转换到的下一个组件。

isTemporary()：判断焦点的转换是暂时的还是永久的。

paramString()：生成事件状态的字符串，用 toString()方法进行。

假设现有一个文本框组件对象 textfield，焦点事件的使用示例如下：

```
textfield.addFocusListener(new FocusListener()
public void focusGained(FocusEvent e){
    //获得焦点
    }
public void focusLost(FocusEvent e){
    //失去焦点
}
);
```

下面是一个焦点事件的例子。

FocusEvent1.java：

```
import java.awt.*;
import java.awt.event.FocusEvent;
import java.awt.event.FocusListener;
import java.awt.event.WindowAdapter;
import java.awt.event.WindowEvent;
public class  FocusEvent1 extends Frame {
    //声明 FocusEvent 的构造方法
    public  FocusEvent1 (){
        super();                              //调用父类的构造方法
        init();                               //调用 init()方法
    }
    public static void main(String args[ ]){
        new  FocusEvent1();                   //实例化 FocusEvent 对象
    }
    TextArea textarea;                        //声明 TextArea
    TextField textfield;                      //声明 TextField
    public void init( ) {
        setLayout(new GridLayout(2, 1));      //设置窗口的布局管理器为 GridLayout
        textarea = new TextArea();            //初始化 TextArea 对象 textarea
        textarea.addFocusListener(new FocusListener(){      //为textarea添加FocusListener
监听器
            public void focusGained(FocusEvent eve) {
                textarea.setText("textarea: 获得焦点");   //设置 textarea 的文本内容
            }
            public void focusLost(FocusEvent eve) {
                textarea.setText("textarea: 失去焦点");   //设置 textarea 的文本内容
            }
        });
        textfield = new TextField();          //初始化 TextField 对象 textfield
```

```
        textfield.addFocusListener(new FocusListener()      //为textfield添加
FocusListener监听器
        {
            public void focusGained(FocusEvent eve) {
                textfield.setText("textfield: 获得焦点"); //设置textfield的文本内容
            }
            public void focusLost(FocusEvent eve) {
                textfield.setText("textfield: 失去焦点"); //设置textfield的文本内容
            }
        });
        add(textarea);                                    //在窗口中添加textarea
        add(textfield);                                   //在窗口中添加textfield
        addWindowListener(new WindowAdapter(){
            public void windowClosing(WindowEvent evt) {
                setVisible(false);                        //设置窗口不可见
                dispose();                                //释放窗口及其子组件的屏幕资源
                System.exit(0);                           //退出程序
            }
        });
        setSize(300, 200);                                //设置窗口的大小
        setVisible(true);                                 //显示窗口
    }
}
```

程序运行结果如图 13-3 所示，程序中有两个组件对象 textfield 和 textarea，当程序被运行后，焦点位于容器中添加的第一个组件 textarea 中。但是当单击 textfield 之后，可以看到 textarea 失去焦点，textfield 获得焦点，获得焦点的组件处于激活状态。

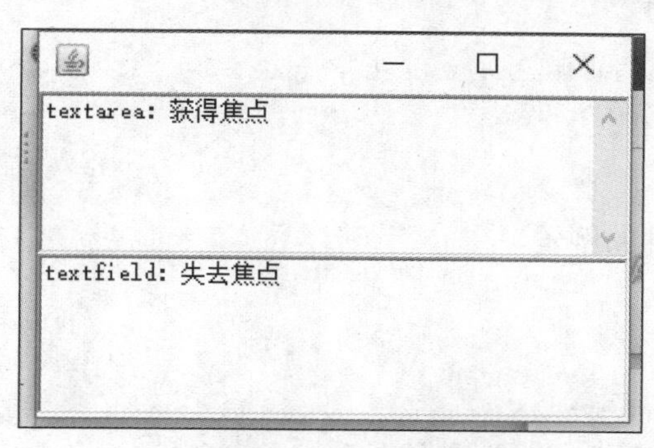

图 13-3　运行结果

13.4 鼠标事件

鼠标事件（MouseEvent）指组件中发生的鼠标动作事件，例如按住鼠标左键、释放鼠标左键、单击、鼠标指针进入或离开组件的几何图形、移动鼠标指针、拖动鼠标指针。当鼠标指针移动到某个区域或单击某个组件时就会触发鼠标事件。使用鼠标事件必须给组件添加一个 MouseListener 接口的事件处理器，该接口包含以下 5 个方法。

void mouseClicked(MouseEvent e)：在该区域单击时发生。

void mouseEntered(MouseEvent e)：当鼠标指针进入该区域时发生。

void mouseExited(MouseEvent e)：当鼠标指针离开该区域时发生。

void mousePressed(MouseEvent e)：在该区域按住鼠标左键时发生。

void mouseReleased(MouseEvent e)：在该区域放开鼠标左键时发生。

鼠标事件类的方法有以下几种。

getButton()：返回鼠标键状态改变指示。

getClickCount()：返回鼠标键单击的次数。

getMouseModifiersText()：返回指定修饰符文本字符串。

getPoint()：返回事件源中的位置对象。

getX()：返回鼠标指针在指定区域内相对位置的横坐标。

getY()：返回鼠标指针在指定区域内相对位置的纵坐标。

paramString()：生成事件状态的字符串。

假设有一个面板组件对象 panel，鼠标事件的使用示例如下。

```
panel.addMouseListener(new MouseListener(){
    public void mouseClicked(MouseEvent e){
        //在该区域单击时发生
    }
    public void mouseEntered(MouseEvent e){
        //当鼠标指针进入该区域时发生
    }
    public void mouseExited(MouseEvent e){
        //当鼠标指针离开该区域时发生
    }
    public void mousePressed(MouseEvent e){
        //在该区域按住鼠标左键时发生
    }
    public void mouseReleased(MouseEvent e){
        //在该区域放开鼠标左键时发生
    }
});
```

下面是一个鼠标事件的例子。

MouseEvent1.java：

```
import java.awt.*;
import java.awt.event.MouseEvent;
import java.awt.event.MouseListener;
import java.awt.event.WindowAdapter;
import java.awt.event.WindowEvent;
public class MouseEvent1 extends Frame{
    //声明 MouseEvent1 的构造方法
    public MouseEvent1() {
        super();                          //调用父类的构造方法
        init();                           //调用 init()方法
    }
    public static void main(String args[ ]){
        new MouseEvent1();                //创建 MouseEvent1 实例
    }
    Panel panel;                          //声明面板类型域 panel
    TextField textfield1,textfield2;      //声明单行文本区类型的域 textfield1,textfield2
    public void init( ) {
        setLayout(new GridLayout(3, 1));  //设置布局管理器 GridLayout
```

```
            textfield1 = new TextField(20); //初始化单行文本区 textfield1
            textfield2 = new TextField(20); //初始化单行文本区 textfield2
            add(textfield1);                //在窗口中添加单行文本区 textfield1
            add(textfield2);                        //在窗口中添加单行文本区 textfield2
            panel = new Panel();                    //初始化面板 panel
            panel.setBackground(Color.YELLOW);      //设置面板的背景色
            add(panel);                             //在窗口中添加面板 panel
            panel.addMouseListener(new MouseListener(){
                public void mouseClicked(MouseEvent eve) {
                    textfield2.setText("X="+eve.getX()+";Y="+eve.getY());//设置
textfield2 的内容
                }
                public void mouseEntered(MouseEvent eve) {
                    textfield1.setText("鼠标指针进入面板区域");//设置 textfield1 的内容
                }
                public void mouseExited(MouseEvent eve) {
                    textfield1.setText("鼠标指针离开面板区域");//设置 textfield1 的内容
                }
                public void mousePressed(MouseEvent eve) {
                    textfield1.setText("鼠标被按下");          //设置 textfield1 的内容
                }
                public void mouseReleased(MouseEvent eve) {
                    textfield1.setText("鼠标被松开");          //设置 textfield1 的内容
                }
            });
            addWindowListener(new WindowAdapter(){
                public void windowClosing(WindowEvent evt) {
                    setVisible(false);                      //设置窗口不可见
                    dispose();                              //释放窗口及其子组件的屏幕资源
                    System.exit(0);                         //退出程序
                }
            });
            setSize(150,150);                               //设置窗口的大小
            setVisible(true);                               //显示窗口
        }
    }
```

程序运行结果如图 13-4 所示。

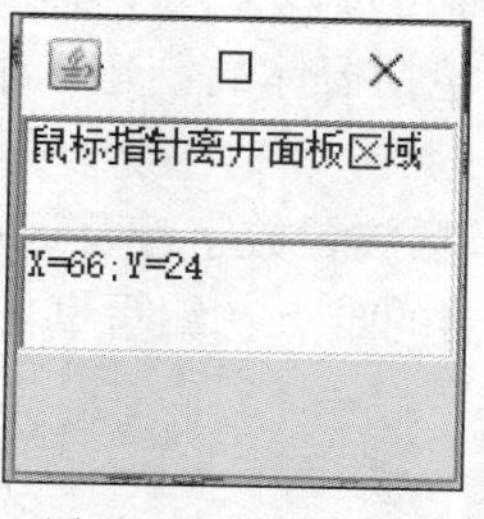

图 13-4　运行结果

在该程序中为面板 panel 添加监听器 MouseListener，通过内部类实现 MouseListener 接口的 mouseClicked()、mouseEntered()、mouseExited()、mousePressed()、mouseReleased()等方法。

13.5 案例实战：简易计算器

1．案例描述

本案例要求利用 Java Swing 图形组件开发一个可以进行简单的四则运算的图形化计算器。

2．运行结果

运行结果如图 13-5 所示。

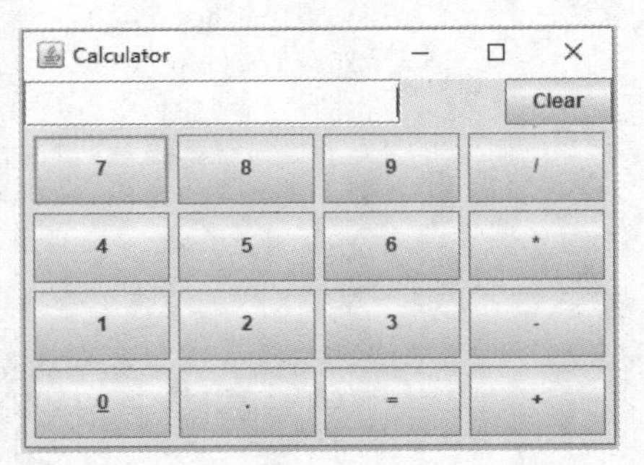

图 13-5　运行结果

3．案例目标

- 学会分析“简易计算器”程序实现的逻辑思路。
- 能够独立完成“简易计算器”程序的源代码编写、编译及运行。
- 掌握 Java Swing 界面编程的应用。
- 了解计算器逻辑运算的实现。

4．案例思路

要制作一个计算器，首先要知道它由哪些部分组成，如图 13-6 所示。

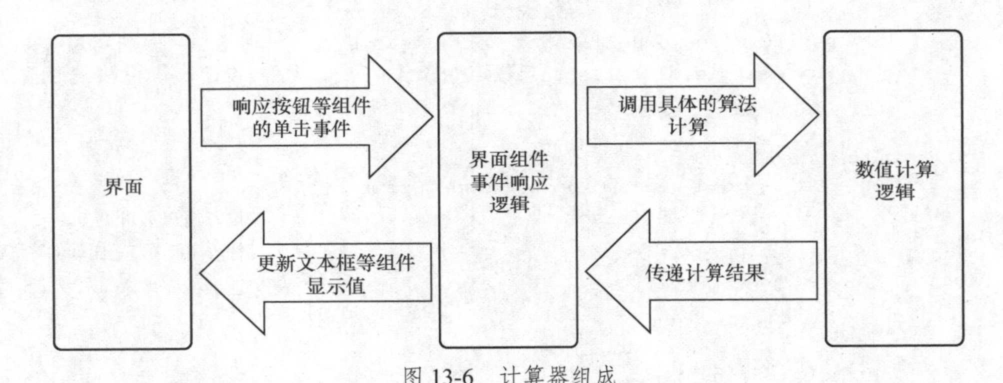

图 13-6　计算器组成

一个简单的图形化界面计算器，由界面组件、组件的事件监听器和具体的事件处理逻辑组成。

实现一个简易图形化界面计算器可按以下几个步骤操作。

（1）UI 组件的创建和初始化：包括窗体的创建，显示计算结果文本框、清除按钮、数字按钮、运算符按钮等的初始化。

（2）在窗体中添加 UI 组件：包括放置数字键及运算符面板、放置清除框面板。

（3）布局结束之后，就是计算器的难点：编写事件处理程序。

（4）按键的响应实现。

（5）计算逻辑的实现。

（6）注册监听器。

5．案例实现

程序如下所示。

Calculator.java：

```
1   import java.awt.*;
2   import java.awt.event.*;
3   import javax.swing.*;
4   import java.util.Vector;
5   import java.math.BigDecimal;
6   public class Calculator {
7       // 操作数 1，为了程序的安全，一定要设置初始值，这里设置为 0
8       String str1 = "0";
9       // 操作数 2
10      String str2 = "0";
11      // 运算符
12      String signal = "+";
13      // 运算结果
14      String result = "";
15      // 以下 k1 至 k5 为状态开关
16      // k1 用于选择输入方向，将要写入 str1 或 str2
17      // 为 1 时写入 str1，为 2 时写入 str2
18      int k1 = 1;
19      // k2 用于记录符号键的次数
20      // 如果 k2>1 说明进行的是 2+3-9+8 这样的多符号运算
21      int k2 = 1;
22      // k3 用于标识 str1 是否可以被清 0
23      // 等于 1 时可以，不等于 1 时不能被清 0
24      int k3 = 1;
25      // k4 用于标识 str2 是否可以被清 0
26      // 等于 1 时可以，不等于 1 时不能被清 0
27      int k4 = 1;
28      // k5 用于控制小数点可否被录入
29      // 等于 1 时可以，不为 1 时，输入的小数点被丢掉
30      int k5 = 1;
31      // store 的作用类似于寄存器，用于记录是否连续按下符号键
32      JButton store;
33      //vt 用于存储之前输入的运算符
34      @SuppressWarnings("rawtypes")
35      Vector vt = new Vector(20, 10);
36      // 创建一个 JFrame 对象并初始化。JFrame 可以理解为程序的主窗体
37      JFrame frame = new JFrame("Calculator");
38      //创建一个 JTextField 对象并初始化。JTextField 是用于显示操作和计算结果的文本框
39      // 参数 20 表明可以显示 20 列的文本内容
40      JTextField result_TextField = new JTextField(result, 20);
41      // 清除按钮
42      JButton clear_Button = new JButton("Clear");
43      // 数字键 0 到 9
44      JButton button0 = new JButton("0");
45      JButton button1 = new JButton("1");
46      JButton button2 = new JButton("2");
47      JButton button3 = new JButton("3");
48      JButton button4 = new JButton("4");
49      JButton button5 = new JButton("5");
50      JButton button6 = new JButton("6");
51      JButton button7 = new JButton("7");
52      JButton button8 = new JButton("8");
53      JButton button9 = new JButton("9");
54      // 计算命令按钮，加、减、乘、除以及小数点等
55      JButton button_Dian = new JButton(".");
56      JButton button_jia = new JButton("+");
```

```
57      JButton button_jian = new JButton("-");
58      JButton button_cheng = new JButton("*");
59      JButton button_chu = new JButton("/");
60      JButton button_dy = new JButton("=");
61      public Calculator() {
62          button0.setMnemonic(KeyEvent.VK_0);
63          //设置数字0在当前模型上的键盘助记符
64          result_TextField.setHorizontalAlignment(JTextField.RIGHT);
65          //创建一个Jpanel对象并初始化
66          JPanel pan = new JPanel();
67          //设置该容器的布局为4行4列，边距为5像素
68          pan.setLayout(new GridLayout(4, 4, 5, 5));
69          //将用于计算的按钮添加到容器内
70          pan.add(button7);
71          pan.add(button8);
72          pan.add(button9);
73          pan.add(button_chu);
74          pan.add(button4);
75          pan.add(button5);
76          pan.add(button6);
77          pan.add(button_cheng);
78          pan.add(button1);
79          pan.add(button2);
80          pan.add(button3);
81          pan.add(button_jian);
82          pan.add(button0);
83          pan.add(button_Dian);
84          pan.add(button_dy);
85          pan.add(button_jia);
86          //设置pan对象的边距
87          pan.setBorder(BorderFactory.createEmptyBorder(5, 5, 5, 5));
88          //按照同样的方式设置第二个JPanel
89          JPanel pan2 = new JPanel();
90          pan2.setLayout(new BorderLayout());
91          pan2.add(result_TextField, BorderLayout.WEST);
92          pan2.add(clear_Button, BorderLayout.EAST);
93          //设置主窗口出现在屏幕上的位置
94          frame.setLocation(300, 200);
95          //设置窗体可以调大小
96          frame.setResizable(true);
97          //窗体中可以放置JPanel，这里将面板pan和面板pan2放入窗体
98          frame.getContentPane().setLayout(new BorderLayout());
99          frame.getContentPane().add(pan2, BorderLayout.NORTH);
100         frame.getContentPane().add(pan, BorderLayout.CENTER);
101         frame.pack();
102         frame.setVisible(true);
103         //Listener类中编写的是数字键的响应逻辑
104         class Listener implements ActionListener {
105             @SuppressWarnings("unchecked")
106             public void actionPerformed(ActionEvent e) {
107                 String ss = ((JButton) e.getSource()).getText();
108                 store = (JButton) e.getSource();
109                 vt.add(store);
110                 if (k1 == 1) {
111                     if (k3 == 1) {
112                         str1 = "";
113                         k5 = 1;
114                     }
115                     str1 = str1 + ss;
```

```
116                     k3 = k3 + 1;
117                     result_TextField.setText(str1);
118                 } else if (k1 == 2) {
119                     if (k4 == 1) {
120                         str2 = "";
121                         k5 = 1;
122                     }
123                     str2 = str2 + ss;
124                     k4 = k4 + 1;
125                     result_TextField.setText(str2);
126                 }
127             }
128         }
129         //Listener_signal类中编写了运算符号键的响应逻辑
130         class Listener_signal implements ActionListener {
131             @SuppressWarnings("unchecked")
132             public void actionPerformed(ActionEvent e) {
133                 String ss2 = ((JButton) e.getSource()).getText();
134                 store = (JButton) e.getSource();
135                 vt.add(store);
136                 if (k2 == 1) {
137                     k1 = 2;
138                     k5 = 1;
139                     signal = ss2;
140                     k2 = k2 + 1;
141                 } else {
142                     int a = vt.size();
143                     JButton c = (JButton) vt.get(a - 2);
144                     if (!(c.getText().equals("+"))
145                         && !(c.getText().equals("-"))
146                         && !(c.getText().equals("*"))
147                         && !(c.getText().equals("/")))
148                     {
149                         cal();
150                         str1 = result;
151                         k1 = 2;
152                         k5 = 1;
153                         k4 = 1;
154                         signal = ss2;
155                     }
156                     k2 = k2 + 1;
157                 }
158             }
159         }
160         //Listener_clear类中编写了清除键的响应逻辑
161         class Listener_clear implements ActionListener {
162             @SuppressWarnings("unchecked")
163             public void actionPerformed(ActionEvent e) {
164                 store = (JButton) e.getSource();
165                 vt.add(store);
166                 k5 = 1;
167                 k2 = 1;
168                 k1 = 1;
169                 k3 = 1;
170                 k4 = 1;
171                 str1 = "0";
172                 str2 = "0";
173                 signal = "";
174                 result = "";
175                 result_TextField.setText(result);
176                 vt.clear();
```

```
177             }
178         }
179         //Listener_dy类中编写的是等于键的响应逻辑
180         class Listener_dy implements ActionListener {
181             @SuppressWarnings("unchecked")
182             public void actionPerformed(ActionEvent e) {
183                 store = (JButton) e.getSource();
184                 vt.add(store);
185                 cal();
186                 k1 = 1;
187                 k2 = 1;
188                 k3 = 1;
189                 k4 = 1;
190                 str1 = result;
191             }
192         }
193         //Listener_xiaos类中编写的是小数点键的响应逻辑
194         class Listener_xiaos implements ActionListener {
195             @SuppressWarnings("unchecked")
196             public void actionPerformed(ActionEvent e) {
197                 store = (JButton) e.getSource();
198                 vt.add(store);
199                 if (k5 == 1) {
200                     String ss2 = ((JButton) e.getSource()).getText();
201                     if (k1 == 1) {
202                         if (k3 == 1) {
203                             str1 = "";
204                             k5 = 1;
205                         }
206                         str1 = str1 + ss2;
207                         k3 = k3 + 1;
208                         result_TextField.setText(str1);
209                     } else if (k1 == 2) {
210                         if (k4 == 1) {
211                             str2 = "";
212                             k5 = 1;
213                         }
214                         str2 = str2 + ss2;
215                         k4 = k4 + 1;
216                         result_TextField.setText(str2);
217                     }
218                 }
219                 k5 = k5 + 1;
220             }
221         }
222         //监听等于键
223         Listener_dy jt_dy = new Listener_dy();
224         //监听数字键
225         Listener jt = new Listener();
226         //监听符号键
227         Listener_signal jt_signal = new Listener_signal();
228         //监听清除键
229         Listener_clear jt_c = new Listener_clear();
230         //监听小数点键
231         Listener_xiaos jt_xs = new Listener_xiaos();
232         button7.addActionListener(jt);
233         button8.addActionListener(jt);
234         button9.addActionListener(jt);
235         button_chu.addActionListener(jt_signal);
236         button4.addActionListener(jt);
```

```
237         button5.addActionListener(jt);
238         button6.addActionListener(jt);
239         button_cheng.addActionListener(jt_signal);
240         button1.addActionListener(jt);
241         button2.addActionListener(jt);
242         button3.addActionListener(jt);
243         button_jian.addActionListener(jt_signal);
244         button0.addActionListener(jt);
245         button_Dian.addActionListener(jt_xs);
246         button_dy.addActionListener(jt_dy);
247         button_jia.addActionListener(jt_signal);
248         clear_Button.addActionListener(jt_c);
249         //窗体关闭事件的响应程序
250         frame.addWindowListener(new WindowAdapter() {
251             public void windowClosing(WindowEvent e) {
252                 System.exit(0);
253             }
254         });
255     }
256     //cal()方法中编写了计算逻辑的实现
257     public void cal() {
258         double a2;
259         double b2;
260         String c = signal;
261         double result2 = 0;
262         if (c.equals("")) {
263             result_TextField.setText("Please input operator");
264         } else {
265             if (str1.equals("."))
266                 str1 = "0.0";
267             if (str2.equals("."))
268                 str2 = "0.0";
269             a2 = Double.valueOf(str1).doubleValue();
270             b2 = Double.valueOf(str2).doubleValue();
271             if (c.equals("+")) {
272                 result2 = a2 + b2;
273             }
274             if (c.equals("-")) {
275                 result2 = a2 - b2;
276             }
277             if (c.equals("*")) {
278                 BigDecimal m1 = new BigDecimal(Double.toString(a2));
279                 BigDecimal m2 = new BigDecimal(Double.toString(b2));
280                 result2 = m1.multiply(m2).doubleValue();
281             }
282             if (c.equals("/")) {
283                 if (b2 == 0) {
284                     result2 = 0;
285                 } else {
286                     result2 = a2 / b2;
287                 }
288             }
289             result = ((new Double(result2)).toString());
290             result_TextField.setText(result);
291         }
292     }
293     @SuppressWarnings("unused")
294     public static void main(String[] args) {
295         try {
296             //通过UIManager来设置窗体的UI风格
297             UIManager.setLookAndFeel("javax.swing.plaf.metal.MetalLookAndFeel");
```

```
298         } catch (Exception e) {
299             e.printStackTrace();
300         }
301         Calculator cal = new Calculator();
302     }
303 }
```

上述代码中，第 8 ~ 32 行代码定义了一些成员变量，方便响应的逻辑实现。第 34 ~ 35 行代码，创建了一个 Vector 对象，存储之前输入的运算符。第 37 行代码，创建了一个 JFrame 对象并初始化，JFrame 可以理解为程序的主窗体。第 40 行代码，创建了一个 JTextField 对象并初始化，JTextField 是用于显示操作和计算结果的文本框，参数 20 表明可以显示 20 列的文本内容。第 42 行代码，创建了一个清除按钮对象。第 44 ~ 53 行代码，创建数字键 0 ~ 9 按钮对象。第 55 ~ 60 行代码，创建计算命令按钮，加减乘除以及小数点等按钮对象。第 66 ~ 101 行代码，是对计算器进行布局。Listener 类中编写的是数字键的响应逻辑，Listener_signal 类中编写了运算符号键的响应逻辑，Listener_clear 类中编写了清除键的响应逻辑，Listener_dy 类中编写的是等于键的响应逻辑，Listener_xiaos 类中编写的是小数点键的响应逻辑，cal()方法中编写了计算逻辑的实现。第 223 ~ 247 行代码，创建监听对象，并对各个按键进行监听。第 250 ~ 252 行代码，为窗体关闭事件的响应程序。第 297 行代码，通过 UIManager 来设置窗体的 UI 风格。

13.6 小结

（1）AWT 的事件处理机制是一种委派式事件处理方式——普通组件（事件源）将整个事件处理委托给特定的事件监听器；当该事件源发生指定的事件时，就通知所委托的事件监听器，由事件监听器来处理这个事件。

（2）ActionEvent 事件是比较常用的一种事件，很多组件都会触发这种事件，如单击按钮、选中文本框等。

（3）焦点事件是指用户程序界面的组件失去焦点（即焦点从一个对象转移到另外一个对象）时，就会发生焦点事件。

（4）鼠标事件指组件中发生的鼠标动作事件，例如按住鼠标左键、释放鼠标左键、单击、鼠标指针进入或离开组件的几何图形、移动鼠标指针、拖动鼠标指针。

13.7 习题

（1）什么是事件？简述 Java 的委托事件处理模型。

（2）Java 事件处理的流程是什么？

（3）设计一个窗体，里面放置一个文本框组件和按钮组件，单击按钮，在文本框中显示单击次数。

（4）设计一个窗体，采用 FlowLayout 布局，放置 4 个按钮，分别为“加”“减”“乘”“除”，另设置在文本框组件中，分别放置操作数 1、操作数 2 和运算结果，单击相应按钮进行相应运算。

第14章 多线程

主要内容

- 程序、进程与线程
- Java 中的线程概述
- 线程的创建启动
- 线程的生命周期
- 线程的常用方法
- 线程的同步

多线程是 Java 的特点之一，也是程序实现并发性的一种体现。多线程是指一个程序可以同时运行多个任务，每个任务由一个单独的线程来完成。也就是说，多个线程可以同时在一个程序中运行，并且每一个线程完成不同的任务。可以通过控制线程来控制程序的运行，例如线程的等待、休眠、唤起等。本章将介绍多线程的机制、如何操作和使用线程以及多线程编程。

进程与线程

14.1 程序、进程与线程

14.1.1 程序与进程

程序是一段包含指令和数据的代码，是静态的概念。进程是程序的一次执行过程，是动态的概念，对应程序代码从加载到执行的整个过程。在现代多任务操作系统计算机中可以同时运行多个进程，即多个进程可以轮流占用内存、CPU 等资源，如图 14-1 所示。如 Windows 系统中，执行了“画图”程序后，又可以执行“记事本”程序。

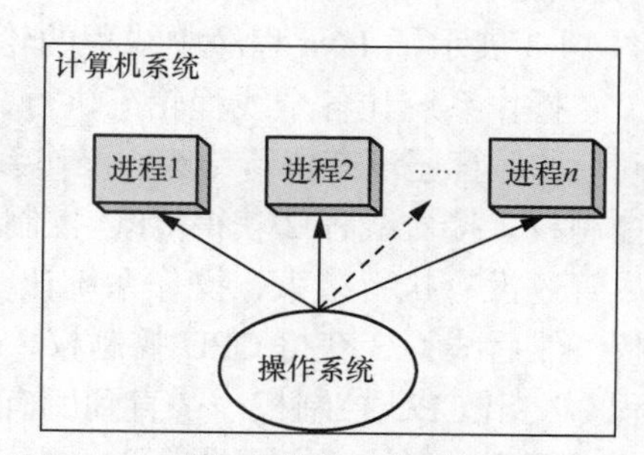

图 14-1 多任务操作系统进程轮流切换

14.1.2 进程与线程

线程不是进程，线程是进程内部更小的执行单位，一个进程在执行过程中可以产生一个或多个线程。与进程间的相对独立性不同，同一进程内的线程往往共享同一段内存空间和其他系统资源，因此同一进程内的多个线程极有可能相互影响，图 14-2 展示了进程与线程的关系。

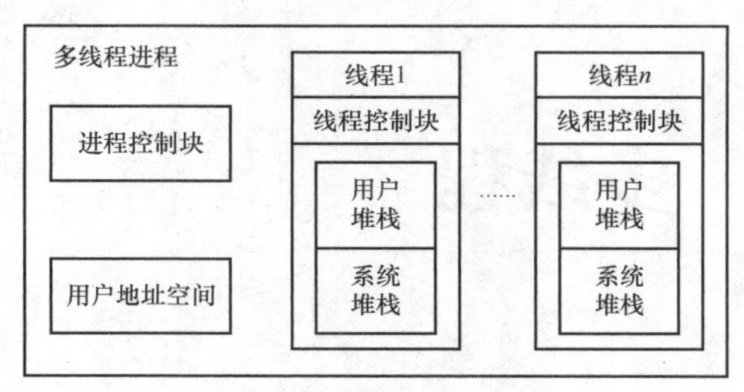

图 14-2 进程与线程的关系

14.2 Java 中的线程概述

多线程是 Java 的一个很重要的特征。多线程程序设计最大的特点就是通过多个线程的快速切换执行，提高程序执行效率和处理速度。Java 程序可同时并行运行多个相对独立的线程。例如一个线程接收数据，另一个线程发送数据，即使发送数据线程在发送数据时被阻塞，接收数据线程仍然可以运行。

由于实现了多线程技术，Java 显得更健壮。多线程带来的好处是具有更好的交互性能和实时控制性能。多线程方式提供强大而灵巧的编程能力，但要用好它却不是一件容易的事。在多线程编程中，每个线程都通过代码实现线程的行为，并将数据供给代码操作。编码和数据有时是互相独立的，可分别向线程提供。多个线程可以同时处理同一段代码和同一份数据，不同的线程也可以处理各自不同的编码和数据。

每个 Java 程序都有一个默认的主线程，对于 Java 程序来说程序总是通过 main()方法执行，当 JVM 程序代码，找到 main()方法之后就会启动一个线程，该线程就称为“主线程”（main 线程）。如果需要，可以创建其他线程，图 14-3 展示了 Java 程序中线程的轮流执行。

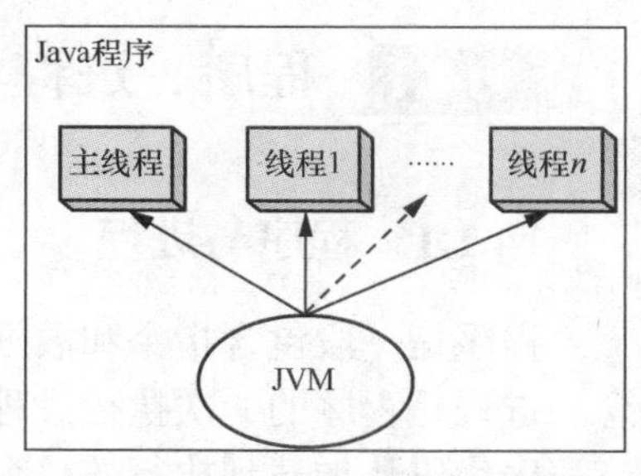

图 14-3 JVM 让线程轮流执行

操作系统让各个线程轮流执行，如线程 1 执行一段时间后，尽管还没有执行结束，操作系统让线程 1 交出 CPU 控制权。接着线程 2 获得 CPU 控制权，执行一段时间后，尽管还没有执行结束，操作系统让线程 2 交出 CPU 控制权。然后线程 3 获得 CPU 控制权，执行一段时间后，尽管还没有执行结束，操作系统让线程 3 交出 CPU 控制权……直到所有线程的执行周期结束。

下面通过一个例子来说明。

```
class  SayAminal{
    public static void main(String args[]){
        while(true) {
            System.out.println(“dog”);
        }
        while(true) {
            System.out.println(“cat”);
```

```
            }
        }
    }
```

上面的程序中只有一个 main 线程，里面有两个无限循环，其中后面一个循环在此程序中永远也没有机会被执行。但是通过多线程的设计，可以把这两个无限循环放在两个不同的线程中，那么后面一个循环就能被执行。

14.3 线程的创建启动

多线程的实现

Java 中创建线程的方式有两种：一种是对 Thread 类进行继承并覆盖 run()方法，另一种是用户自行编写实现 Runnable 接口的类。

14.3.1 利用 Thread 类的子类创建线程

通过继承 Thread 类创建并启动多线程的步骤如下。

（1）定义 Thread 类的子类，并重写 run()方法，该 run()方法的方法体代表线程要完成的任务，因此 run()方法又称为线程执行体。

（2）创建 Thread 子类的实例，即创建线程对象。

（3）调用线程对象的 start()方法来启动该线程。

下面是通过 Thread 类创建线程并启动线程的例子。

ThreadDemo.java：

```
public class ThreadDemo {
    public  static void main(String args[]) {      //主线程
        DogThread  dog = new DogThread();          //创建一个 dog 线程
        CarThread car= new CarThread();            //创建一个 car 线程
        dog.start();                               //启动线程
        car.start();                               //启动线程
        for(int i=1;i<=5;i++) {
            System.out.println("main 线程"+i+"");
        }
    }
}

DogThread.java
public class DogThread  extends Thread {
    public void run() {
        for(int i=1;i<=5;i++) {
            System.out.println("dog"+i+"");
        }
    }
}

CarThread.java
public class CarThread  extends Thread {
    public void run() {
        for(int i=1;i<=5;i++) {
            System.out.println("car"+i+"");
        }
    }
}
```

运行结果如图 14-4 所示。

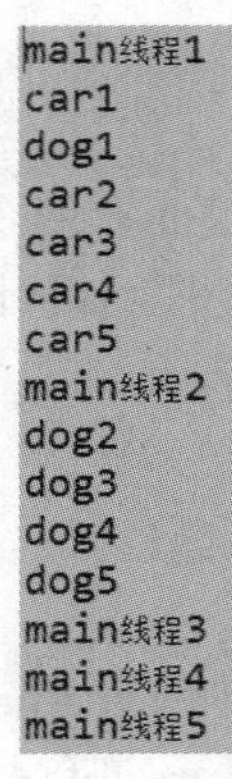

图 14-4　运行结果

下面来分析运行结果。首先 JVM 把 CPU 控制权交给主线程，当主线程执行到

```
DogThread  dog = new DogThread();
CarThread car= new CarThread();
dog.start();
car.start();
for(int i=1;i<=5;i++) {
    System.out.println("main线程"+i+"");
```

处，for 循环执行了 1 次，输出：

```
main线程1
```

循环还没有完全执行结束，由于之前已经执行了

```
dog.start();
car.start();
```

启动了 dog 和 car 两个线程，JVM 把 CPU 控制权交给 car 线程。car 线程获得 CPU 控制权后执行

```
public void run() {
    for(int i=1;i<=5;i++) {
        System.out.println("dog"+i+"");
    }
```

for 循环执行了 1 次，输出：

```
car1
```

循环还没有完全执行结束，JVM 把 CPU 控制权交给 dog 线程。dog 线程获得 CPU 控制权后执行

```
public void run() {
    for(int i=1;i<=5;i++) {
        System.out.println("dog"+i+"");
    }
```

代码，for 循环执行了 1 次，输出：

```
dog1
```

循环还没有完全执行结束，JVM 把 CPU 控制权交给 car 线程。car 线程获得 CPU 控制权后执行

```
public void run() {
    for(int i=1;i<=5;i++) {
        System.out.println("car"+i+"");
    }
```

代码，for 循环执行了 4 次，输出：

```
car2
car3
```

```
car4
car5
```

循环完全执行结束，car 线程转入消亡状态，只剩下 main 线程和 dog 线程，JVM 把 CPU 控制权交给 main 线程。main 线程获得 CPU 控制权后执行

```
public void run() {
    for(int i=1;i<=5;i++) {
        System.out.println("main"+i+"");
    }
```

代码，for 循环执行了 1 次，输出：

```
main 线程 2
```

循环还没有完全执行结束，JVM 把 CPU 控制权交给 dog 线程。dog 线程获得 CPU 控制权后执行

```
public void run() {
    for(int i=1;i<=5;i++) {
        System.out.println("dog"+i+"");
    }
```

代码，for 循环执行了 4 次，输出：

```
dog2
dog3
dog4
dog5
```

循环还没有完全执行结束，JVM 把 CPU 控制权交给 main 线程。main 线程获得 CPU 控制权后执行

```
public void run() {
    for(int i=1;i<=5;i++) {
        System.out.println("main"+i+"");
    }
```

代码，for 循环执行了 3 次，输出：

```
main 线程 3
main 线程 4
main 线程 5
```

循环完全执行结束，main 线程也转入消亡状态，至此所有线程都执行结束，JVM 结束 Java 程序。当然，在不同的计算机上运行上述程序，由于线程的随机性，程序的执行过程可能不完全相同。

14.3.2 利用 Runnable 接口创建线程

实现 Runnable 接口是创建线程类的第二种方法。利用实现 Runnable 接口来创建线程的方法可以解决 Java 不支持多重继承的问题。Runnable 接口提供了 run()方法的原型，因此创建新的线程类时，只要实现此接口，即只要特定的程序代码实现 Runnable 接口中的 run()方法，就可完成新线程类的运行。

利用 Runnable 接口创建并启动线程的步骤如下。

（1）定义 Runnable 接口的实现类，并重写该接口中的 run()方法，该 run()方法的方法体代表线程要完成的任务，因此 run()方法又称为线程执行体。

（2）创建 Runnable 实现类的实例，并以此实例作为 Thread 类的构造方法参数来创建 Thread 对象，该 Thread 对象才是真正的线程对象。

（3）调用线程对象的 start()方法来启动该线程。

下面是通过实现 Runnable 接口创建线程并启动线程的例子。

ThreadRunnable.java:

```
public class ThreadRunnable {
    public  static void main(String args[]) {                    //主线程
        DogRunnable   dogRunnable = new DogRunnable ();     //创建一个 dogRunnable 对象
        CarRunnable  carRunnable= new CarRunnable ();      //创建一个 carRunnable 对象
        Thread dog = new Thread(dogRunnable);
        Thread car = new Thread(carRunnable);
                                                               //启动线程
        dog.start();
        car.start();                                        //启动线程
        for(int i=1;i<=5;i++) {
            System.out.println("main 线程"+i+"");
        }
    }
}
CarRunnable.java:
public class CarRunnable implements Runnable {
    public void run() {
        for(int i=1;i<=5;i++) {
            System.out.println("car"+i+"");
        }
    }
}
DogRunnable.java:
public class DogRunnable  implements Runnable {
    public void run() {
        for(int i=1;i<=5;i++) {
            System.out.println("dog"+i+"");
        }
    }
}
```

运行结果如图 14-5 所示。

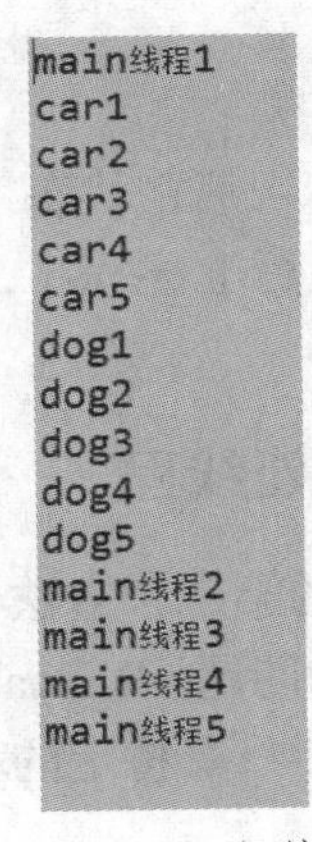

图 14-5　运行结果

程序的运行结果与 14.3.1 小节中程序的运行结果是类似的，不再具体分析，只是这里的线程是通过实现接口 Runnable 创建的。

14.4 线程的生命周期

14.3 节讨论了创建线程的两种方式，线程的创建仅是线程生命周期中的一部分内容。

线程的整个周期由新建（new）状态、就绪（runnable）状态、运行（runing）状态、阻塞（blocked）状态和消亡（dead）状态 5 部分组成，这些状态之间的转换是通过线程提供的一些方法完成的。本节将全面讨论线程生命周期状态之间的转换过程。

14.4.1 线程周期概念

一个线程有 5 种状态，任何一个线程都处于这 5 种状态中的一种。

（1）新建状态

新建状态即调用 new()方法产生一个线程对象后、调用 start()方法前所处的状态。线程对象虽然已经被创建，此时线程对象已经被分配了内存空间并已被初始化，但还没有调用 start()方法将其启动，该线程尚未被调度。当线程处于新建状态时，线程对象可以调用 start()方法进入就绪状态。

（2）就绪状态

就绪状态也称可运行状态，当线程对象执行 start()方法后，线程就转到就绪状态。进入此状态只是说明线程对象具有了可以运行的条件，但线程并不一定处于运行状态。因为在单处理器系统中运行多线程程序时，一个时间点只有一个线程在运行，系统通过调度机制实现宏观意义上的运行线程共享处理器。因此一个线程是否在运行，除了线程必须处于就绪状态之外，还取决于优先级和调度。

（3）运行状态

当就绪状态的线程被调度并获得 CPU 资源后，便进入了运行状态。该状态表明线程正在运行，该线程获得了 CPU 的控制权，当线程被调度执行时，它将自动调用本对象的 run( ) 方法，从该方法的第一条语句开始执行，一直到运行完毕，除非该线程交出 CPU 的控制权，处于运行状态的线程在下列情况下将交出 CPU 的控制权。

- 线程运行完毕。
- 有比当前线程优先级更高的线程处于就绪状态。
- JVM 让线程交出控制权（CPU 时间片结束）。
- 线程在等待某一资源。

（4）阻塞状态

一个正在运行的线程如果在某种特殊的情况下，将交出 CPU 的控制权并暂时中止自己的执行，线程所处的这种不可运行的状态称为阻塞状态，在这种状态下 CPU 即使空闲也不能执行线程。有下面几种情况会使线程进入阻塞状态。

- 线程调用 sleep()方法主动放弃所占用的资源。
- 线程调用了 wait()方法，在等待条件变量。
- 线程在等待某个通知（Notify）。

只有当引起阻塞的原因被消除时，线程才可以进入就绪状态，重新进入线程队列中等待 CPU 资源，以便从原来暂停处继续运行。

（5）消亡状态

一个线程可以从任何一个状态中调用 stop()方法进入消亡状态，即终止状态。

线程一旦进入消亡状态就不存在了，不能再返回到其他状态。除此之外，如果线程执行完 run()方法，也会自动进入消亡状态。

新建状态、就绪状态、运行状态、阻塞状态、消亡状态之间的转换关系如图 14-6 所示。

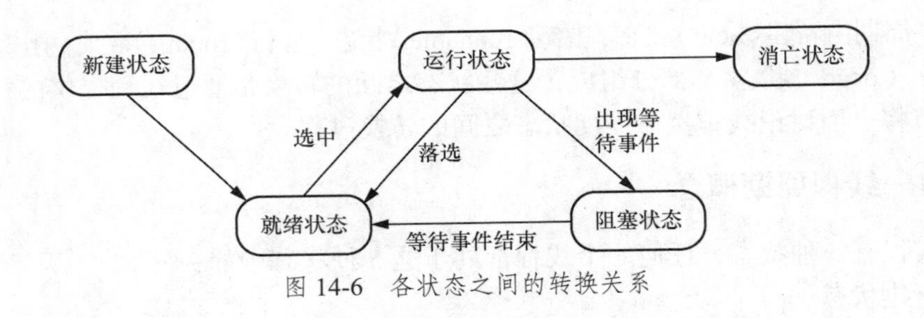

图 14-6 各状态之间的转换关系

14.4.2 线程调度和优先级

1. 调度

JVM 中的线程调度器负责线程调度，调度有两种模型：分时模型和抢占模型。在分时模型中，CPU 资源是按时间片来分配的，获得 CPU 资源的线程在指定的时间片内运行，一旦时间片使用完毕，就把 CPU 的使用权交给另一个就绪的线程。这样所有的线程轮流获得 CPU 的使用权，并且每个线程平均分配时间片。抢占模型是指优先让可运行池中优先级高的线程占用 CPU，如果可运行池中的线程优先级相同，那么就随机选择一个线程，使其占用 CPU。处于运行状态的线程会一直运行，直至执行完毕或由于某种原因主动放弃 CPU 控制权。

2. 优先级

在多线程系统中，线程调度器把线程的优先级由低到高以整数 1 ~ 10 表示，分为 10 个级别，Thread 类中有 3 个关于优先级的静态常量：MIN_PRIORITY 表示最低优先级，即对应整数为 1；NORM_PRIORITY 表示默认优先级，即对应整数为 5；MAX_PRIORITY 表示最高优先级，即对应整数为 10。

线程的优先级可以通过 setPriority(int grade)方法调整，该方法需要一个范围为 1 ~ 10 的参数。

14.5 线程的常用方法

Java 中有很多操作线程的方法，可以让线程从一种状态转换到另一种状态。

14.5.1 线程的休眠

如果需要让当前正在执行的线程暂停一段时间，进入阻塞状态，可以调用 Thread 类的静态方法 sleep()来实现，休眠时间长短由 sleep()方法的参数决定，单位是 ms，即毫秒。例如下列代码中线程的休眠时间为 1000ms，即 1s。

```
Try{
    Thread.sleep(1000);
}
catch(InterruptedException e){
    e.printStackTrace();
}
```

由于 sleep()方法的执行有可能抛出 InterruptedException 对象，因此必须在 try-catch 语句中调用。当线程进入阻塞状态后，在其休眠时间段内，该线程不会获得执行的机会，这样一些优先级低的线程就有机会获得 CPU 控制权。

14.5.2 线程的礼让

Thread 类中还提供了 yield()方法，yield()方法与 sleep()方法有些类似，它也可以让当前线程的执行暂停，但是它不会阻塞该线程，只是强行让线程转入就绪状态，参与线程调度器的重新调度，有可能出现下列情况：当某个线程调用 yield()方法暂停后，线程调度器又将其调度出来重新执行。

Thread3.java：

```
class  YieldDog extends Thread{
    public YieldDog(String name) {
        super(name);
    }
    public void run() {
        for(int i=1;i<=5;i++) {
            System.out.println(getName()+i+"");
            if(i==3) {
                Thread.yield();
            }
        }
    }
}
class  YieldPlane extends Thread{
    public YieldPlane(String name) {
        super(name);
    }
    public void run() {
        for(int i=1;i<=5;i++) {
            System.out.println(getName()+i+"");
        }
    }
}
public class Thread3 {
    public static void main(String[] args) {
        // 自动生成方法
        YieldDog d1= new YieldDog("dog");
        YieldPlane p1 new YieldPlane("plane");
        d1.start();
        p1.start();
    }
}
```

运行结果如图 14-7 所示。

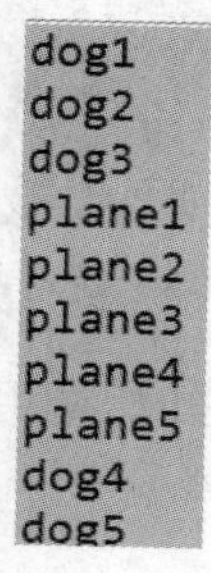

图 14-7 运行结果

上面的程序执行 d1 线程，当 i 等于 3 时，线程礼让，进入就绪状态，让线程调度器重新调度，p1 线程开始执行。

14.5.3 线程的中断

当某个线程为了等待一些特定条件的到来调用了 sleep()方法进入阻塞状态，如调用 Thread.sleep(10000)，预期线程休眠 10s 之后线程自己醒来，但是如果这个特定条件提前到来，可调用线程类（Thread）对象的实例方法 interrupt()来唤醒一个处于阻塞状态的线程。

Thread4.java：

```
class Cat extends Thread{
    public void run(){
        try {
            Thread.sleep(10000);
        }
        catch(InterruptedException e) {
            System.out.println("cat is waked up");
        }
    }
}
public class Thread4 {
    public static void main(String[] args) {
        // 自动生成方法
        Cat c1 = new Cat();
        c1.start();
        for(int i =1;i<15;i++) {
            System.out.println("main"+i+" is Going...");
            if(i==3) {
                System.out.println("wake cat up");
                c1.interrupt();
            }
        }
    }
}
```

运行结果如图 14-8 所示。

```
main1 is Going...
main2 is Going...
main3 is Going...
wake cat up
main4 is Going...
main5 is Going...
main6 is Going...
main7 is Going...
main8 is Going...
cat is waked up
main9 is Going...
main10 is Going...
main11 is Going...
main12 is Going...
main13 is Going...
main14 is Going...
```

图 14-8 运行结果

在这个程序中，当主线程运行至 i 等于 3 时，调用 c1.interrupt()方法，抛出 InterruptedException 对象，唤醒 c1 线程。

14.6 线程的同步

Java 程序中的多线程可以共享资源，例如文件、数据库、内存等。当线程以并发模式访问共享数据时，共享数据可能会发生冲突。Java 引入线程同步的概念，以实现共享数据的一致性。线程同步机制让多个线程有序地访问共享资源，而不是同时操作共享资源。

14.6.1 线程同步的概念

在多线程的程序中，同一时刻可能有一个线程在修改共享数据，另一个线程在读取共享数据，当修改共享数据的线程没有处理完毕，读取数据的线程肯定会得到错误的结果。如果采用多线程的同步控制机制，当处理共享数据的线程完成数据处理之后，读取线程读取数据。

通过分析多线程出售火车票的例子，可以更好地理解线程同步的概念。假设有窗口 A、窗口 B、窗口 C 共 3 个窗口，3 个窗口都可以出售火车票，车票数量为 10 张，但是出售火车票过程中会出现数据与时间信息不一致的情况，出现售票过程混乱的局面。

Thread5.java：

```
class ThreadSale extends Thread{     //创建 Thread 类的子类，模拟火车票销售窗口
    private int number = 10;         //设置火车票初始总数
    ThreadSale(String str){
        super(str);
    }
    public void run() {
        while(true) {
            if(number>0) {
                System.out.println(Thread.currentThread().getName()+"售第
"+number+"号票");
                number--;
            }
            else {
                System.exit(0);
            }
        }
    }
}
public class Thread5 {
    public static void main(String[] args) {
        // 自动生成方法
        ThreadSale saleA = new ThreadSale("窗口 A");
        ThreadSale saleB = new ThreadSale("窗口 B");
        ThreadSale saleC = new ThreadSale("窗口 C");
        saleA.start();
        saleB.start();
        saleC.start();
    }
}
```

从图 14-9 所示的程序运行结果中可以看到，每张票在窗口 A、窗口 B、窗口 C 都被售卖了一次，即从 saleA、saleB、saleC 这 3 个线程各自卖了 10 张车票，而不是共同卖了 10 张车票，这样就与实际不符。出现这种情况的原因在于同时创建了 3 个线程，当 saleA 线程输出卖票信息，还没有来得及把 number 减 1 的结果保存回 number 时，运行了 saleB 线程，输出卖票信息，也还没有来得及把 number 减 1 的结果保存回 number 时，又运行了 saleC 线程，输出卖票信息，从而出现了一张票被卖 3 次的情况。

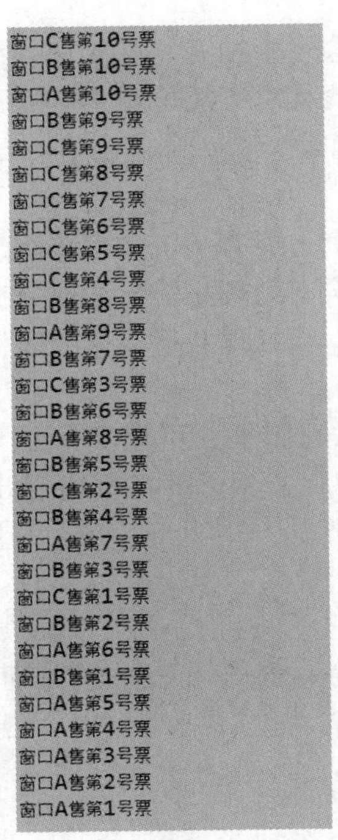
窗口C售第10号票
窗口B售第10号票
窗口A售第10号票
窗口B售第9号票
窗口C售第9号票
窗口C售第8号票
窗口C售第7号票
窗口C售第6号票
窗口C售第5号票
窗口C售第4号票
窗口B售第8号票
窗口A售第9号票
窗口B售第7号票
窗口C售第3号票
窗口B售第6号票
窗口A售第8号票
窗口B售第5号票
窗口C售第2号票
窗口B售第4号票
窗口A售第7号票
窗口B售第3号票
窗口C售第1号票
窗口B售第2号票
窗口A售第6号票
窗口B售第1号票
窗口A售第5号票
窗口A售第4号票
窗口A售第3号票
窗口A售第2号票
窗口A售第1号票
图 14-9　运行结果

14.6.2　线程同步机制

如果要解决多线程中线程的资源共享问题就必须采用线程的同步机制。当有多个线程需要对共享数据进行操作时，使这种操作为“原子操作”，即当一个线程正在对共享数据进行操作时，在没有完成所有相关操作时，不允许其他线程对共享数据进行操作，否则就会破坏数据的完整性，导致错误的处理结果。14.6.1 小节的程序是由于线程不同步而导致错误。为了解决此类问题，Java 提供了“锁”机制实现线程的同步。锁机制的原理是每个线程进入共享代码之前获得锁，否则不能进入共享代码，并且在退出共享代码之前释放该锁，这样就解决了多个线程竞争共享代码的情况，达到线程同步的目的。Java 中锁机制的实现方法是共享代码之前加入 synchronized 关键字。

在一个类中，用关键字 synchronized 声明的方法为同步方法。Java 中有一个专门负责管理线程对象中同步方法访问的工具——同步模型监视器，它的原理是为每个具有同步代码的对象准备一把唯一的“锁”。当多个线程访问对象时，只有取得锁的线程才能执行同步方法，其他访问共享对象的线程停留在对象中等待，如果获得锁的线程调用 wait()方法放弃锁，那么其他等待锁的线程将有机会获得锁。当某一个等待线程取得锁，它将执行同步方法，而其他没有取得锁的线程仍然继续等待获得锁，由此要正确得到火车票数可以通过以下两种方法。

（1）同步代码块

同步代码块也称临界面，它使用 synchronized 关键字建立，其语法格式如下：

```
Synchronized(Object){
}
```

它通常将共享资源修改的操作代码放在关键字 synchronized 定义的区域内，Object 对象为任意一个对象，每个对象都存在一个标志位，并具有两个值：0 和 1。当一个线程运行到同步块时，先检查对象的标志位，如值为 0，表示此同步块有其他线程正在运行，这时线程处于就绪状态，直到处于同步块中的线程执行同步块中的代码，对象标志位设置为 1 为止，该线程才能执行同步块中的代码，并将标志位设置为 0，防止其他线程执行同步块中的代码。

用同步代码块修改后的代码如下。

Thread6.java：

```
class ThreadSale extends Thread{          //创建 Thread 类的子类，模拟火车票销售窗口
    private  static int number = 10;      //设置火车票初始总数
    ThreadSale(String str){
        super(str);
    }
    public void run() {
        synchronized (this) {
            while(number>0) {
                System.out.println(Thread.currentThread().getName()+"售第
"+number+"号票");
                number--;
                try {
                    Thread.sleep(5);
                }
                catch(InterruptedException  ex) {
                    ex.printStackTrace();
                }
            }
        }
    }
}
public class Thread6 {
    public static void main(String[] args) {
        //自动生成方法
        ThreadSale saleA = new ThreadSale("窗口 A");
        ThreadSale saleB = new ThreadSale("窗口 B");
        ThreadSale saleC = new ThreadSale("窗口 C");
        saleA.start();
        saleC.start();
        saleB.start();
    }
}
```

从图 14-10 所示的程序运行结果中可以看到，没有了重复售票的情况。这是由于 synchronized (this)语句将 synchronized 加在当前实例对象“this”上，保证 ThreadSale 对象在不同的线程间互相排斥，使输出 number 和 number--操作组成不可分的“原子”操作，保证共享数据的安全性和一致性。语句 Thread.sleep(5);用于保证一个窗口卖票后，该窗口所在对象被强制休眠，使其他对象有机会被执行。

（2）同步方法

同步方法与同步代码块相对应，Java 的多线程技术还提供了同步方法，同步方法的语法格式如下：

窗口A售第10号票
窗口A售第9号票
窗口A售第8号票
窗口C售第7号票
窗口B售第6号票
窗口A售第5号票
窗口A售第4号票
窗口A售第3号票
窗口C售第2号票
窗口B售第1号票

图 14-10　运行结果

```
Synchronized 方法名(){
}
```

当某线程调用同步方法时，必须等到正在执行的线程把同步方法执行完毕后才能执行。用同步方法修改后的代码如下。

Thread7.java：

```
class ThreadSale extends Thread{  //创建 Thread 类的子类，模拟火车票销售窗口
    private  static int number = 10;     //设置火车票初始总数
    ThreadSale(String str){
        super(str);
    }
    public  synchronized void doit() {
        if(number>0) {
            System.out.println(Thread.currentThread().getName()+"售第"+number+"号票");
            number--;
        }
        else {
            System.exit(0);
        }
    }
    public void run() {
        while(true) {
            doit();
        }
    }
}
public class Thread7 {
    public static void main(String[] args) {
        // 自动生成方法
        ThreadSale saleA = new ThreadSale("窗口 A");
        ThreadSale saleB = new ThreadSale("窗口 B");
        ThreadSale saleC = new ThreadSale("窗口 C");
        saleA.start();
        saleB.start();
        saleC.start();
    }
}
```

图 14-11 所示的结果与图 14-10 所示的类似，没有了重复售票的情况。doit()方法用 synchronized 关键字修饰了线程的同步方法，所以在某个线程结束 doit()方法之前，其他线程无法运行 doit()方法，保证了 number 变量的完整性。

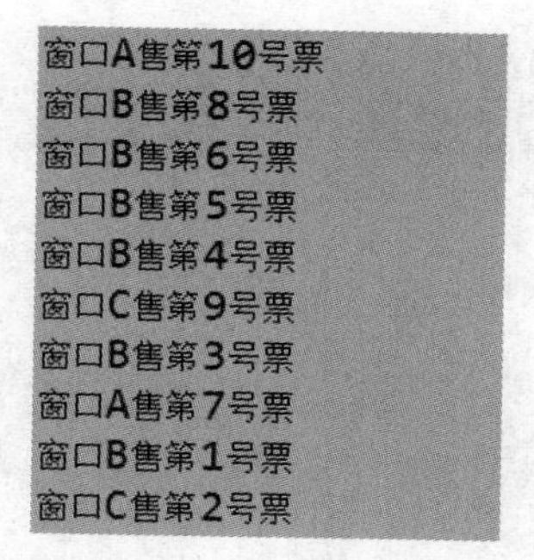
窗口A售第10号票
窗口B售第8号票
窗口B售第6号票
窗口B售第5号票
窗口B售第4号票
窗口C售第9号票
窗口B售第3号票
窗口A售第7号票
窗口B售第1号票
窗口C售第2号票

图 14-11　运行结果

14.7 案例实战：工人搬砖

1. 案例描述

在某个工地，需要把 80 块砖搬运到二楼，现在有工人张三和李四，张三每次搬运 10 块砖，李四每次搬运 5 块砖，两人随机搬砖。本案例要求编程输出两位工人的搬砖情况。本案例要求使用多线程的方式实现。

2. 运行结果

运行结果如图 14-12 所示。

```
<terminated> MoveBricks [Java A
李四搬了5块砖
李四搬了5块砖
张三搬了10块砖
张三搬了10块砖
张三搬了10块砖
张三搬了10块砖
张三搬了10块砖
张三搬了10块砖
李四搬了5块砖
```

图 14-12　运行结果

3. 案例目标

- 学会分析“工人搬砖”案例实现的逻辑思路。
- 能够独立完成“工人搬砖”程序的源代码编写、编译以及运行。
- 能够在程序中使用多线程完成逻辑思路的实现。

4. 案例思路

（1）分析运行结果后，需要定义一个搬砖用时的类变量 number。还需要定义两个同步互锁的方法 zsMove()和 lsMove()，分别模拟张三和李四搬砖。

（2）重写 run()方法，在 run()方法中使用 if 判断调用张三搬砖方法还是李四搬砖方法。

（3）在测试类的 main()方法中创建并开启线程 zsBrick 和 lsBrick。

5. 案例实现

程序如下所示。

ThreadBrick.java：

```
1  class ThreadBrick extends Thread{  //创建 Thread 类的子类，模拟工人搬砖
2      private  static int number = 80;     //设置砖头初始总数
3      ThreadBrick(String str){
4          super(str);
5      }
6      public  synchronized void zsMove() {
7          if(number>=10) {
8              System.out.println("张三搬了 10 块砖");
9              number=number-10;
10         }
11     }
12     public  synchronized void lsMove() {
```

```
13            if(number>=5) {
14                System.out.println("李四搬了5块砖");
15                number=number-5;
16            }
17        }
18        public void run() {
19            while(true) {
20                if (Thread.currentThread().getName().equals("张三
21 "))
22                    zsMove();
23
24                if (Thread.currentThread().getName().equals("李四
25 "))
26                    lsMove();
27
28                if(number==0) {//搬砖结束
29                    System.exit(0);
30                }
31            }
32        }
33 }
34 public class MoveBricks {
35     public static void main(String[] args) {
36         // 自动生成方法
37         ThreadBrick zsBrick = new ThreadBrick("张三");
38         ThreadBrick lsBrick = new ThreadBrick("李四");
39         zsBrick.start();
40         lsBrick.start();
41     }
42 }
```

第1~5行代码定义了一个搬砖用时的全局变量number；第6~11行代码模拟张三的搬砖过程；第12~17行代码模拟李四的搬砖过程；第18~26行代码判断当前运行线程是张三搬砖还是李四搬砖；第34~42行代码创建并开启张三搬砖线程zsBrick和李四搬砖线程lsBrick。

14.8 小结

（1）线程不是进程，线程是进程内部更小的执行单位，一个进程在执行过程中可以产生一个或多个线程。与进程间的相对独立性不同，同一进程内的线程往往共享同一段内存空间和其他系统资源，因此同一进程内的多个线程极有可能相互影响。

（2）多线程是Java的一个很重要的特征。多线程程序设计最大的特点就是通过多个线程的快速切换执行，提高程序执行效率和处理速度。Java程序可同时并行运行多个相对独立的线程。

（3）Java中创建线程的方式有两种：一种是对Thread类进行继承并覆盖run()方法，另一种是用户自行编写实现Runnable接口的类。

（4）线程的整个周期由新建状态、就绪状态、运行状态、阻塞状态和消亡状态5部分组成，这些状态之间的转换是通过线程提供的一些方法完成的。

（5）线程通过sleep()方法、yield()方法、interrupt()方法实现线程状态的转换。

（6）Java程序中的多线程可以共享资源，例如文件、数据库、内存等。当线程以并发模式访问共享数据时，共享数据可能会发生冲突。Java 引入线程同步的概念，以实现共享数据的一致性。

14.9 习题

（1）什么是进程？什么是线程？

（2）什么是线程周期？由哪几种状态组成？它们是怎样相互转换的？

（3）什么是线程的同步机制？

（4）利用 Runnable 接口创建线程，把卖火车票程序重写一遍。

第15章 数据库应用

主要内容

- 数据库基础
- JDBC 概述
- JDBC 中的常用类和接口
- 数据库操作
- 预处理语句 PreparedStatement
- 添加、修改、删除记录

数据库在应用程序开发中占有相当重要的地位，几乎所有的系统都必须使用数据库。数据库发展到现在也已经相当成熟，已由原来的层次数据库，发展到现在十分流行的关系数据库，如 SQL Server、Oracle、MySQL 等关系数据库。

15.1 数据库基础

15.1.1 什么是数据库

数据库（DataBase，DB）是按照数据结构来组织、存储和管理数据的仓库，用户可以对数据库中的数据进行检索、增加、删除、修改等操作。数据库具有以下特点。

（1）实现数据共享。

因为数据是面向整体的，数据可以被多个用户、多个应用程序共同使用。

（2）数据冗余小，易修改、易扩充。

不同的应用程序根据处理要求，从数据库中获取需要的数据，这样就减少了数据的重复存储，也便于维护数据的一致性。

（3）程序和数据有较高的独立性。

当数据的物理结构和逻辑结构被改变，有可能不影响或较小影响应用程序。

（4）数据的一致性和可维护性。

对数据进行统一管理和控制，提供了数据的安全性、完整性以及并发控制。

从数据库发展的历史来看，现在的数据库是从早期的数据文件管理阶段发展而来的。数据库的基本结构分为 3 个层次，反映了观察数据库的 3 种不同角度。这 3 个层次如下。

（1）物理数据层。

它是数据库的最内层，是物理存储设备上实际存储的数据的集合。这些数据是原始数据，是用户加工的对象，由内部模式描述的指令操作处理的位串、字符和字组成。

（2）概念数据层。

它是数据库的中间一层，是数据库的整体逻辑表示。指出了每个数据的逻辑定义及数据间的逻辑联系，是存储记录的集合。它所涉及的是数据库所有对象的逻辑关系，而不是它们的物理情况，是数据库管理员概念下的数据库。

（3）用户数据层。

它是用户所看到和使用的数据库，表示了一个或一些特定用户使用的数据集合，即逻辑记录的集合。

数据库不同层次之间的联系是通过映射进行转换的。

15.1.2 数据库的数据模型

比较流行的数据模型有 3 种，即按图论理论建立的层次结构模型和网状结构模型以及按关系理论建立的关系结构模型。

（1）层次结构模型。

层次结构模型实质上是一种有根节点的定向有序树（在数学中“树”被定义为无回的连通图）。如一个高等学校的组织结构图，这个组织结构图像一棵树，校部就是树根（称为根节点），各系、专业、教师、学生等为枝点（称为节点），树根与枝点之间的联系称为边，树根与枝点之比为 1∶N，即树根只有一个，枝点有 N 个。

按照层次结构模型建立的数据库系统称为层次数据库系统。IMS（Information Management System）是其典型代表。

（2）网状结构模型。

按照网状数据结构建立的数据库系统称为网状数据库系统，其典型代表是 DBTG（DataBase Task Group）。用数学方法可将网状数据结构转换为层次数据结构。

（3）关系结构模型。

关系数据结构把一些复杂的数据结构归结为简单的二元关系（即二维表格形式）。例如某单位的职工关系就是二元关系。由关系数据结构组成的数据库系统被称为关系数据库系统。其典型代表是 SQL Server、Oracle、MySQL。

在关系数据库中，对数据的操作几乎全部建立在一个或多个关系表格上，通过对这些关系表格的分类、合并、连接或选取等运算来实现对数据的管理。

15.1.3 结构查询语言

结构查询语言（Structure Query Language，SQL）：结构化数据库查询语言。SQL 作为一个 ANSI（American National Standards Institute，美国国家标准学会）标准，现在最新的标准是 SQL-2011。它是介于关系代数和关系演算之间的结构查询语言，它包括：

数据定义（Data Definition），如 CREATE，DROP，ALTER 等；

数据查询（Data Query），如 SELECT；

数据操纵（Data Manipulation），如 INSERT，UPDATE，DELETE 等；

数据控制（Data Control），如 GRANT，REMOVE 等。

下面对常用的 SQL 语句进行简单介绍。

（1）定义基本表（CREATE TABLE），用于创建数据表。语法如下：

```
CTEATE  TABLE <表名>(<列名><数据类型>[列级完整性约束条件]
[, <列名><数据类型>[列级完整性约束条件]……
[, [表级完整性约束条件]    ];
```

例如创建一个“学生”表 student，由学号 Sno、姓名 Sname、性别 Ssex、年龄 Sage、所在系 Sdept 5 个属性组成，其中学号不能为空，值是唯一的，且姓名的值也唯一。

```
CREATE  TABLE  student (Sno   char(5)not null uique,
Sname char(20)  unique,
Ssex char(1),
Sage  int,
Sdept char(15));
```

（2）插入数据（INSERT），用于将一条记录插入指定的表中。语法如下：

```
INSERT INTO <表名>[(<属性列 1>[,<属性列 2>……])]
VALUES (<常量 1>[,<常量 2>]……);
```

例如将学生记录（学号：95020。姓名：陈冬。性别：M。年龄：18。所在系：IS。）插入学生表 student 中：

```
INSERT INTO  student
VALUES ('95020','陈冬','M','18','IS');
```

（3）修改数据（UPDATE），用于修改指定表的某些数据。语法如下：

```
UPDATE <表名>  SET  <列名>=<表达式>[,<列名>=<表达式>]……
        [WHERE <条件>];
```

例如将学生 95001 的年龄改为 22 岁：

```
UPDATE student SET Sage=22  WHERE Sno='95020';
```

（4）删除数据（DELETE），用于删除某些数据。语法如下：

```
DELETE FROM   <表名>   [WHERE<条件>];
```

例如删除学号为 95020 的学生记录：

```
DELETE FROM student WHERE Sno ='95020';
```

（5）查询数据（SELECT），用于查询表中的某些数据。语法如下：

```
SELECT [ALL|DISTINCT]<目标列表达式>[,<目标列表达式>]……
        FROM<表名或视图名>[,<表名或视图名>]……
        [WHERE <条件表达式>]
        [GROUP BY<列名 1>[HAVING<条件表达式>]]
        [ORDER BY<列名 2>[ASC|DESC]];
```

例如查询所有年龄在 20 岁以下的学生姓名及其年龄：

```
SELECT Sname,Sage FROM student WHERE Sage<20;
```

15.2 JDBC 概述

JDBC 概述

1. JDBC 基础知识

Java 数据库连接（Java DataBase Connectivity，JDBC）是由 Sun 公司提供的与平台无关的数据库连接标准，由一组使用 Java 编写的类和接口组成，可以为多种关系数据库提供统一访问方法。

JDBC 作为一种数据库连接和访问标准，需要由 Java 和数据库开发厂商共同遵守执行。Java 在 JDBC 中声明的多个连接和操纵数据库的接口，由各数据库支持的 JDBC 驱动实现，虽然不同的数据库提供不同的驱动程序，但这些驱动程序都要实现 JDBC 中的接口，所以对应用程序来说，通过 JDBC 操纵数据库的方法是相同的，这就是 JDBC 驱动程序在起作用。

JDBC 访问数据库的步骤分为以下 4 步。

- 加载 JDBC 驱动：使用 Class.forName()方法将给定的 JDBC 驱动类加载到 JVM 中。语法：

```
Class.forName("JDBC 驱动类的名称");
```

- 与数据库建立连接：DriverManager 类是 JDBC 的管理层，作用于用户和驱动程序之间。语法：

```
Connection con=DriverManager.getConnection(数据链接字符串,数据库用户名,数据库密码);
```

- 发送 SQL 语句，并得到返回结果。语法：

```
PreparedStatement pst=conn.prepareStatement(sql);
ResultSet rs=pst.executeQuery();
```

- 处理返回结果：主要针对查询操作结果集，通过循环取出结果集中的每条记录并做相应处理。语法：

```
while(rs.next()){
    int id=rs.getInt("ID");
    String name=rs.getString("name");
}
```

2. JDBC 驱动程序类型

JDBC 数据库应用程序必须使用 JDBC 驱动程序，JDBC 驱动程序与开放数据库互联（Open DataBase Connectivity，ODBC）驱动程序的区别主要有以下两点：ODBC 只适用于 Windows 平台，而 JDBC 具有跨平台的特性；ODBC 数据源需要手动配置，而 JDBC 在应用程序中指定数据库，不需要配置。

JDBC 提供以下 4 种类型的驱动程序，前面两种基于已有驱动程序，部分由 Java 实现；后两种全部由 Java 实现。

（1）JDBC-ODBC 桥驱动程序，通过把 JDBC 方法翻译成 ODBC 函数调用，使 Java 程序可以通过 ODBC 驱动程序访问数据库，它的优点是有大量的 ODBC 驱动程序可供调用，缺点是只能用于 Windows 操作系统和 Solaris 操作系统，不易移植，运行速度较慢。

（2）本地库 Java 实现驱动程序，与桥驱动程序相似，本地库 Java 实现驱动程序建立在已有专用驱动程序基础上，将 JDBC 方法翻译成本地已有的专用驱动程序，它的优点是能够充分利用已有的专用驱动程序，缺点是不具有跨平台特性。

（3）网络协议驱动程序，这是一种全新结构的驱动程序，它以“中间件”形式出现，由中间件组件把 JDBC 方法翻译成数据库客户端请求，再向数据库服务器发送请求，中间件组件和数据库的客户端通常位于中间层服务器上。它的优点是使用灵活，缺点是涉及网络安全问题。

（4）数据库协议驱动程序，这也是一种全新结构的驱动程序，它的特点是应用程序直接与数据库服务器端通信。这种方式需要数据库开发商的强力支持，提供基于特定数据库的网络插件，实现针对特定数据库的通信协议，使 JDBC 驱动程序通过网络插件直接与数据库服务器通信。此类驱动程序全部采用 Java 编写，也是目前使用较为普遍的一种方式。

JDBC 驱动程序类型及其工作原理如图 15-1 所示。

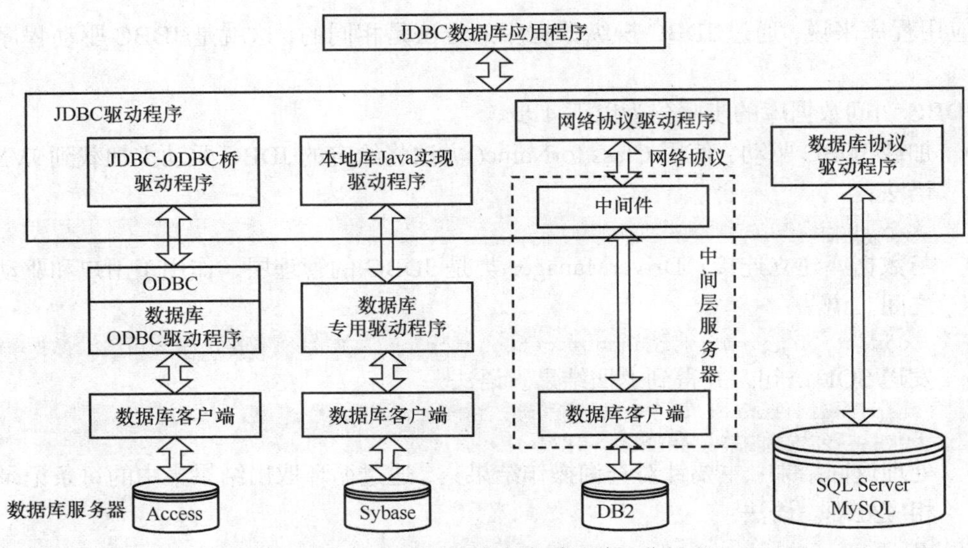

图 15-1 JDBC 驱动程序类型及其工作原理

15.3 JDBC 中的常用类和接口

Java 中提供了丰富的类和接口用于数据库编程，涉及的 Java 类包有 java.sql.* 和 javax.sql.*。一般的数据库厂商如 Oracle、Microsoft 等，都会提供专用的 JDBC 数据库驱动程序（一组符合 JDBC 标准规范的 API），以简化开发。各种 JDBC 驱动程序可到相应的数据库厂商的官网下载。

15.3.1 Driver 接口

每个 JDBC 数据库驱动程序都会提供 Driver 接口供应用程序调用，此外，在使用 Driver 接口前，Java 程序必须使用 import 语句导入 java.sql.*包。在 Java 程序开发中如果要连接数据库，必须先加载数据库厂商提供的数据库驱动程序。不同类型的 JDBC 数据库驱动程序在编程时的加载方法也不同。

如果要使用 JDBC 驱动程序，可以这样加载：

```
Class.forName("dbcdriverclassname");
```

对于 MySQL 数据库，加载语句如下：

```
Class.forName("com.mysql.jdbc.Driver");
```

如果使用 JDBC-ODBC 桥驱动程序，可以这样加载：

```
Class.forName("sun.jdbc.odbe.JdbcOdbcDriver");
```

加载完成后即可使用该 JDBC 驱动程序。

15.3.2 DriverManager 类

DriverManager 类为驱动程序管理类，负责管理 JDBC 驱动程序。在使用 JDBC 驱动程序之前必须先将驱动程序加载并向 DriverManager 注册后才可以使用，同时使用其提供的方法来建立与数据的连接。DriverManager 类提供的 getConnection()方法所返回的 Connection 接口类十分重要，大部分数据库编程工作都要通过 Connection 接口类中提供的各种方法才

能进行。如下面的代码:

```
String url="jdbc:mysql://localhost/"+dbName+"?user="+userName+"&password="+userPwd;
Connection conn=DriverManager.getConnection(url);
```

15.3.3 Connection 类

该类负责维护 Java 程序和数据库之间的连接。Connection 类经常使用的方法如下：

void commit()：对数据库执行新增、删除或修改记录的操作。

void close()：关闭到数据库的连接，结束 Connection 对象对数据库的联机，SQL 操作完毕后必须关闭连接，以免浪费系统资源。

boolean isClosed()：测试是否已经关闭 Connection 类对象对数据库的联机。

void rollback()：取消对数据库执行的新增、删除或修改记录等操作。

Statement createStatement()：建立一个 Statement 类实例，用来执行 SQL 操作。

Statement createStatement(intresultSetType,intresultSetConcurrency)：建立一个 Statement 类实例，并产生指定类型的结果集 ResultSet。

15.3.4 Statement 类

对数据库进行的具体操作需要通过 Statement 类、PreparedStatemen 类（继承自 Statement 类）或 CallableStatement 类（继承自 PreparedStatemen 类）来完成。Statement 类提供了执行基本 SQL 语句的功能。PreparedStatement 类提供了 SQL 语句的预编译功能，因而可以显著提高执行 SQL 语句的性能。CallableStatement 类从 PreparedStatement 类继承而来，可以用来执行数据库中的存储过程。一般常用的是 Statement 类。通过 Statement 类所提供的方法，可以利用标准的 SQL 命令，直接对数据库进行新增、修改或删除操作。

Connection 接口类提供了生成 Statement 对象的方法，一般情况下，使用 createStatement() 函数就可以得到 Statement 的实例。

Statement 类提供了很多方法，常用的如下。

ResultSet executeQuery(String sql)：使用 SELECT 命令对数据库进行查询并返回 ResultSet 结果集。

int executeUpdate(String sql)：使用 INSERT、DELETE、UPDATE 对数据库进行新增、修改或删除操作。

void close()：结束 Statement 类对象和数据库之间的连接。

15.3.5 PreparedStatement 类

PreparedStatement 类和 Statement 类的不同之处在于 PreparedStatement 类对象会将传入的 SQL 命令事先编译好等待使用，当有单一的 SQL 指令多次执行时，用 PreparedStatement 类会比 Statement 类更有效率。

15.3.6 ResultSet 类

负责存储查询数据库的结果，并提供一系列的方法对数据库进行新增、修改或删除操作；也负责维护一个记录指针<Cursor>，记录指针指向数据表中的某个记录，通过适当地移动记录指针，可以随心所欲地存取数据，提升程序的效率。

15.3.7 ResultSetMetaData 类

ResultSetMetaData 类对象保存了所有 ResultSet 类对象中关于字段等元数据信息，并提供许多方法来取得这些信息。

15.3.8 DatabaseMetaData 类

DatabaseMetaData 类保存了关于数据库本身的所有元数据信息，并且提供许多方法来取得这些信息。

MySQL 数据库访问操作

15.4 数据库操作

前面介绍了 JDBC 相关的接口和核心类，也说明了使用 JDBC 进行数据库开发的基本步骤，接下来看看如何使用 JDBC 做数据库基本操作，例如数据的新增、查询等操作，假设用 MySQL 数据库系统创建了一个名为 student 的数据库，并且在其中创建一个名为 stuinfo 的数据表。数据表 stuinfo 的结构如图 15-2 所示。

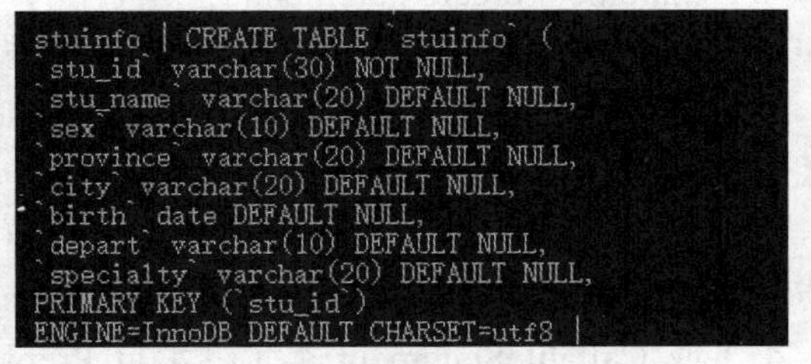

```
stuinfo | CREATE TABLE `stuinfo` (
 `stu_id` varchar(30) NOT NULL,
 `stu_name` varchar(20) DEFAULT NULL,
 `sex` varchar(10) DEFAULT NULL,
 `province` varchar(20) DEFAULT NULL,
 `city` varchar(20) DEFAULT NULL,
 `birth` date DEFAULT NULL,
 `depart` varchar(10) DEFAULT NULL,
 `specialty` varchar(20) DEFAULT NULL,
PRIMARY KEY (`stu_id`)
ENGINE=InnoDB DEFAULT CHARSET=utf8 |
```

图 15-2　数据表 stuinfo 的结构

15.4.1 安装 MySQL 数据库驱动程序

在 Eclipse 中导入 MySQL 驱动的步骤如下。

（1）从 MySQL 官网下载驱动程序，文件名为 mysql-connector-java-5.1.39-bin.jar。

（2）在项目名上右击，在弹出的菜单中选择 Properties 命令，弹出图 15-3 所示的窗口。

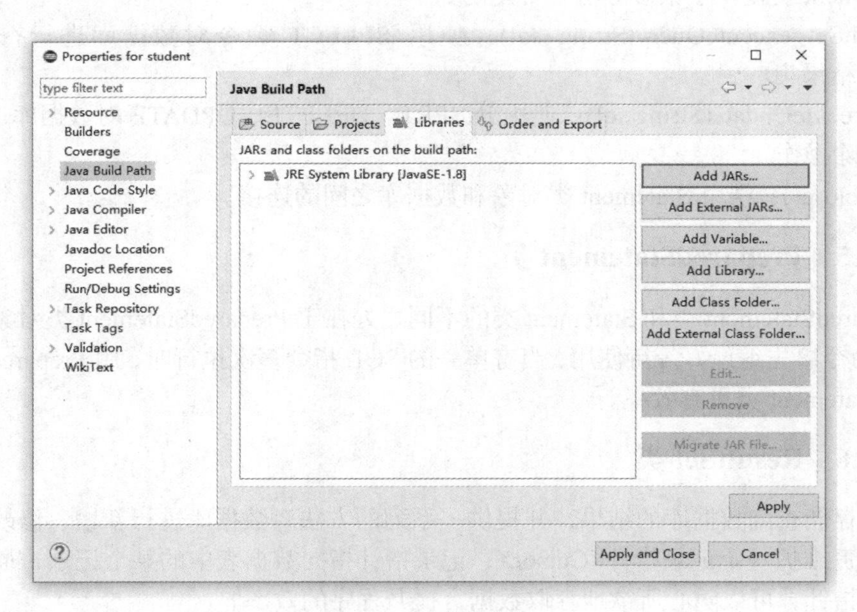

图 15-3　弹出的窗口

（3）在左侧树状导航中单击 Java Build Path 节点，在右侧单击 Libraries 选项卡，显示当前项目中可用的类库，没有 MySQL 的驱动程序。

（4）单击 Add External JARs 按钮，找到图 15-4 所示的 MySQL 驱动程序并选中它，单击“打开”按钮，随后该类库出现在列表中，如图 15-5 所示。

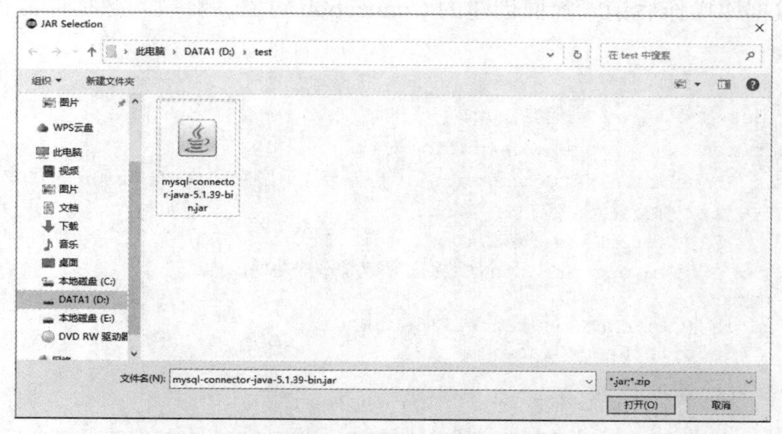

图 15-4　选中 MySQL 的驱动程序

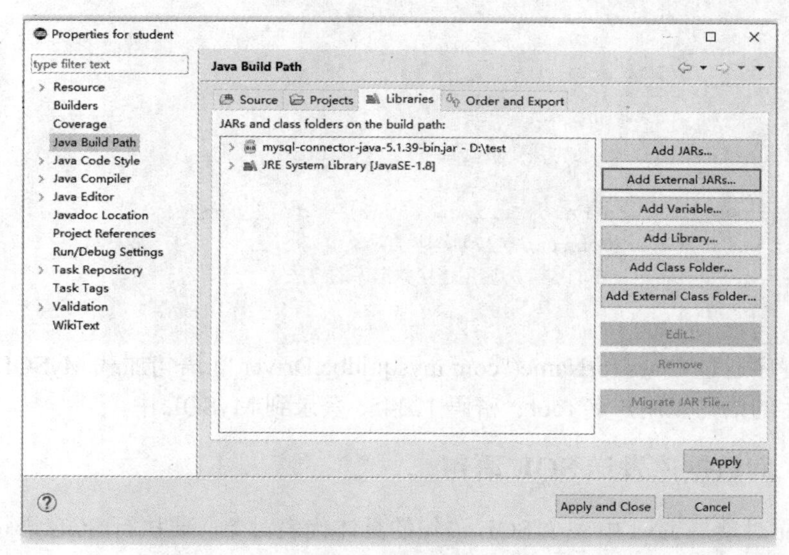

图 15-5　MySQL 驱动程序出现在列表中

（5）在图 15-5 所示的窗口中单击 Apply and Close 按钮，操作结束。如图 15-6 所示，项目中多了一栏 Referenced Libraries，其含义是引用外部的类库，MySQL 数据库驱动就位于该栏目下了，说明数据库驱动程序添加成功。

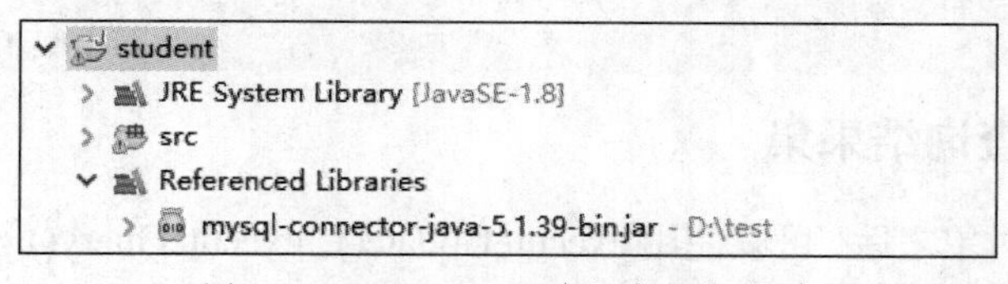

图 15-6　MySQL 驱动程序添加成功

15.4.2 连接数据库

要访问数据库，首先要加载数据库的驱动程序（只需要在第一次访问数据库时加载一次），然后每次访问数据时创建一个 Connection 对象，之后执行操作数据库的 SQL 语句，最后在完成数据库操作后销毁前面创建的 Connection 对象，释放与数据库的连接。

Conn.java：

```
importjava.sql.*;
public class Conn { // 创建类 Conn
    Connection con; // 声明 Connection 对象
    public Connection getConnection() {// 建立返回值为 Connection 的方法
        try {// 加载数据库驱动
            Class.forName("com.mysql.jdbc.Driver ");
            System.out.println("数据库驱动加载成功");
        }
        catch (ClassNotFoundException e) {
            e.printStackTrace();
        }
        try {// 通过访问数据库的 URL 获取数据库连接对象
            String url="jdbc:mysql://localhost/student?user=root&password=123456";
            conn=DriverManager.getConnection(url);
            System.out.println("数据库连接成功");
        }
        catch (SQLException e) {
            e.printStackTrace();
        }
        return con; // 按方法要求返回一个 Connection 对象
    }
    public static void main(String[] args) { // 主方法
        Conn c = new Conn(); // 创建本类对象
        c.getConnection(); // 调用连接数据库的方法
    }
}
```

上面的程序通过 Class.forName("com.mysql.jdbc.Driver ");语句加载 MySQL 的数据库驱动程序，之后的语句以用户名 root、密码 123456 登录到 MySQL 中。

15.4.3 向数据库发送 SQL 语句

Statement 对象是 Java 中一个 SQL 语句的具体代表对象。要执行 SQL 语句，必须获得 Statement 对象，可以使用 Connection 的 createStatement()方法来建立 Statement 对象。如下所示：

```
try{
    Statement sql=conn.createStatement();
}
catch(SQLException e){
    e.printStackTrace();
}
```

可滚动可更新的 ResultSet 结果集

15.4.4 处理查询结果集

获得 Statement 对象之后，可以使用 executeUpdate()、executeQuery()等方法来执行 SQL，executeQuery()主要用来执行 SELECT 操作，executeUpdate()主要用来执行

CREATE TABLE、INSERT、DROPTABLE、ALTER TABLE 等会改变数据库内容的 SQL 操作，例如查询 stuinfo 表中的所有记录，如下所示：

```
ResultSet  rs = sql. executeQuery(select  *  from stuinfo);
```

代码将返回一个存放查询结果的 ResultSet 对象 rs，rs 的列数是 8 列，正好与 stuinfo 的列数相同，第 1 列到第 8 列分别是 stu_id、stu_name、sex、province、city、birth、depart、specialty 列。而对于：

```
ResultSetrs = sql.executeQuery(select  stu_id, stu_name, sex  from stuinfo);
```

rs 的列数是 3 列，第 1 列是 stu_id，第 2 列是 stu_name，第 3 列是 sex。

ResultSet 对象一次只能看到一行数据行，使用 next()方法移到下一行数据行，获取一行数据后，ResultSet 对象可以使用 getXxx()方法获得字段值（列值），将位置索引（第一列使用 1，第二列使用 2 等）或字段名传递给 getXxx()方法的参数。表 15-1 所示为 ResultSet 的常用方法。

表 15-1　ResultSet 的常用方法

返回类型	方法名称	作　用
boolean	next()	将光标从当前位置向下移动一行，也就是读取下一行
boolean	previous()	将光标从当前位置向上移动一行，也就是读取上一行
void	close()	关闭 ResultSet 对象
int	getInt(int columnIndex)	以 int 的形式获取结果集，以当前行指定列的编号为依据
int	getInt(String columnName)	以 int 的形式获取结果集，以当前行指定列的名字为依据
float	getFloat(int columnIndex)	以 float 的形式获取结果集，以当前行指定列的编号为依据
float	getFloat(String columnName)	以 float 的形式获取结果集，以当前行指定列的名字为依据
String	getString(int columnIndex)	以 String 的形式获取结果集，以当前行指定列的编号为依据
String	getString(String columnName)	以 String 的形式获取结果集，以当前行指定列的名字为依据
int	getRow()	得到光标当前所指定的行号
boolean	absolute()	光标移动到参数 row 指定的行

注意，无论字段是何种类型，总可以使用 getString(int columnIndex)或 getString(String columnName)方法返回字段值的字符串表示。

以下例子是一个简单的 Java 程序调用 MySQL 数据库的例子。

TestResult.java：

```
importjava.sql.*;
public class TestResult {
    public static void main(String args[]) {
        Connection con;
        Statement sql;
        ResultSetrs;
        try{
            Class.forName("com.mysql.jdbc.Driver");
        }
        catch(ClassNotFoundException e) {
            System.out.print(e);
        }
        try {
            con=DriverManager.getConnection("jdbc:mysql://localhost/student?
user=root&password=123456");
            sql=con.createStatement();
            rs=sql.executeQuery("SELECT * FROM stuinfo WHERE province='安徽'");
```

```
            while(rs.next()) {
                String id=rs.getString(1);
                String name=rs.getString(2);
                String province=rs.getString("province");
                Date date=rs.getDate("birth");
                System.out.printf("%4s",id);
                System.out.printf("%6s",name);
                System.out.printf("%6s",province);
                System.out.printf("%8s\n",date.toString());
            }
            con.close();
        }
        catch(SQLException e) {
            System.out.println(e);
        }
    }
}
```

图 15-7 所示为查询 stuinfo 表中 province 字段为“安徽”的全部记录。

```
170310    李玉琴  安徽2015-12-21
170311    王翠玉  安徽2015-11-07
170312    王大山  安徽2015-01-07
170316      朱庆  安徽2015-01-07
170317      秦保  安徽2015-06-03
```

图 15-7　stuinfo 表中 province 字段为“安徽”的全部记录

上面的程序连接到数据库 student 中，查询 stuinfo 表中 province 字段为“安徽”的全部记录。

15.4.5　控制游标

之前创建 Statement 对象所使用的是 Connection 无参数的 createStatement()方法，这样取得的 Statement 对象执行 SQL 语句后得到的 ResultSet，将只能使用 next()方法逐行取得查询结果。有时需要在结果集中前后移动、显示结果集中的某条记录或随机显示若干条记录。这时必须返回一个可滚动的结果集。为了得到一个可滚动的结果集，需要使用下述方法获得一个 Statement 对象：

```
Statement sql =cnn.createStatement(int type,int concurrency);
```

然后根据参数 type、concurrency 的取值情况，返回相应类型的结果集：

```
Resultsetrs=sql.executeQuery(SQL 语句);
```

type 的取值决定滚动方式，取值可以是：

ResultSet.TYPE_FORWARD_ONLY，结果集的游标只能向下移动；

ResultSet.TYPE_SCROLL_INSENSITIVE，结果集的游标可以上下移动，当数据库发生变化时，当前结果集不变；

ResultSet.TYPE_SCROLL_SENSITIVE，结果集的游标可以上下移动，当数据库发生变化时，当前结果集同步改变。

concurrency 的取值决定结果集是否可以用于更新数据库，concurrency 的取值可以是：

CONCUR_READ_ONLY，结果集不能用于更新数据库；

CONCUR_UPDATEBLE，结果集可以用于更新数据库。

滚动查询经常用到 ResultSet 的下列方法。

public boolean previous()：将游标向上移动，返回 boolean 类型数据，当移动到第一行之前时返回 false。

public void beforeFirst()：将游标移动到结果集的初始位置，即第一行之前。

public void afterLast()：将游标移动到结果集的最后一行之后。

public void first()：将游标移动到结果集的第一行。

public void last()：将游标移动到结果集的最后一行。

public boolean isAfterLast()：判断游标是否在最后一行之后。

public boolean isBeforeFirst()：判断游标是否在第一行之前。

public boolean isFirst()：判断游标是否指向结果集的第一行。

public boolean isLast()：判断游标是否指向结果集的最后一行。

public int getRow()：得到当前游标所指的行号。

public boolean absolute(int row)：将游标移动到参数 row 指定的行号，row 如果取负值，就是倒数的行数，absolute(-1)表示移到最后一行，absolute(-2)表示移到倒数第二行。当移动到第一行前面或最后一行后面时，返回 false。

下面的程序用于倒序输出 stuinfo 表中的记录，效果如图 15-8 所示。

TestCursor.java：

```
importjava.sql.*;
public class TestCursor {
    public static void main(String args[]) {
        Connection con;
        Statement sql;
        ResultSetrs;
        try{
            Class.forName("com.mysql.jdbc.Driver");
        }
        catch(ClassNotFoundException e) {
            System.out.print(e);
        }
        try {
            con=DriverManager.getConnection("jdbc:mysql://localhost/student?
user=root&password=123456");
            sql=con.createStatement(ResultSet.TYPE_SCROLL_SENSITIVE,
            ResultSet.CONCUR_READ_ONLY);
            rs=sql.executeQuery("SELECT * FROM stuinfo ");
            rs.last();
            int rows = rs.getRow();
            System.out.println("stuinfo 表共有"+rows+"条记录");
            rs.afterLast();
            System.out.println("倒序输出 stuinfo 表中的记录:");
            while(rs.previous()) {
                String id=rs.getString(1);
                String name=rs.getString(2);
                String sex=rs.getString("sex");
                Date date=rs.getDate("birth");
                System.out.printf("%4s",id);
                System.out.printf("%6s",name);
                System.out.printf("%6s",sex);
                System.out.printf("%8s\n",date.toString());
            }
            con.close();
        }
        catch(SQLException e) {
```

```
                System.out.println(e);
            }
        }
    }
```

```
stuinfo表共有19条记录
倒序输出stuinfo表中的记录:
170319      陈东  男2015-07-03
170318    苗春雨  男2015-11-11
170317      秦保  男2015-06-03
170316      朱庆  男2015-01-07
170315      余力  男2015-09-11
170314    李克明  男2015-06-01
170313      李伟  男2015-08-23
170312    王大山  男2015-01-07
170311    王翠玉  女2015-11-07
```

图 15-8 倒序输出记录的效果

上面的程序在查询 stuinfo 表时，首先将游标移动到最后一行，然后获取最后一行的行号，作为表中的记录数目，然后从后往前输出每一行记录。

15.4.6 模糊查询

SQL 语句中提供了 LIKE 运算符用于模糊查询，使用“%”代替零个或多个字符，用一个下画线“_”代替一个字符，用[abc]代替 a、b、c 中的任何一个。例如，查询李姓同学的信息时，可用以下 SQL 语句：

```
SELECT * FROM stuinfo where stu_name like'李%'
```

下面的例子，对 stuinfo 表中的 stu_name 字段进行模糊查询，运行结果如图 15-9 所示。

TestLike.java：

```
importjava.sql.*;
public class TestLike {
    public static void main(String args[]) {
        Connection con;
        Statement sql;
        ResultSetrs;
        try{
            Class.forName("com.mysql.jdbc.Driver");
        }
        catch(ClassNotFoundException e) {
            System.out.print(e);
        }
        try {
            con=DriverManager.getConnection("jdbc:mysql://localhost/student?user=
root&password=123456");
            sql=con.createStatement();
            String SQL ="SELECT * FROM stuinfo WHERE stu_name LIKE '李%'";
            rs=sql.executeQuery(SQL);
            while(rs.next()) {
                String id=rs.getString(1);
                String name=rs.getString(2);
                String province=rs.getString("province");
                Date date=rs.getDate("birth");
                System.out.printf("%4s",id);
                System.out.printf("%6s",name);
                System.out.printf("%6s",province);
                System.out.printf("%8s\n",date.toString());
```

```
            }
            con.close();
        }
        catch(SQLException e) {
            System.out.println(e);
        }
    }
}
```

```
170301    李艳  浙江2014-08-11
170302    李军  浙江2014-08-11
170310  李玉琴  安徽2015-12-21
170313    李倩  浙江2015-08-23
170314  李克明  浙江2015-06-01
```

图 15-9　模糊查询的运行结果

上面的程序将 stuinfo 表中李姓同学的信息查询出来，保存在 ResultSet 结果集中，并遍历输出。

使用 Prepared-Statement 对象

15.5 预处理语句 PreparedStatement

Statement 对象主要用于执行静态的 SQL 语句，也就是在执行 executeQuery()、executeUpdate()等方法时，指定内容固定不变的 SQL 语句字符串，每一条 SQL 语句只适用于当时的执行，如果有些操作只是 SQL 语句中的某些参数有所不同，其余的 SQL 子句皆相同，那么可以使用 java.sql. PreparedStatement。

可以使用 Connection 的 PreparedStatement()方法建立预先编译的 SQL 语句，其中参数会变动的部分先指定 “?” 作为通配符，例如：PreparedStatementsql=conn.prepareStatement ("INSERT INTO stuinfoVALUES(?，?，?，?)");

在执行预处理语句前，必须用相应的方法来设置通配符所表示的值。例如：

```
Sql.setString(1, "170325");
Sql.setString(2, "周树仁");
Sql.setString(3, "男");
Sql.setString(4, "浙江");
```

上述语句中的“1”“2”“3”“4”表示从左到右的第几个通配符，"170325"、"周树仁"、"男"、"浙江"表示设置的通配符的值。功能等价于：

PreparedStatementsql=conn.prepareStatement("INSERT INTO stuinfo VALUES("170325", "周树仁","男","浙江")");

以下例子用预处理语句插入学生的一条信息，效果如图 15-10 所示。

TestPrepared.java：

```
importjava.sql.Connection;
importjava.sql.Date;
importjava.sql.DriverManager;
importjava.sql.ResultSet;
importjava.sql.SQLException;
importjava.sql.PreparedStatement;
public class TestPrepared {
    public static void main(String args[]) {
```

```
        Connection con;
        PreparedStatementsql;
        ResultSetrs;
        try{
            Class.forName("com.mysql.jdbc.Driver");
        }
        catch(ClassNotFoundException e) {
            System.out.print(e);
        }
        try {
            con=DriverManager.getConnection("jdbc:mysql://localhost/student?
user=root&password=123456");
            sql = con.prepareStatement("insert into stuinfo(stu_id,stu_name,sex,
province) values(?,?,?,?)");
            sql.setString(1,"170325");
            sql.setString(2,"周树仁");
            sql.setString(3,"男");
            sql.setString(4,"浙江");
            sql.executeUpdate();
            String SQL ="SELECT * FROM stuinfo";
            rs=sql.executeQuery(SQL);
            while(rs.next()) {
                String id=rs.getString(1);
                String name=rs.getString(2);
                String province=rs.getString("province");
                String sex=rs.getString("sex");
                System.out.printf("%4s",id);
                System.out.printf("%6s",name);
                System.out.printf("%6s",province);
                System.out.printf("%8s\n",sex);
            }
            con.close();
        }
        catch(SQLException e) {
            System.out.println(e);
        }
    }
}
```

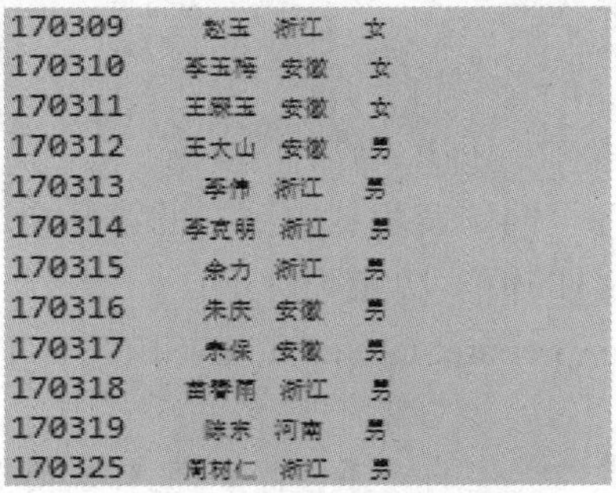

```
170309    赵玉  浙江   女
170310  李玉玲  安徽   女
170311  王寂玉  安徽   女
170312  王大山  安徽   男
170313    李倩  浙江   男
170314  李克明  浙江   男
170315    余力  浙江   男
170316    朱庆  安徽   男
170317    李保  安徽   男
170318  苗春雨  浙江   男
170319    陈东  河南   男
170325  周树仁  浙江   男
```

图 15-10　预处理语句插入记录的效果

上面的程序通过预处理语句插入学生的一条信息，记录的字段值是单独赋值的。

15.6 添加、修改、删除记录

Statement 对象或 PreparedStatement 对象调用方法：

```
public int  executeUpdate (String sql);
```

通过参数 sql 指定的方式实现对数据库表记录的更新、添加和删除操作。

更新、添加和删除记录的 SQL 语法分别是：

```
UPDATE <表名>  SET <字段名> = 新值 WHERE  <条件子句>
INSERT  INTO 表(字段列表)  VALUES(对应的具体的字段列表值)或 INSERT  INTO 表 VALUES(对应的具体的字段列表值)
DELETE  FROM  <表名> WHERE <条件子句>
```

例如：

```
UPDATE stuinfo SET city ='嘉兴' WHERE name='李艳';       //示例 1
INSERT INTO stuinfo(stu_id,stu_name,sex, province)
VALUES ('1070429','冯小明','男', '北京');                //示例 2
DELETE  FROM stuinfo WHERE stu_id = '17319';            //示例 3
```

以下例子对 stuinfo 表进行修改、插入、删除操作，并对操作后的数据进行遍历输出，效果如图 15-11 所示。

TestUpdate.java：

```
importjava.sql.Connection;
importjava.sql.Date;
importjava.sql.DriverManager;
importjava.sql.ResultSet;
importjava.sql.SQLException;
importjava.sql.PreparedStatement;
public class TestUpdate {
    public static void main(String args[]) {
        Connection con;
        PreparedStatementsql;
        ResultSetrs;
        try{
            Class.forName("com.mysql.jdbc.Driver");
        }
        catch(ClassNotFoundException e) {
            System.out.print(e);
        }
        try {
            con=DriverManager.getConnection("jdbc:mysql://localhost/student?
user=root&password=123456");
            sql = con.prepareStatement("select *  from stuinfo");
            rs=sql.executeQuery();
            System.out.println("增加、修改、删除前的数据：");
            while(rs.next()) {
                System.out.print("编号："+rs.getString(1));
                System.out.print("姓名："+rs.getString(2));
                System.out.print("性别："+rs.getString(3));
                System.out.println("省份："+rs.getString(4));
            }
            //增加数据
            sql = con.prepareStatement("insert into stuinfo(stu_id,stu_name,sex,
province) values(?,?,?,?)");
            sql.setString(1,"170305");
            sql.setString(2,"貂蝉");
            sql.setString(3,"女");
            sql.setString(4,"湖北");
            sql.executeUpdate();
            //修改数据
```

```
            sql = con.prepareStatement("update stuinfo set province='河北' where stu_name='刘备'");
            sql.executeUpdate();
            //删除数据
            sql = con.prepareStatement("delete from stuinfo  where stu_name like'曹%'");
            sql.executeUpdate();
            //增加、修改、删除后的数据
            sql = con.prepareStatement("select *  from stuinfo");
            rs=sql.executeQuery();
            System.out.println("增加、修改、删除后的数据：");
            while(rs.next()) {
                System.out.print("编号："+rs.getString(1));
                System.out.print(" 姓名："+rs.getString(2));
                System.out.print(" 性别："+rs.getString(3));
                System.out.println(" 省份："+rs.getString(4));
            }
            con.close();
        }
        catch(SQLException e) {
            System.out.println(e);
        }
    }
}
```

```
增加、修改、删除前的数据：
编号：170301 姓名：吕布 性别：男 省份：浙江
编号：170302 姓名：刘备 性别：男 省份：四川
编号：170303 姓名：曹操 性别：男 省份：河南
编号：170304 姓名：小乔 性别：女 省份：湖北
增加、修改、删除后的数据：
编号：170301 姓名：吕布 性别：男 省份：浙江
编号：170302 姓名：刘备 性别：男 省份：河北
编号：170304 姓名：小乔 性别：女 省份：湖北
编号：170305 姓名：貂蝉性别：女 省份：湖北
```

图 15-11　添加、修改、删除记录的效果

上面的程序实现了对 stuinfo 表的修改、插入、删除操作。

15.7 案例实战：学生管理系统

1．案例描述

本案例要求利用 Java Swing 图形组件结合数据库技术开发一个简单的学生管理系统。

2．运行结果

运行结果如图 15-12 所示。

3．案例目标

- 学会分析“学生管理系统”程序实现的逻辑思路。
- 掌握 JTabel、JButton 等组件的应用。
- 掌握窗口的网格布局的使用。

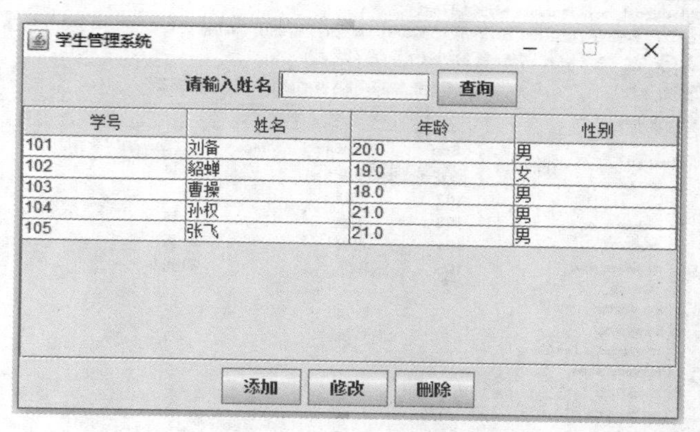

图 15-12　运行结果

- 掌握使用 addActionListener 语句给按钮组件添加监听器的方法。
- 掌握 addActionListener 接口中 actionPerformed()方法的实现，从而处理按钮的相关事件。
- 掌握 JDBC 数据库编程的方法和步骤。
- 能够独立完成“学生管理系统”程序的源代码编写、编译及运行。

4. 案例思路

整个项目的开发过程分为 3 个步骤。

（1）创建 MySQL 数据库 xsql，在数据库中添加一张学生表 student，数据库结构和数据库中的数据如图 15-13 和图 15-14 所示。

（2）创建项目，添加 MySQL 驱动程序。

（3）添加 4 个类：Student_info（显示表的信息）、Student_main（主窗体）、Student_add（添加学生信息）和 Student_update（修改学生信息）。

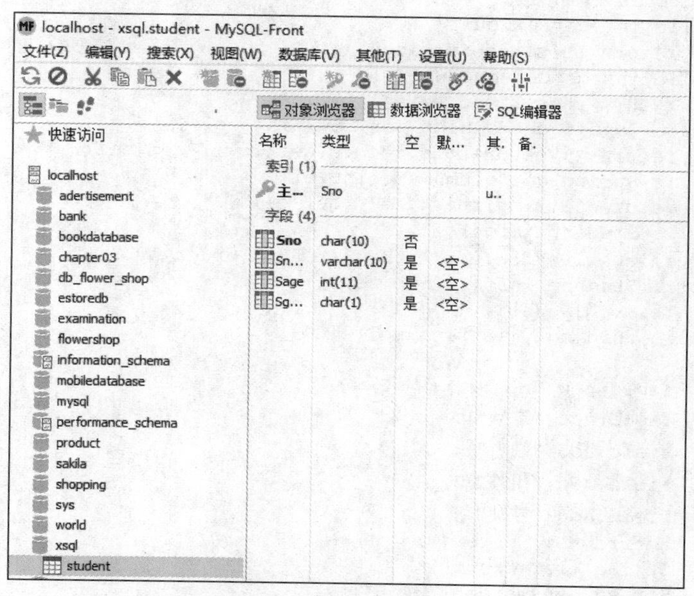

图 15-13　数据库结构

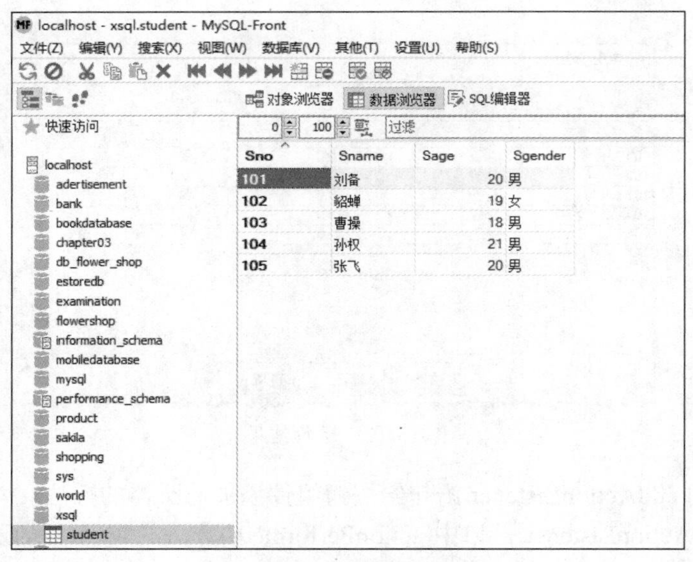

图 15-14　数据库中的数据

5. 案例实现

程序如下所示。

Student_info.java：

```
1   import java.sql.*;
2   import java.util.Vector;
3   import javax.swing.table.*;
4   class Student_info extends AbstractTableModel
5   {
6       Vector field,record;
7       PreparedStatement pstmt=null;
8       Connection conn=null;
9       ResultSet rs=null;
10      public int getRowCount(){
11          return this.record.size();}
12      public int getColumnCount(){
13          return this.field.size();}
14      public Object getValueAt(int row, int col){
15          return ((Vector)this.record.get(row)).get(col); }
16      public String getColumnName(int e){
17          return (String)this.field.get(e); }
18      public Student_info(){
19          this.sqlyj("select * from student order by Sno");     }
20      public Student_info(String ss){
21          this.sqlyj(ss); }
22      public void sqlyj(String sql)
23      {
24          field=new Vector();
25          field.add("学号");
26          field.add("姓名");
27          field.add("年龄");
28          field.add("性别");
29          record=new Vector();
30          String user="root";
31          String password="123456";
32          String url="jdbc:mysql://localhost:3306/xsql?"+
33          "useSSL=false&characterEncoding=utf-8";
```

```
34          try {
35              conn= DriverManager.getConnection(url, user, password);
36              pstmt=conn.prepareStatement(sql);
37              rs=pstmt.executeQuery();
38              while(rs.next())
39              {
40                  Vector row=new Vector();
41                  row.add(rs.getString(1));
42                  row.add(rs.getString(2));
43                  row.add(rs.getFloat(3));
44                  row.add(rs.getString(4));
45                  record.add(row);
46              }
47          } catch (Exception e){ e.printStackTrace();}
48          finally
49          {
50              try {
51                  if(rs!=null)
52                  {
53                      rs.close();
54                  }
55                  if(pstmt!=null)
56                  {
57                      pstmt.close();
58                  }
59                  if(conn!=null)
60                  {
61                      conn.close();
62                  }
63              } catch (Exception e){}
64          }
65      }
66  }
```

由于该类中使用了 Vector 类和 JTable 组件，所以第 2 行和第 3 行代码分别引入了 java.util.Vector 和 javax.swing.table 包。第 4 行代码让 Student_info 类继承 AbstractTableModel 类，Java 提供的 AbstractTableModel 是一个抽象类。这个类实现了大部分的 TableModel 方法，除了 getRowcount()、getColumncount()、getValueAt()这 3 个方法。因此，主要任务就是实现这 3 个方法。AbstractTableModel 类对象是 JTable 中一个构造方法中的一个参数，利用这个抽象类对象就可以设计出不同格式的表格。第 6 行代码定义了两个 Vector 对象，用于分别存储 student 表的字段名和每一行记录。第 10～17 行代码用于实现抽象类 AbstractTableModel 中的方法，以此获得该模型中的行数和列数、获得指定单元格的值、获得指定列的名称。第 18～21 行代码是该类的两个构造方法。第 22～62 行代码是该类的构造方法中调用的方法。该方法在动态数据 field 中插入表格的列表头元素。在 record 中插入 student 表每行的每个字段值。

添加学生信息程序如下所示。

Student_add.java：

```
1  import java.awt.*;
2  import java.awt.event.*;
3  import java.sql.*;
4  import javax.swing.*;
5  class Student_add extends JDialog implements ActionListener
6  {
7      JLabel bq1,bq2,bq3,bq4;
8      JTextField wbk1,wbk2,wbk3,wbk4;
```

```
9        JButton an1,an2;
10       JPanel mb1,mb2,mb3,mb4;
11       public Student_add(Frame owner,String title,boolean modal)
12       {
13           super(owner,title,modal);
14           bq1=new JLabel("              学号       ");
15           bq2=new JLabel("              姓名       ");
16           bq3=new JLabel("              年龄      ");
17           bq4=new JLabel("              性别      ");
18           wbk1=new JTextField(5);
19           wbk2=new JTextField(5);
20           wbk3=new JTextField(5);
21           wbk4=new JTextField(5);
22           an1=new JButton("添加");
23           an1.addActionListener(this);
24           an1.setActionCommand("add");
25           an2=new JButton("取消");
26           an2.addActionListener(this);
27           an2.setActionCommand("cancel");
28           mb1=new JPanel();mb2=new JPanel();
29           mb3=new JPanel();mb4=new JPanel();
30           mb1.setLayout(new GridLayout(4,1));
31           mb2.setLayout(new GridLayout(4,1));
32           mb1.add(bq1);  mb1.add(bq2); mb1.add(bq3); mb1.add(bq4);
33           mb2.add(wbk1); mb2.add(wbk2);mb2.add(wbk3);mb2.add(wbk4);
34           mb3.add(an1);  mb3.add(an2);
35           this.add(mb1,BorderLayout.WEST);
36           this.add(mb2);
37           this.add(mb3,BorderLayout.SOUTH);
38           this.add(mb4,BorderLayout.EAST);
39           this.setSize(370,200);
40           this.setLocation(401,281);
41           this.setResizable(false);
42           this.setVisible(true);
43       }
44       public void actionPerformed(ActionEvent e)
45       {
46           if(e.getActionCommand().equals("add"))
47           {
48               PreparedStatement pstmt=null;
49               Connection conn=null;
50               String user="root";
51               String password="123456";
52               String url="jdbc:mysql://localhost:3306/xsql?"+
53               "useSSL=false&characterEncoding=utf-8";
54               try {
55                   conn=DriverManager.getConnection(url, user, password);
56                   String ss=("insert into student values(?,?,?,?)");
57                   pstmt=conn.prepareStatement(ss);
58                   pstmt.setString(1,wbk1.getText());
59                   pstmt.setString(2,wbk2.getText());
60                   pstmt.setInt(3, Integer.valueOf(wbk3.getText()));
61                   pstmt.setString(4,wbk4.getText());
62                   pstmt.executeUpdate();
63
64                   this.dispose();
65               } catch (Exception e2){e2.printStackTrace();}
66               finally
67               {
68                   try {
```

```
69                          if(pstmt!=null)
70                          {
71                              pstmt.close();
72                          }
73                          if(conn!=null)
74                          {
75                              conn.close();
76                          }
77
78                      } catch (Exception e3){}
79                  }
80              }
81              else if(e.getActionCommand().equals("cancel"))
82              {
83                  this.dispose();
84              }
85      }
86  }
```

该类实现的功能分为两个部分，首先创建一个图 15-15 所示的对话框。然后在该对话框的文本框中输入 4 项内容，作为一条新的记录插入学生表 student 中。第 5 行代码实现 Student_add 类继承 JDialog 类。第 11 ~ 43 行代码为 Student_add 类的构造方法。第 13 行代码调用父类的构造方法 super(owner,title,modal)，创建一个属于 Frame 组件的对话框、有标题和可以决定操作模式的对话框。然后设计各个组件的布局，并给按钮组件添加侦听器。第 44 ~ 85 行代码为按钮的事件侦听器方法。在“添加”按钮的事件中实现在表 student 中增加一条记录。然后刷新主窗体所显示的记录行。最后释放当前对话框。在“取消”按钮的事件中释放当前窗口。

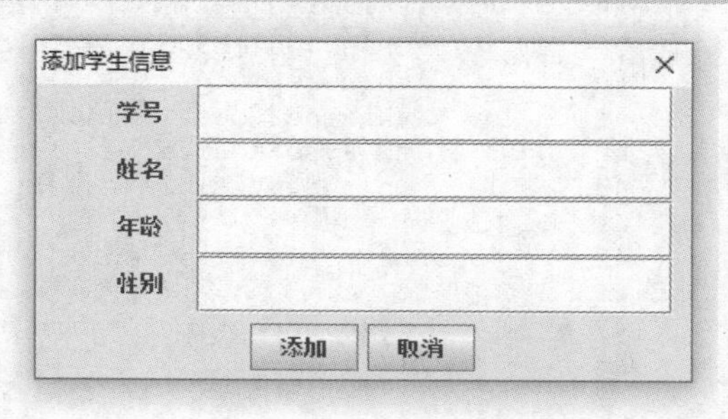

图 15-15　添加学生信息对话框

修改学生信息程序如下所示。

Student_update.java：

```
1   import java.awt.*;
2   import java.awt.event.*;
3   import java.sql.*;
4   import javax.swing.*;
5   class Student_update extends JDialog implements ActionListener
6   {
7       JLabel bq1,bq2,bq3,bq4;
8       JTextField wbk1,wbk2,wbk3,wbk4;
9       JButton an1,an2;
10      JPanel mb1,mb2,mb3;
11      public Student_update(Frame owner,String title,boolean modal,Student_
info xsInfo,int row)
12      {
13          super(owner,title,modal);
14          bq1=new JLabel("            学号      ");
15          bq2=new JLabel("            姓名      ");
16          bq3=new JLabel("            年龄      ");
17          bq4=new JLabel("            性别      ");
18          wbk1=new JTextField(5); wbk1.setEditable(false);
19          wbk1.setText((String)xsInfo.getValueAt(row,0));
20          wbk2=new JTextField(5);
```

```
21          wbk2.setText((String)xsInfo.getValueAt(row,1));
22          wbk3=new JTextField(5);
23          wbk3.setText((String)xsInfo.getValueAt(row,2).toString());
24          wbk4=new JTextField(5);
25          wbk4.setText((String)xsInfo.getValueAt(row,3));
26          an1=new JButton("修改");an1.addActionListener(this);
27          an1.setActionCommand("update");
28          an2=new JButton("取消"); an2.addActionListener(this);
29          an2.setActionCommand("cancel");
30          mb1=new JPanel(); mb2=new JPanel();
31          mb3=new JPanel();
32          mb1.setLayout(new GridLayout(4,1));
33          mb2.setLayout(new GridLayout(4,1));
34          mb1.add(bq1);  mb1.add(bq2);  mb1.add(bq3); mb1.add(bq4);
35          mb2.add(wbk1);  mb2.add(wbk2);mb2.add(wbk3);mb2.add(wbk4);
36          mb3.add(an1);  mb3.add(an2);
37          this.add(mb1,BorderLayout.WEST);
38          this.add(mb2);
39          this.add(mb3,BorderLayout.SOUTH);
40          this.setSize(370,200);
41          this.setLocation(401,281);
42          this.setResizable(false);
43          this.setVisible(true);
44      }
45      public void actionPerformed(ActionEvent e)
46      {
47          if(e.getActionCommand().equals("update"))
48          {
49              PreparedStatement pstmt=null;
50              Connection conn=null;
51              String user="root";
52              String password="123456";
53              String url="jdbc:mysql://localhost:3306/xsql?"+
54              "useSSL=false&characterEncoding=utf-8";
55              try {
56                  conn= DriverManager.getConnection(url, user, password);
57                  String sql=("update student set Sname=?,Sage=?, Sgender=?
where Sno=?");
58                  pstmt=conn.prepareStatement(sql);
59                  pstmt.setString(4, wbk1.getText());
60                  pstmt.setString(1,wbk2.getText());
61                  pstmt.setInt(2, Integer.valueOf(wbk3.getText()));
62                  pstmt.setString(3,wbk4.getText());
63                  pstmt.executeUpdate();
64                  this.dispose();
65              } catch (Exception e2){e2.printStackTrace();}
66              finally
67              {
68                  try {
69                      if(pstmt!=null)
70                      {    pstmt.close();    }
71                      if(conn!=null)
72                      {    conn.close();    }
73
74                  } catch (Exception e3){}
75              }
76          }
77          else if(e.getActionCommand().equals("cancel"))
78          {
79              this.dispose();
80          }
81      }
82  }
```

该类实现的功能分为两个部分，首先创建一个图 15-16 所示的对话框。并在该对话框中显示在主窗体选中的记录内容，然后用该对话框的文本框中修改后的值来更新学生表中 student 中所选中的记录。第 5 行代码实现 Student_update 类继承 JDialog 类。第 11 ~ 44 行代码为 Student_update 类的构造方法。第 13 行代码调用父类的构造方法 Super(owner, title, modal)，创建一个属于 Frame 组件的对话框、有标题和可以决定操作模式的对话框。然后设计各个组件的布局，并给按钮组件添加侦听器。第 45 ~ 81 行代码为按钮的事件侦听器方法。在"修改"按钮事件中，实现把对主窗体所选中的表 student 记录的更新。然后刷新主窗体所显示的记录行。最后释放当前对话框，在"取消"按钮的事件中释放当前对话框。

修改学生信息	×
学号	101
姓名	刘备
年龄	20.0
性别	男
修改	取消

图 15-16　修改学生信息对话框

主窗体程序如下所示。

Student_main.java：

```
1   import java.awt.*;
2   import java.awt.event.*;
3   import java.sql.*;
4   import javax.swing.*;
5   public class Student_main extends JFrame implements ActionListener
6   {
7       JPanel mb1,mb2;
8       JLabel bq1;
9       JTextField wbk1;
10      JButton an1,an2,an3,an4;
11      JTable bg1;
12      JScrollPanel gd1;
13      Student_info xsInfo;
14      public static void main(String[] args)
15      {
16          Student_main xs=new Student_main();
17      }
18      public Student_main()
19      {
20          mb1=new JPanel();
21          bq1=new JLabel("请输入姓名");
22          wbk1=new JTextField(10);
23          an1=new JButton("查询");
24          an1.addActionListener(this);
25          an1.setActionCommand("select");
26          mb1.add(bq1); mb1.add(wbk1); mb1.add(an1);
27          mb2=new JPanel();
28          an2=new JButton("添加");an2.addActionListener(this);
29          an2.setActionCommand("add");
30          an3=new JButton("修改");an3.addActionListener(this);
31          an3.setActionCommand("update");
32          an4=new JButton("删除");an4.addActionListener(this);
33          an4.setActionCommand("delete");
34          mb2.add(an2); mb2.add(an3); mb2.add(an4);
35          xsInfo=new Student_info();
36          bg1=new JTable(xsInfo);
37          gd1=new JScrollPanel(bg1);
38          this.add(gd1);
```

```
39          this.add(mb1,"North");
40          this.add(mb2,"South");
41          this.setTitle("学生管理系统");
42          this.setSize(500,300);
43          this.setLocation(201,181);
44          this.setResizable(false);
45          this.setDefaultCloseOperation(JFrame.EXIT_ON_CLOSE);
46          this.setVisible(true);
47      }
48      public void actionPerformed(ActionEvent e)
49      {
50          if(e.getActionCommand().equals("select"))
51          {
52              String name=this.wbk1.getText().trim();
53              String sql="select * from student where Sname='"+name.
trim()+"'";
54              xsInfo=new Student_info(sql);
55              bg1.setModel(xsInfo);
56          }
57          else if(e.getActionCommand().equals("add"))
58          {
59              Student_add add=new Student_add(this,"添加学生信息",true);
60              xsInfo=new Student_info();
61              bg1.setModel(xsInfo);
62          }
63          else if(e.getActionCommand().equals("update"))
64          {
65              int rowNumber=this.bg1.getSelectedRow();
66              if(rowNumber==-1)
67              {
68                  JOptionPane.showMessageDialog(this,"请选中要修改的行");
69                  return;
70              }
71              new Student_update(this,"修改学生信息",true,xsInfo,rowNumber);
72              xsInfo=new Student_info();
73              bg1.setModel(xsInfo);
74          }
75          else if(e.getActionCommand().equals("delete"))
76          {
77              int rowNumber=this.bg1.getSelectedRow();
78              if(rowNumber==-1)
79              {
80                  JOptionPane.showMessageDialog(this,"请选中要删除的行");
81                  return;
82              }
83              String st=(String)xsInfo.getValueAt(rowNumber,0);
84              PreparedStatement pstmt=null;
85              Connection conn=null;
86              String user="root";
87              String password="123456";
88              String url="jdbc:mysql://localhost:3306/xsql?"+
89              "useSSL=false&characterEncoding=utf-8";
90              try {
91                  conn= DriverManager.getConnection(url, user, password);
92                  pstmt=conn.prepareStatement("delete from student where Sno=?");
93                  pstmt.setString(1,st);
94                  pstmt.executeUpdate();
95              } catch (Exception e2){}
96              finally
97              {
```

```
98                     try {
99                         if(pstmt!=null)
100                        {     pstmt.close();}
101                        if(conn!=null)
102                        {     conn.close();}
103                    } catch (Exception e3){}
104                }
105                xsInfo=new Student_info();
106                bg1.setModel(xsInfo);
107            }
108        }
109 }
110
```

该程序主要实现对 MySQL 数据库中的表进行查询、插入、修改和删除记录的功能。主界面的设计如图 15-17 所示。第 5 行代码让 Student_main 类继承 JFrame 类，实现 ActionListener 接口。第 18 ~ 47 行代码加入 Student_main 类的构造方法，实现了 JLabel、JTextField、JTable 和 JButton 等组件的添加和布局，以及给 JButton 组件添加侦听器，其中第 36 行代码使用 Student_info（AbstractTableModel 的子类）对象的 xsInfo 作为构造 JTable 组件的参数，该对象执行的 SQL 语句为 select * from student order by Sno，从而在 JTable 中显示 xsql 数据库中的表 student 的所有记录。第 48 ~ 109 行代码为“查询”“添加”“修改”“删除”按钮的事件侦听器方法。第 50 ~ 56 行代码根据文本框输入的学生姓名来执行查询。第 55 行代码的 setModel()方法的参数仍然是 Student_info 类对象的 xsInfo，该对象执行的 SQL 语句为 select * from student where Sname='"+name.trim()+"'"，其中 name 变量中的值为文本框输入的内容。从而实现对 JTabel 类对象 bg1 的数据源的动态绑定。即在 JTable 中显示指定姓名的学生信息。第 57 ~ 62 行代码的功能是调用图 15-17 所示的窗口。语句 Student_add add=new Student_add(this,"添加学生信息",true)中的 3 个参数“this”“添加学生信息”“true”分别表示当前窗体是被调用的对话框的父窗体、被调用的对话框的标题为“添加学生信息”、被调用的对话框为模式对话框，同理对 JTable 的数据源重新绑定。第 63 ~ 74 行代码，实现对修改表 student 的指定记录后的保存。第 65 行代码获得用户所选中的行的行号，存入 int 类型变量 rowNumber。若 rowNumber 为–1。说明用户没有选中有效数据行，则显示提示消息框，否则在第 71 行代码中调用图 15-18 所示的窗口，其中的 5 个参数，前 3 个与前面一致，参数 xsInfo 和 rowNumber 分别表示执行 select * from student 语句的 student_info 类的对象（即学生表中的所有记录），以及用户所选中的行的行号。第 75 ~ 108 行代码，实现删除用户所选中的行的记录。

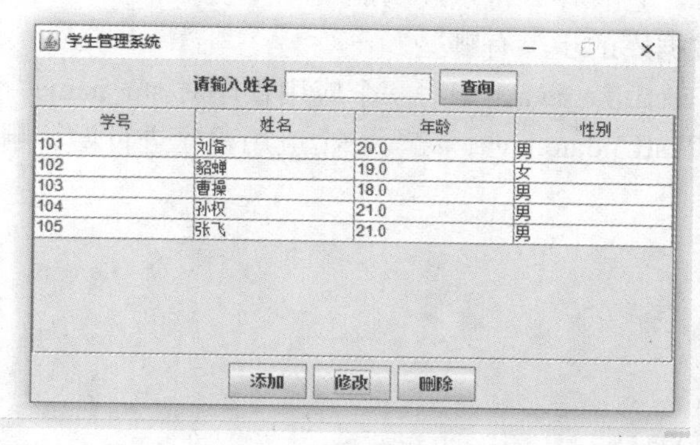

图 15-17　主界面

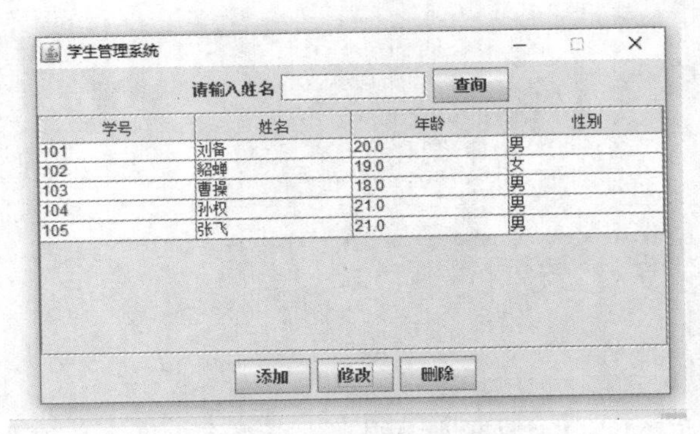

图 15-18 按姓名查询界面

15.8 小结

（1）数据库是按照数据结构来组织、存储和管理数据的仓库，用户可以对数据库中的数据进行检索、增加、删除、修改等操作。

（2）JDBC 作为一种数据库连接和访问标准，需要由 Java 和数据库开发厂商共同遵守执行。Java 在 JDBC 中声明的多个连接和操纵数据库的接口，由各数据库支持的 JDBC 驱动实现，虽然不同的数据库提供不同的驱动程序，但这些驱动程序都要实现 JDBC 中的接口，所以对应用程序来说，通过 JDBC 操纵数据库的方法是相同的。

（3）Java 中提供了丰富的类和接口用于数据库编程，涉及的 Java 类包有 java.sql.*和 javax.sql.*。一般的数据库厂商如 Oracle、Microsoft 等，都会提供专用的 JDBC 数据库驱动程序（一组符合 JDBC 标准规范的 API），以简化开发。

（4）数据库操作包括连接数据库、向数据库发送 SQL 语句、处理查询结果集、关闭数据库连接 3 步。

15.9 习题

（1）什么是数据库？有何特点？

（2）SQL 有哪些基本功能，对应的语句有哪些？

（3）什么是 JDBC？它有什么特点和功能？

（4）JDBC 访问数据库的步骤有哪些？

（5）参照本章的 TestLike.java，编写一个应用程序对 stu_name 字段进行模糊查询。

（6）参照本章的 TestUpdate.java，编写一个应用程序进行增、删、改、查操作。